북핵본색
北核本色

정항래 鄭恒來

육군사관학교 38기 임관
육군 군수사령관
연합사/육본 군수부장
보병 21사단장
특전사 9공수여단장

유엔 PKO 국군의료지원단장(서부사하라)
영국 왕립군사연구소 연구원
서울대 미래안보전략기술 최고위 과정 수료
고려대 경영대 최고경영자 과정 수료
현, 한국 국방연구원 평가 및 자문위원
　　부천대학교 특임교수

북핵본색
예비역 장군의 조금 다른 시선으로 바라본 북핵 30년

초판 1쇄 발행 2021년 7월 15일
초판 2쇄 발행 2021년 9월 3일

지은이 정항래 | **교정교열** 정난진
펴낸이 이찬규 | **펴낸곳** 북코리아 | **등록번호** 제03-01240호
주소 13209 경기도 성남시 중원구 사기막골로 45번길 14 우림2차 A동 1007호
전화 02-704-7840 | **팩스** 02-704-7848
이메일 sunhaksa@korea.com | **홈페이지** www.북코리아.kr
ISBN 978-89-6324-776-2 (93390)

값 20,000원

북핵본색

北核本色

예비역 장군의 조금 다른 시선으로 바라본 북핵 30년

정항래 지음

북코리아

글을 시작하며

「그 꽃」이라는 시詩가 있다. 단 두 문장이라 머릿속에 늘 담고 있을 수 있었다. 짧지만 전하는 메시지는 매우 크다고 생각한다.

내려갈 때 보았네
올라갈 때 보지 못한 그 꽃

내가 『북핵본색』이라는 책을 쓰게 된 동기도 바로 이 시詩 두 구절에서 비롯됐다. 38년간 군 생활을 마치고 사회에 나와 보니, 군사 분야만큼은 전문가인 줄 알았는데 실제로 모르는 게 너무 많았다. 특히 북핵 문제는 더 그랬다. 그동안 알았던 것이 단편적 지식이거나, 5년마다 바뀌는 정부의 홍보자료 정도였다면 지나친 표현일까. 그것도 '보안'이라는 미명으로 세세한 것은 알 리 없었다. 북핵 전문가나 국내외 군사전문가들이 쓴 관련 서적들을 여러 번 읽어도 귀에 쏙쏙 들어오지 않았다. 내게도 너무 어렵고 서술적이었다.

북핵北核을 가장 쉽고 정확하게 국민께 전하는 방법이 무엇일까 고민하게 됐고, 본색本色이 드러난 북핵의 진짜 위기가 오고 있음을 제대로 알리기 위해 틈틈이 메모하며 글을 쓰기 시작했다.

2017년 북한은 핵보유국을 선언했고, 2021년 새해 벽두에 더 강력한 핵무장국을 향한 중·장기 전략을 공개 발표했다. 그야말로 필핵화必核化의 길을 거침없이 걷고 있다. "북한이 미사일을 쐈습니다. 탐지했습니다. 미국의 관심을 끌기 위한 정치적 제스처로 평가됩니다"라는 통상적인 얘기를 더 이상 반복해서는 안 된다. 미래 북한 핵무기 위험의 크기와 변화의 진폭 그리고 속도는 우리의 예상을 훌쩍 뛰어넘을 수 있다. 핵보유국 북한과 앞으로 30년 이상, 아니면 더 길게 한반도에서 불편한 동거를 할 수도 있다.

단기간에 북한 비핵화를 할 수 있다고 과장하거나, 단번에 어떤 합의에 도달할 것처럼 포장한다면, 그것은 북핵을 너무 가볍게 보는 안보 착시현상을 만들 수 있고, 결국에는 국민을 기만하고 위험에 빠뜨릴 수 있음을 경계해야 한다. 지난 30년간 해온 접근 방식과 패턴은 사실상 실패했다. 과거와 똑같이 행동한다면 우리의 미래는 북한의 겁박과 위협 속에 북핵 인질이 될 개연성이 크다. 과거에 대한 통렬한 반성, 새로운 길을 택하는 용기, 그리고 장기적 안목과 긴 호흡의 행보가 절대적으로 필요한 시점이다.

이제 모든 것이 달라졌다. 이 책에서 전개될 북핵 팩트체크, 과거 30년 북핵 대응의 실패 그리고 앞으로 국민적 관심이 필요하다고 생각하는 북핵 화두와 해법이 독자들의 많은 이해와 공감을 얻기를 기대해본다.

책이 나오기까지 격려해주고 도와주신 분들께 인사드린다. 부천대학교 한정석 총장님과 부총장님 그리고 학과 교수님들께서 책을 쓸 수 있도록 배려하고 격려해주셔서 정말 감사하다. 따뜻한 조언을 주신 동료, 후배에게도 깊은 감사 인사를 전해야 할 것 같다. 그리고 늘 따뜻하게 자료 탐색과 최종 원고 심사를 즐겁게 해준 '군대 축구와 2격the second strike까지 좀 아는' 아내와 책을 발간하면 제일 먼저 백 권을 예약 주문하겠다는 대학원생 아들 현재에게도 고맙다는 말을 전하고 싶다.

2021년 7월 어느 날

저자 정 항 래

CONTENTS
목차

CRITICAL ISSUE 3부 논쟁
실패한 북핵 대응 30년을 비판한다

THE SOLUTION 4부 해법
새로운 선택: 중·장기 북핵 대응 전략

INTRO

1부 도입

북핵, 미래 한반도 운명의 게임체인저

역사란 현재를 이해하는 선택권을 준다.
그러나 미래를 예측할 수 있는 특권까지 주지는 않는다.
현재의 이해를 통해 미래를 예측하고 준비하는 것은
우리의 몫이다.

한반도 운명의 게임체인저가 된 북핵
그리고 위기의 미래…
둘은 이제 한반도의 거대 담론이 됐다.
이 거대 담론에 대한 정답을 찾는 여정을 시작한다.

냉정한 머리와 뜨거운 가슴
그리고 정직한 시선이 필요하다.

01

국가적 꿈, 한국몽에 대하여

필자는 군인이었다.

한때 고구려 만주벌을 수복해야 한다는 순수한 꿈을 전우, 동료들과 얘기하던 시절이 있었다. 평양에 입성하는 꿈을 신나게 얘기하던 시절도 있었다.

지금 우리의 국가적 꿈, 한국몽韓國夢은 무엇인가?

시진핑이 내세우는 중국몽은 건국 100주년이 되는 2049년, 미국을 제치고 패권국이 되겠다는 것이다. 그들은 미중 신냉전 시대라는 거센 도전을 받으면서도 'Let's take a party in 2049 as 1783', 즉 가장 잘살았던 18세기 중국의 전성시대를 2049년에는 꼭 만들어야 한다는 국가 슬로건을 내걸고 있다.

비슷한 근현대사의 굴곡을 겪은 한국의 꿈, 대한민국 건국 100주년이 되는 2048년에 도달해야 할 우리의 꿈은 무엇일까?

'남북한 대통합과 평화통일시대 개막'일 것이다.

우리는 힘없고 가난했던 나라, 스스로 자신의 운명을 선택할 수 없었던 조선, 대한제국을 지나 경이로운 성장과 발전의 현대사를 만들어냈다. 지금 5천 년 민족사에서 가장 위대하고 풍요로운 성취의 시대를 살아가고 있다.

세계 10위권의 경제대국, 세계 여섯 번째 군사강국.

그러나 딱 한 가지, 우리의 국가적 꿈을 실현하는 길에 큰 골칫거리가 남아 있다. 바로 북한 핵 문제다.

앞으로 27년 후인 2048년에는 북핵 문제를 꼭 해결해야 한다는 국가 목표와 슬로건을 내걸고 국민의 의지를 결집해야 한다고 생각한다. 필자는 이 책에서 아래 네 가지 기본 인식을 바탕으로 미래 30년을 대비한 북핵 해법을 제시하고자 노력할 것이다.

첫째, 북핵은 이제 남북 당사자 문제만이 아닌 국제적 이슈다. 북핵은 이미 서울을 넘어 도쿄는 물론, 미국 본토를 향하는 거대 위협이 되었기 때문이다.

둘째, 북핵 문제 해결은 단기적 접근 전략이 아니라 장기적인 비전과 전략적 접근이 필요하다. 북한은 필핵화의 길로 접어들었고, 김정은은 완전한 비핵화非核化를 전제로 일괄 타결 같은 비핵화 방식을 절대 채택하지 않을 것이다. 북한은 독재 정권의 지속성과 안정성을 위협할 옵션을 받아들일 만큼 멍청하지 않다. 북한 핵, 진짜 위기는 이제부터다. 비핵화는 우리가 해결해야 할 절대 명제다.

셋째, 북핵 문제 해결의 주체는 한국(인)이어야 한다. '미국 주도, 한국 지원'이라는 30년간 지속된 '북한 비핵화' 프로세스는 이미 실패한 것으로 입증됐다. 이를 똑같이 고집한다면 또 실패할 가능성이 더욱 커질 것이다. 우리 식의 새로운 전환 시대를 지금부터 준비해야 한다.

넷째, 김정은이 정말 두려워하는 강한 한국군대를 만드는 것은 북핵 문제 해결의 중요한 해법이다. 북핵 문제는 처음부터 군사적 문제에서 출발했기에 해법 또한 강한 한국군대에서 찾아야 한다는 것이 필자의 기본입장이다. 70년간 유지된 한미동맹의 틀과 한미연합지휘체제를 새로운 시각으로 진단하면서, 독자적인 한국군 지휘체제 구축을 위한 다양한 해법을 제시하고자 노력했다.

단언컨대, 북핵 문제를 해결하지 않고는 우리의 국가적 꿈은 실현될 수 없다.

북핵 해법은 한 번의 정치회담이나 이벤트를 통해 해결될 수 없는 거대한 담론이고, 단순한 일회성 정치구호나 레토릭rethoric으로 해결될 수 없는 장기적 고민이 필요한 과업이다. 북핵본색北核本色… 북핵에 대한 정확한 팩트를 알고, 미래의 북핵 해법과 새로운 선택의 길을 찾아야 한다.

남북 분단을 넘어 '한반도 평화통일의 시대'를 꿈꾸는 우리에게 이 책이 큰 영감을 줄 수 있기를 희망해본다.

02

북핵 대응 30년 역사에 담긴 함의

핵무기는 제2차 세계대전 이후 75년간 구소련의 붕괴와 새로운 중국의 부상, 그리고 최근 미중 신냉전 시대까지 국제질서의 거대한 변화 속에서도 인류 최대의 재앙을 가져올 공포의 무기로 존재하고 있다.

우리가 핵무기를 정말 두려워하는 이유는 무엇인가?

76년 전 최초이자 마지막으로 목격된 단 두 발의 핵무기가 보여준 위력과 공포를 잘 알기 때문이다. 첫 발은 1945년 8월 6일 히로시마에 투하된 16kt 규모의 핵폭탄으로 인구 35만 중 8만 명이 즉사했고, 방사선 피폭과 관련 질병으로 인한 부상과 후유증까지 합쳐 사망자는 14만여 명이었다.

두 번째 핵폭탄은 3일 뒤 나가사키에 투하된 21kt 규모의 원자폭탄이다. 역시 7만 명 즉사에 27만 명이 피폭되는 처참한 기록을 남겼다. 엿새 뒤인 8월 15일 정오에 일본은 무조건 항복을 선언했고,

기나긴 태평양전쟁과 제2차 세계대전은 완전히 막을 내렸다.

한국(인)이 지금 핵무기를 두려워하는 진짜 이유는 대량살상과 엄청난 파괴력을 가진 핵무기를 북한이 갖게 됐고, 한반도가 핵전쟁의 직접 위협 속에 놓이게 됐다는 사실 때문이다. 지난 2017년 실시한 북한의 여섯 번째 핵실험 규모는 히로시마 원폭의 17배 규모•였다.

세 차례 북핵 위기에 대하여

1980년대 이전, 국제사회는 한반도에서 핵 개발은 북한이 아닌 남한이 가능하다는 의혹의 눈길을 보냈다. 아래는 KISONKorean Information Service On Net이 2004년 말에 공개한 미 국가안보회의 2급 비망록(1975년 2월 28일자) 내용이다.

> 한국 정부는 핵무기 개발의 초기 단계에 진입했으며, 한국 정부가 지금과 같은 방향으로 나아가면 동북아시아에서 결정적인 불안정 요인으로 작용하리라는 점을 확신한다. 우리의 기본목표는 한국 정부에 핵실험 능력이나 운반수단을 개발하려는 노력을 단념시키고 억제시키는 것이다.

• 인도 우주연구소 발표(2017년 9월, ISOR, *Geophysical Journal International* 최신호)에 의하면, 핵실험 당시 방출된 에너지양은 최소 245kt에서 최대 271kt 규모였다.

북한은 핵 개발을 위해 은밀하게 노력하는 한편, 국제적으로는 연막전술을 펼쳤다. 1974년 국제원자력기구IAEA에 가입하여 국제 원자력 안전체제에 들어가 있었으며, 1985년 12월에는 핵확산금지 조약NPT에도 가입해 핵의 평화 목적 구현을 과시했다. 1989년부터 1991년까지는 국제원자력기구 이사국이 됐고, 한국이 국장급 대표를 파견한 데 반해 북한은 대표부를 상주시키는 등 핵 개발 의지를 숨기려는 노력을 다각도로 전개했다.

1989년 북한의 핵 개발 의혹이 드디어 국제사회에 공론화됐다. NPT 가입국은 반드시 18개월 이내에 핵 안전협정을 체결하고, 핵사찰을 받아야 하는 의무조항을 이행하지 않는 북한에 대해 미국은 심각한 의혹을 제기했다. 미국은 1989년 1월부터 북한을 A급 감시지역으로 설정하여 군사 정찰 활동을 강화했고, 프랑스의 상업용 정찰위성 스폿SPOT호가 촬영한 영변 핵시설 사진을 일본 도카이대학 정보기술센터에서 해독했다. 1990년 2월 7일 도카이대학은 북한이 건조 중인 원자력발전소, 핵연료 재처리시설, 방공포 등 군사시설이 찍힌 사진을 공개했고, 영변 원자력 시설이 발전시설을 넘어 핵무기를 준비하는 시설이라는 것을 처음으로 세계에 알렸다.

1989~1990년 영변에 대한 특별감시는 북한 핵 문제를 국제적 이슈로 공론화시켰고, 이후 30년간 세 차례 '북핵 위기'와 '북한 비핵화' 프로세스는 국제사회의 주요 이슈가 됐다.

1차 북핵 위기(1993~1994)

영변의 은폐된 미신고 폐기물 시설에 대한 국제원자력기구의 특별사찰 요구를 거부하고, NPT 탈퇴와 유명한 서울 불바다 발언*, 최초의 북미 뉴욕회담, 클린턴의 영변 군사 옵션 준비, 카터 방북, 김일성 사망 등 역사적 사건일지를 남기고 1994년 제네바합의로 위기는 마무리됐다.

2차 북핵 위기(2002~2003)

2002년 10월 3일 제임스 켈리James Kelly를 대표로 한미 협상단이 평양을 방문했을 때, 북한이 비밀리에 고농축 우라늄으로 핵탄두를 개발하고 있다는 사실을 시인하면서 발생했다. 제네바합의의 산물인 북한에 대한 중유 지원, 경수로 건설 사업은 당연히 중단됐고, 미·중·일·러·남·북 6자회담의 재개로 두 번째 북핵 위기는 봉합되었다. 2차 북핵 위기는 주요 관계국들이 북한을 바라보는 시각을 완전히 변화시켰다.

▷ 미국의 입장 변화

2001년 9.11테러를 겪은 미국은 강경한 힘의 논리로 북핵을 바라보았고, 1998년 대포동 미사일 발사, 우라늄 농축시설 등 북핵 문제는 한반도 문제를 넘어 자국에 직접적 영향을 미칠 안보 문제로 인

* 1993년 3월 19일 남북회담 시 북측 대표 박영수의 발언으로, "서울은 여기서 멀지 않다. 전쟁이 나면 서울은 불바다가 될 것이다."

식하기 시작했다. 특히 1차 북핵 위기를 해결하면서 미국은 북한을 더 잘 알게 됐고, 이는 1차 때 택했던 북미 양자 회의에서 다자간 회담(6개 관계국)으로 바뀌는 계기를 만들었다.

▷ 중국의 입장 변화

중국 정부는 1차 북핵 위기 시 미국의 판단과 조치들이 너무 과장됐다는 입장이었다. 그러나 2차 북핵 위기 발생은 북한 스스로 우라늄 농축시설을 인정함으로써 북한에 대한 일방적 지원 명분을 퇴색시키는 계기가 됐다. 이후 북핵 문제에 대한 중국의 입지는 상대적으로 줄어들게 됐다.

▷ 일본의 입장 변화

1996년 시험발사된 노동미사일(사거리 1,300km), 1998년 대포동 미사일의 일본 본토 상공 횡단으로 일본은 사실상 북한 핵 및 미사일의 완벽한 직접 사정권 내에 위치하게 되었다. 2차 북핵 위기는 일본이 본격적인 북한 핵 및 미사일 대응태세에 박차를 가하는 기폭제가 됐다.

3차 북핵 위기(2017)

3차 위기의 핵심은 6차 핵실험(2017. 9. 3)과 사거리 13,000km의 신형 ICBM 화성-15호 시험발사(2017. 11. 29) 성공이었다. 북한은 100kt를 초과하는 핵 위력의 수소탄을 가지게 됐으며, 북미 대륙과 유럽을 모두 사정권에 두는 미사일을 보유하게 됐다. 김정은은 2017

년 11월 29일 "국가 핵무력 완성의 역사적 대업, 로켓 강국 위업이 실현되었다"라며 공식적으로 핵무장 완성을 선언했다. 바야흐로 북한 핵은 서울, 도쿄를 넘어 미 본토를 향하게 됐다.

북핵 대응 30년에 대한 평가와 의미

세 차례 북핵 위기는 '북한 비핵화' 프로세스로 연결됐고, '미국 주도 - 한국 지원'이라는 정형화된 틀이 30년간 지속됐다. 필자가 바라보는 북핵 대응 30년에 대한 평가와 의미는 다음과 같다.

첫째, 결론적으로 북한 비핵화는 이루어지지 않았고, 2017년 이전까지는 북한이 핵 개발국이었다면, 2017년 이후는 확실한 핵보유국이 됐다는 사실이다. 인도 · 파키스탄은 한 차례 핵실험, 그리고 이스라엘은 한 번도 핵실험을 하지 않은 상태에서 잠재적 핵보유국으로 지칭되고 있다. 그런 의미에서 여섯 차례의 핵실험을 성공한 북한을 아직도 핵 개발 중이라고 분류할 수는 없을 것이다.

둘째, 세 차례 북핵 위기와 북한 비핵화 프로세스가 진행되는 동안 북한의 대응 패턴은 항상 유사했다. 철저한 무시 및 부인 – 벼랑 끝 전술 – 거짓 비핵화를 담보로 한 최종 협상(타결)이라는 일정한 패턴을 유지하면서 본인들이 원하는 핵 개발 시간을 벌었고, 한편으로 매번 미국과 한국을 상대로 딜(거래)을 하고 큰 선물을 별도로 챙겨갔다.

셋째, 미국이 주도한 30년 비핵화 프로세스는 결과적으로 실패했다는 것이다. 이는 냉정한 시선으로 바라볼 대목이다.

1차 북핵 위기 이후 북한은 제네바합의(1994. 10. 21)에 따라 경수로 핵발전소와 연간 50만 톤의 중유를 제공(당시 40억 달러, 북한이 보유한 외화의 10%)받게 됐다. 강석주가 맨주먹과 뚝심으로 2,000MW 경수로 발전소를 얻어낸 결과는 북한 외교의 기념비적 승리로 기록돼 있다고 한다.

2차 북핵 위기 후 6자회담 결과는 북한에 '테러지원국 제재 해제'라는 선물을 안겨주었다. 1987년 지정에서 해제까지 20년이 걸린 숙원과업의 해결은 당연히 1994년 북한 외교의 승리와 비견되는 업적이라고 자평할 만했을 것이다.

3차 북핵 위기 이후 이미 잘 알고 있다시피 2018년 평창 동계올림픽 기간 김여정의 미소외교와 세 차례의 남북정상회담 그리고 미국 대통령과 세 차례의 정상회담을 통해 김정은은 국제정치계에 화려하게 등장했으며, 동시에 정치적 거물(?)이 됐다. 이는 북한을 사실상 핵보유국으로 인정하는 결과를 가져다주었다.

북핵 대응 30년… '북한 비핵화'는 헛된 꿈이었다.

미국 주도 - 한국 지원이라는 틀 속에서 진행된 북한 비핵화 프로세스 30년이 한국에 남긴 것은 북한의 철저한 통미봉남通美封南, 즉 '한국 무시하기'였고, 한국의 역할과 입지는 극도로 제한됐다.

반면 북핵은 한반도 질서의 판세를 지배하고, 미국 대통령을 협상 테이블에 나오라고 협박하고 엄포할 수 있는 전략무기로 변신했다. 특히 하노이 북미정상회담 노딜no-deal 이후 더 강력한 핵무장을 추진하고 있는 북한은 통 큰 거래를 위한 대형 핵 카드를 준비하고 있는 모양새를 숨기지 않고 있다.

우리는 질문해야 한다.

북한은 과연 핵을 포기할 것인가? 포기할 수 있는가?

미국은 과연 북한 비핵화를 이루어낼 수 있는가?

이제 30년 미몽迷夢… 헛된 꿈에서 깨어나야 한다.

과거에 대한 냉정한 평가와 인정, 미래를 향한 새로운 고민이 필요한 시점이다.

03

북핵, 미래 한반도 운명의 게임체인저가 되다

2017년을 전후해서 북한은 틀림없이 달라졌고, 북한 핵무기는 사실상 국제사회에서 값비싼 지위를 획득했다. 그러나 지난 30년 6개 정부를 거치면서 남북대화와 남북경협, 남북정상회담 등 일련의 이벤트가 우리에게 가져다준 성적표는 핵무장된 북한, 로켓 강국 북한을 일촉즉발의 위험 속에 대면하고 있다는 현실이다. 이것이 팩트다.

한반도 운명의 게임체인저, 북핵

북한의 완전한 비핵화는 가까운 시기에 이루어질 수 없다는 것이 필자의 기본적인 생각이다. 이미 북한은 필핵화의 길로 들어섰다. 그래서 북핵을 바라보는 새로운 시선이 필요하다.

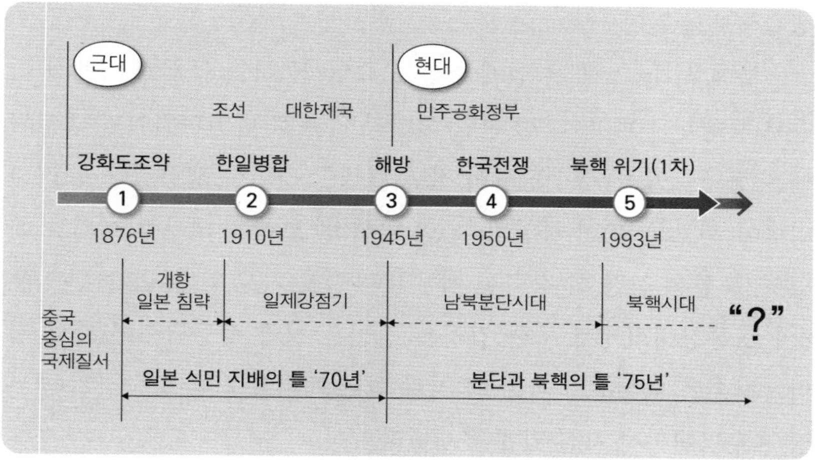

한국 근현대사의 5대 전환점

'150여 년의 한국 근현대사에서 한국(인)의 운명이 결정된 중대한 변곡점은 언제였을까?' 망설임 없이 위 그림과 같이 5대 전환점을 선택할 수 있을 것이다.•

1876년 일본과 조선이 체결한 강화도조약이 첫 번째 전환점이다. 조선은 강제 개항됐고, 중국(청나라)의 영향력을 벗어나 처음으로 근대화된 세계질서 속으로 편입을 강요받는다. 이때부터 한반도는 서구 열강과 일본 제국주의의 침략에 무방비로 노출된다. 이후 ② 한일병합(1910) ③ 8.15해방(1945) ④ 한국전쟁(1950) 그리고 ⑤ 북핵 위기(1993)까지 역사적 변곡점을 만난다. 30~40년 간격으로 발생한 역사의 전환점을 다시 한번 조망하면서, 다음 여섯 번째 전환의 시기를

• 한국 근대사와 현대사 시점에 대해 많은 논란이 있지만, 역사학계의 일반론을 적용해 근대사의 출발점은 강화도조약으로, 현대사의 출발점은 8.15해방으로 보았다.

생각해보게 된다.

북핵 시대, 그 끝은 언제 어떤 모습일까? 북핵 문제가 국제적 이슈로 등장한 1990년대 초반만 하더라도 세계 슈퍼파워이자 피로써 맺은 동맹국인 미국이 당연히 잘 해결해줄 것이라 생각했다. 그러나 미국이 주도한 30년 동안의 '북한 비핵화' 노력은 대부분 실패로 끝났고, 북한은 점점 더 강력한 핵무장의 길을 가고 있다. 2021년 1월, 8차 노동당대회에서 북한 김정은 정권은 전략 핵능력 고도화와 전략 · 전술핵 보유라는 이중 핵 역량 확보 계획을 담은 중 · 장기 핵무장 프로그램까지 자신 있게 공개했다.

북핵은 이제 거부할 수 없는 미래 한반도 운명의 게임체인저가 됐다.

북한 핵 위협은 점점 가파르게 상승할 것이다. 미국과 한국이 뾰족한 돌파구를 마련하지 못한 채 기존 30년간 해온 북핵 '틀' 속에서 도돌이표 대응책을 반복한다면 괴물로 변한 북한 핵은 직접 한국을 겨냥할 것이고, 우리의 희망이나 의지와는 완전히 다른 한국 근현대사의 여섯 번째 전환점을 맞이해야 하는 위험에 직면할 것이다.

여섯 번째 전환점은 한국과 미국이 북핵 대응에 대한 전략적 실패에 기인하여 더 이상 북핵 위협을 효과적으로 제어하거나 견제할 수 없는 순간에 찾아올 것이다. 더 구체적으로 표현한다면 미국이 완전한 북한 비핵화를 포기하거나, 또는 한국이 북핵 대응능력을 상실한 채 궁극적으로 북한의 핵 인질이 되는 순간일 것이다.

이 책에서 필자는 여섯 번째 슬픈 역사의 전환점을 만들지 않기 위한 해법을 찾고, 제시하기 위해 노력할 것이다.

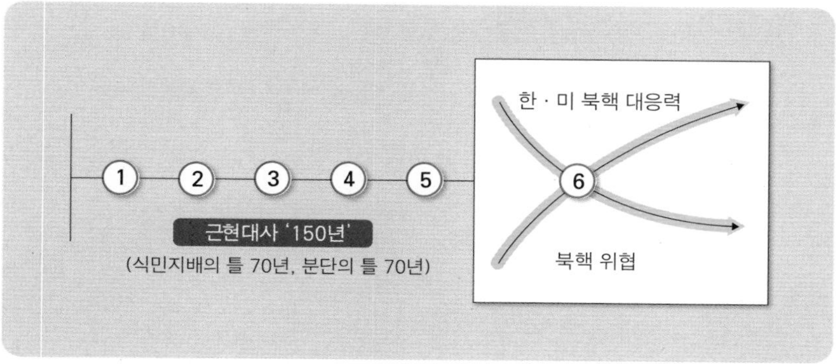

한국 근현대사의 여섯 번째 전환점 도래

다가올 미래, 북핵 문제에 어떻게 대응할 것인가? 실패한 북핵 해법을 계속 만지작거릴 것인가? 아니면 새로운 길, 가보지 않은 길을 갈 것인가?

우리는 선택해야 하고, 더 이상 선택 시점을 늦춰서는 안 된다.

THE FACT
2부 사실

북핵 위협, 진짜 위기는 아직 오지 않았다

2021년 1월, 8차 노동당대회에서
북한의 최고존엄 김정은이 남녘 동포에게 보낸
메시지는 '강대강强對强, 선대선善對善'이다.
한반도 판세를 본인의 의지대로 끌고 가겠다는 것이다.

불행하게도 단순한 엄포나 경고가 아니다.
핵 탑재 가능한 대륙간탄도미사일ICBM
잠수함발사탄도미사일SLBM
전술핵무기에서 핵추진잠수함까지…

서울에서 도쿄, 그리고 미국 하늘에 북한제 미사일이
날아가는 악몽은 현실이 될 수 있다.
가까운 미래, 4차 그리고 5차 북핵 위기가 올 수 있다.

진짜 북한발 핵核 위기는 아직 오지 않았다.

01

2021년, 북핵 위협을 보는 시선

북한 핵 위협의 현주소는 어디일까?

2017년 북한의 '국가 핵무장 완성 선언'은 북핵 문제에 대한 경각심을 새롭게 일깨우는 일대 전환점이 됐다. 2017년 이전 30년이 북한의 핵 개발을 막기 위한 비핵화 여정이었다면, 이후는 핵보유국 북한의 핵 확장과 확산을 막아야 하는 완전히 다른 차원의 새로운 여정이 시작된 것이다.

역사적으로 완성된 핵무기를 폐기한 나라는 남아프리카공화국이 유일하다. 그러나 자발적인 핵 폐기를 선언한 남아공과 북한은 상황과 본질이 완전히 다르다. 경제제재만 보더라도 이란이 핵물질 생산단계에서 국제사회의 제재를 받고 있는 것이라면, 북한은 핵무기를 완성한 상황에서 제재를 받고 있다. 북한 핵은 한반도 상황의 특성에 맞게 해석하고 대비해야 한다. 이를 정확히 인식하는 것이 무엇보다 중요하다.

북한, 북핵 위협을 바라보는 정확한 잣대와 새로운 시선이 필요한 이유다.

2021년 북한 그리고 미래 북핵 위협에 대하여

북한은 2017년 사실상의 핵보유국이 됐다. 공식적인 핵보유가 인정된 미국, 러시아, 중국, 프랑스, 영국과 사실상의 핵보유국인 인도, 파키스탄, 이스라엘의 뒤를 이어 국제법적으로 비록 인정받지 못하더라도 '실질적인 핵보유국' 또는 '비공인 핵무장국'이 된 것이다.

핵보유국이 된 북한은 자신감 넘치고 대담한 행보를 보였다. 싱가포르(2018)와 하노이(2019)에서 미국 대통령과 담판(빅딜)을 벌였고, 비록 노딜로 끝났지만 북한은 이 사건을 "적대적인 조미 관계 사상 처음으로 열린 두 나라 최고 수뇌들의 직접회담에서 (중략) 초대국을 대상으로 하여 자기의 자주적 리익과 평화와 정의를 수호하는 공화국의 전략적 지위를 만천하에 시위한 세계정치사의 대사변(2021, 김정은 사업총화)"으로 평가했다. 그리고 2021년 1월 개최한 8차 노동당대회에서는 핵 확장 및 확산 계획을 거침없이 공개했다.

핵보유국으로 불과 4년도 안 되는 기간 김정은의 행보, 특히 8차 노동당대회에서 제시된 북한의 핵전략과 정책은 새로운 북한의 미래 선택지를 명확하게 보여주고 있다. 이에 대해 많은 전문가의 다양한 해석과 전망이 있지만, 아래 네 가지 관점은 군사적 측면을 중심으로 미래 북핵의 예상 위협을 전망한 내용이다.

첫째, 2017년 북한의 '국가 핵무장 완성 선언'은 핵무기와 미사일, 핵물질을 모두 갖춘 군사적으로 완전한 상태의 핵보유 선언이다.

북한은 여섯 차례 핵실험을 통해 충분한 핵분열성 물질 생산과 수소폭탄급 핵폭탄 개발 및 제조 능력을 보유하고 있고, 또 신형 ICBM '화성-15호' 시험발사 성공으로 초대형 중량급 핵탄두를 장착시켜 13,000km 이상 날려 보낼 수 있는 ICBM과 다양한 사거리의 탄도미사일 1천여 기를 갖추고 있다. 핵보유 선언과 동시에 한국과 일본, 괌 등 아시아 · 태평양지역에 있는 미국의 동맹국과 미군기지 전체를 언제든 핵미사일로 공격할 수 있고, 다양한 형태의 핵전략을 구사할 수 있는 능력을 갖췄다.

둘째, 2021년 1월 8차 노동당대회에서 핵무장 강화를 공개 선언하면서, 본격적인 핵무기 확장 및 확산의 길을 선택했다.

사실 하노이회담 전까지만 해도 비록 북한이 핵보유 선언은 했지만, 많은 사람이 비핵화의 길을 선택할 수도 있다는 희망을 가지고 있었다. 그러나 그것은 단지 희망뿐인 것으로 드러났다. 북한은 핵능력 고도화와 전략 · 전술핵 보유라는 이중 핵전략을 새롭게 표방한 중 · 장기 핵무장 강화 프로그램을 공개했고, 핵추진잠수함 건조, 핵잠수함발사 탄도미사일SLBM 고도화, 다탄두 유도 기술 개발 완성, 특히 전술핵 개발 등 새로운 핵무기 발전계획을 세세히 알렸다. 미래 북한 핵무기는 더욱 강력하고 위험해질 것이라는 확실한 예고였다.

셋째, 북한은 핵전략의 변화를 공식 천명했다. 기존 북한의 핵개발 논리는 미국의 가중되는 적대시 정책과 핵 선제공격 위협 때문이고, 어쩔 수 없이 정당한 방위수단으로 핵 억제력이 필요하다는 입장이었다. 그러나 8차 노동당대회에서는 핵 억제전략에 방점을 두었던 북한이 '핵 선제타격'을 공식 언급한 것이다. 더 이상 핵무기가 단순 억제용(방어) 무기에 머물지 않고 필요 시 공격용 무기로 전환할 수 있는 핵무기 선제공격 가능성을 공론화했다.

8차 노동당대회에서 '핵 선제타격' 공식 언급

(중략) 조선 반도지역에서의 각종 군사적 위협을 주동성을 유지하며 철저히 억제하고 통제 관리할 수 있게 하여야 한다. 이와 함께 1만 5,000km 사정권 안의 임의의 전략적 대상들을 정확히 타격 소멸하는 명중률을 더욱 제고하여 핵 선제 및 보복타격 능력을 고도화할 데 대한 목표가 제시되었다.

넷째, 북한은 또 전술핵 개발을 최초로 공개하고, 한반도지역에서 각종 군사적 위협을 선제적으로 관리하겠다는 의지를 명확히 했다. 전술핵무기가 실제로 개발되면, 한반도 전쟁 발발 시 남한지역 군사목표에 대해 언제든 핵 타격을 할 수 있다는 의미일 뿐 아니라 평시에도 비교적 정확히 목표지역을 타격할 수 있고, 제한적인 핵 피해 및 오염 확산의 염려가 적다는 점에서 서울 등 주요 도시 '핵 인질', 위력 타격 및 협박용 등 지금까지와는 완전히 다른 양상으로 한국을 향한 직접적인 핵 도발 및 위협으로 발전할 가능성이 있다.

북핵 위협을 보는 새로운 시선 필요

핵보유국 북한은 더 강력한 핵무장의 길을 선택했고, 새로운 핵 공격 전략까지 채택했다. 앞으로 북한 핵이 더 위험해질 것은 불 보듯 뻔하다.

명확한 북한 핵 위협에 대해 한국(인)은 어떻게 생각하고 있을까?

일부 위험스러운 인식과 시선이 존재하고 있는 것이 현실이다. 아래 몇 가지 예문이 이런 현상을 단편적이지만 강렬하게 적시해주고 있다.

- 북한 핵 개발은 미국에 대항하기 위한 최소한의 방어전략이다(핵 개발 동정론).
- 북한 핵은 미국을 향한 것이다. 한국은 타격 대상이 아니다(같은 민족론).
- 북한 핵무기는 1945년형 구형 무기다. 레이저, 무인드론 등 미국의 무기개발력과 과학기술이 북한의 핵무기를 곧 무력화할 것이다(북한 핵무기의 살상력 간과).
- 핵무기를 쏘면 공멸하기 때문에 결코 쏘지 못할 것이다(핵무기 무용론).
- 일부 언론은 북한이 미사일을 발사하면 대외 긴장 조성용 카드라든지, 미국에 대한 군사적 메시지라는 등 정치적 해석에 주력해 국민에게 전달하는 패턴에 익숙해져 있다.

이런 위험한 시각은 한국 정부 당국이 오랫동안 북한 핵 문제 운전대를 미국에 넘겨주면서 생긴 착시현상으로 해석할 수 있다. 북핵 문제를 남북이 아닌 북미 대결 구도로 착각하게 만드는 데 지금의 구도가 크게 기여하고 있다고 생각한다.

또 하나 유념해야 할 부분은 '위협'과 '정책'의 혼돈 현상이다. 북핵 대응 30년 동안 6개 정부는 중요한 정부 정책으로 '북한 비핵화'를 추진해오면서 보수와 진보의 정치 성향에 따라 서로 다른 접근 전략과 대응방식을 채택하곤 했다. '북핵 위협'의 크기와 강도마저 때로는 과다하게 때로는 축소하는 등 서로 다른 잣대로 해석하곤 했다.

'북핵 위협' 자체를 정치적 해석, 진영 논리로 재단하거나 해석하는 것은 매우 위험하고 경계해야 한다. '북핵 위협'의 판단에 희망과 선의가 개입돼서는 안 되며, 최악의 상황을 상정하는 위기관리의 기본만이 작동돼야 한다.

이 책에서는 핵보유국이 된 북한의 위협, 특히 2021년 1월 노동당대회에서 발표한 핵전략의 변화(억제전략, 선제타격론 등)를 군사적 관점에 맞춰 분석할 것이다.

'북핵 위협, 진짜 위기는 아직 오지 않았다'라는 주제어는 지난 30년간 북한 비핵화 과정에서 만난 세 차례 북핵 위기는 끝이 아니라 진행형이고, 더 심각한 4차, 5차 위기가 다가오고 있음을 경고한 것이다.

4차, 5차 북핵 위기를 통해 핵을 가진 북한은 한반도 미래 판세를 주도하려고 할 것이다. 지금보다 훨씬 강력한 핵 카드를 내밀 북한의 입지와 위상은 더욱 높아지고, 미국과 일대일 담판을 하려 할 것이다. 2019년 하노이 노딜 회담 시 제시된 경제제재 같은 거래 조건은 안중에도 없을 것이고, 미군 철수 등과 같은 통 큰 협상을 요구하게 될지도 모른다. 그 와중에 핵 없는 한국의 입지는 더욱 좁아질 가능성이 크다. 30년간 유지된 핵 개발국 북한을 향한 기존 '비핵화 정책'은 빠르고 완전하게 수정돼야 한다. 그렇지 않으면 핵보유국 북한은 한국을 절대 상대하지 않을 것이다.

02

북한의 핵 억제력 강화전략: 2격 능력(보복력) 확보에 대하여

2021년 새해 벽두, 김정은은 8차 노동당대회 결론 연설에서 국방 군사 분야에 관해 네 가지 명령을 내린다.*

① 국가 방위력을 질량적으로 더욱 강화하는 것을 중요한 과업으로 틀어쥐고 나아가야 한다.

② 핵전쟁 억제력을 더욱 강화하면서 최강의 군사력을 키우는 데 모든 노력을 다해야 한다.

③ 인민군대를 최정예화 · 강군화하기 위한 사업에 계속 박차를 가하여 그 어떤 형태의 위협과 불의적인 사태에도 국가 방위의 주체로서 사명과 역할을 다할 수 있도록 철저히 준비시켜야 한다.

④ 국방과학기술을 더 높은 수준에 올려세우며, 군수 생산 목표와 과업들을 무조건 수행하여 새로운 5개년 계획 동안 우리 당의 력사적 진군을 최강의 군사력으로 담보해야 한다.

---

* "8차 당대회 결론 & 결정서", 노동신문, 2021. 1. 13.

김정은 연설 속 '핵전쟁 억제력 강화'는 무슨 의미인가?

핵전략 이론에 의하면 응징적 억제와 거부적 억제 이론이 존재한다. 응징적 억제deterrence by punishment란 상대가 공격하면 감내할 수 없는 피해를 가할 것이라는 보복 위협을 통해 상대방이 핵 공격을 못하도록 하는 예방 조치를 말한다. 이런 전략은 통상 '상호 확증 파괴 전략MAD: Mutual Assured Destruction'으로 불리기도 한다. 일부에서는 영어단어 MAD를 연상해 '미친 전략'이라 말하기도 한다. NATO 내 유럽국가와 한국, 일본의 경우, 핵이 없어 동맹관계를 통해 미국의 응징적 보복력에 의존하는 소위 확장억제 또는 핵우산 지원을 받고 있다.●

거부적 억제deterrence by denial란 미국의 미사일방어체제MD나 한국형 미사일 방어체제KAMD처럼 핵 공격에 대비한 방패를 확보하며 공멸 위험을 사전에 제거함으로써, 핵 공격을 해봐야 성공하지 못할 것이니 핵무기 사용을 단념하라고 강요하는 개념이다.

북한이 말하는 '핵 억제력 강화'란 '응징적 억제'를 말한다. 즉, 미국이 핵으로 먼저 공격the first strike하면 강력하게 치명적인 보복을 하겠다는 개념이다. 거부적 억제 개념은 북한 입장에서 경제력, 기술력의 제한 등으로 별도로 고려하지 않고 있다.

결국 북한이 핵 억제력을 확보한다는 것은 ① 미국의 선제 1격the first strike에서 피해를 최소화하고 살아남는 것 ② 최초공격에서 살아남은 핵무기로 반격해 미국에 치명적인 피해를 줄 수 있는 2격the second strike 보복력을 갖추는 두 가지가 핵심이라고 할 수 있다.

● 박휘락(2013), 『북핵 위협과 대응』, 한국학술정보.

2격 능력 확보를 위한 북한의 세 가지 전략적 중점

미국의 1격을 견디고, 결정적 보복을 할 수 있는 한 방을 날릴 2격 보복력 확보를 위해 북한이 선택할 전략적 중점은 무엇이 될까?

과거 미소 냉전 시대의 핵무기 경쟁, 이미 핵을 보유한 8개국의 핵전략 추진 결과 등을 토대로 세 가지 전략적 중점을 선정해봤다. 물론 필자의 개인적 관점이다.

- 전략적 중점 #1: 북한은 일정 수준 이상의 핵탄두 보유량을 증가하려 할 것이다.
- 전략적 중점 #2: 미국을 직접 타격할 수 있는 대륙간탄도미사일ICBM 능력고도화에 가장 큰 관심을 기울일 것이다.
- 전략적 중점 #3: 잠수함 전력개발과 잠수함발사탄도미사일SLBM 개발은 핵억제력 확보의 새로운 히든카드가 될 것이다.

① 2격 능력 확보를 위해 북한의 핵탄두 최종 보유 목표는 얼마나 될까?

필자가 개인적으로 판단하는 북한의 핵탄두 1차 확보 목표는 최소 100기 이상이 될 것이다. 북한은 앞으로 일정 기간 핵물질 생산과 핵탄두의 질적 · 양적 팽창을 계속할 것이라 예상된다. 이런 판단 배경은 세계 핵보유국(8개국)의 핵탄두 보유 전략과 현재 보유량을 근거로 했다.

냉전 시대 영국과 프랑스는 구소련과 대비해 절대적인 핵전력 열세 상태였다. 양국은 이런 점을 고려해 상대에게 핵 기습을 당한 후 충분하지는 않지만 치명적인 보복 타격을 가할 수 있는 2격 능력 확보 전략을 채택했다. 전문용어로 최소억제minimum deterrence 개념에 의한 핵전력 확보 정책을 견지했다. 이런 개념 아래 두 나라는 현재 200~300기 정도의 핵탄두를 보유한 것으로 식별되고 있다.

인도와 파키스탄, 이스라엘은 인접한 국경선을 경계로 하는 분쟁지역 국가들이다. 이 나라들은 핵 억제력 확보를 위해 100~200기 내외의 핵탄두를 보유하고 있다. 2020년 6월 기준 일본 연구팀 발표에 의하면 파키스탄(160기), 인도(150기), 이스라엘(80~90기) 순으로 핵탄두를 보유 중인 것으로 보고되고 있다.

미국과 구소련의 경우는 다른 핵보유국들과 달리 최대억제 maximum deterrence 개념에 기반한 핵전략을 추진해왔다. 즉 냉전 시대 양강 체제에서 핵무기 경쟁을 펼쳤고, 두 강대국은 상대를 완전히 제압할 수 있는 핵 역량 확보를 위해 올인했다. 그 결과 미국과 러시아가 가진 핵탄두는 세계 보유량의 90% 이상을 차지한다.

세계 핵보유국의 핵탄두 보유량은 각각의 전략 환경과 상황 특성에 따라 차별적인 전략을 따르고 있다. 북한의 경우는 아마도 영국과 프랑스가 택한 모델인 최소억제 개념에 의한 핵전력 확보전략과 함께 파키스탄 · 인도 · 이스라엘 등 분쟁지역의 핵보유국들이 대략 100여 기 이상의 핵탄두를 확보하고 있다는 것을 충분히 고려할 것으로 예상된다.

따라서 북한의 1단계 핵탄두 확보 목표는 최소 100기 이상일 가능성이 크다. 현재 북한의 핵무장 강화 프로그램을 고려해볼 때 가까운 시일 내에 목표에 도달할 것으로 예상된다. 다음 2단계 양적 · 질적 팽창 추진 여부는 아마도 새로운 전략적 선택을 필요로 할 것이다. 한국 입장에서는 100기 이상의 핵탄두를 보유한 북한을 조만간 대면하게 될 것이라는 전제하에 북핵 대응 전략을 구사해야 할 것이다.

민간단체인 미국과학자연맹FAS은 2020년 4월 갱신한 「핵전력 보고서」에서 북한이 보유한 핵탄두 수를 35기로 추정했다. FAS는 "북한은 두 차례의 10~20kt급 핵실험과 한 차례의 200kt급 이상 핵실험을 포함한 여섯 차례 핵실험 이후 대략 35기의 핵탄두 생산과 충분한 핵물질을 생산했을 것으로 추정된다"라고 밝혔다.

최근 스웨덴 싱크탱크 스톡홀름 국제평화연구소SIPRI는 북한이 2021년 1월 기준, 40~50개의 핵탄두를 보유한 것으로 추정된다고 발표한 바 있다(2021년 6월 발표). 이는 지난해보다 10개가량 증가한 수치이다(SIPRI는 북한이 어떤 정보도 공개하지 않았고, 불확실한 추정치라는 점을 전제하고 있음).

② 핵 억제전략의 3각축, 북한은 왜 대륙간탄도미사일ICBM을 선택할 수밖에 없었는가?

냉전 시대 미국과 소련의 치열한 핵무기 경쟁은 1980년대 말까지 진행됐고, 이런 경쟁은 자연스럽게 상대방의 1차 핵공격을 견뎌낸 다음 결정적인 보복을 담보할 수 있는 치열한 무기개발로 이어졌다. 바로 핵 억제전략 달성을 위한 소위 3각축 개발이다. 3각축이란 전략폭격기, 대륙간탄도미사일ICBM 그리고 전략잠수함을 말한다.

핵보유국들은 자국의 안보 상황과 경제 여건, 기술 수준 등을 종합 고려하여 자국의 특성에 맞는 선택과 집중을 하게 된다.

미국과 소련은 핵무기 경쟁을 벌인 당사국으로 상대보다 질적으로 더 우수하고, 양적으로 압도할 수 있는 ICBM, 전략폭격기 그리고

핵억제 전략의 핵심 3각축(ICBM, 전략폭격기, 전략잠수함)

전략잠수함 개발 및 확보에 총력을 기울였다. 반면, 제한된 핵 억제력 확보전략을 택한 영국과 프랑스는 적의 1격에서 살아남을 가능성이 가장 큰 잠수함발사탄도미사일, 즉 SLBM 개발에 중점을 두었다. 잠수함은 상대의 선제공격으로부터 피해를 최소화할 수 있고, 은밀하게 적에게 치명적인 피해를 가할 수 있다는 점에서 매우 매력적인 무기다. 이와 함께 역사적으로 해군력 강국의 기술적 우위를 확보하고 있었다는 점도 충분히 고려됐다고 생각한다.

다음은 미국 전략폭격기 B-29가 1945년 일본 상공에서 원자폭탄을 투하하는 순간을 기록한 글이다. 제2차 세계대전 종식을 알린 최초의 원자폭탄 투하 장면이라는 의미뿐만 아니라 핵 억제전략의 3각축을 이해하는 데 도움이 될 것 같아서 원문을 재구성해 소개한다.

1945년 8월 6일 오전 8시 15분, 미국의 B-29 폭격기 3대가 히로시마 상공에 나타났다. 폴 티베츠 중령이 지휘하는 폭격기(에놀라 게이호Enola Gay)에는 최초의 원자폭탄 '리틀보이'가 탑재되어 있었다. 나머지 동료 공군기 1대는 촬영, 1대는 과학 측정용이었다. 비행 중에 핵탄두를 장착했으며, 목표 지점 30분 전에 안전장치가 해제됐다. 핵폭탄은 히로시마 상공 580m에서 폭발했다. 일본은 3대의 공군기가 본토에 접근하는 것을 추적하고 공습경보를 발령했다가 곧 취소했다. 3대밖에 안 되는 소규모 편대가 위협이 될 것이라고 생각지 않았기 때문이다. 전투기도 보내지 않았다.•

북한은 핵 억제력 확보 수단으로 3각축의 하나인 대륙간탄도미사일ICBM을 우선 선택하고 집중 개발했다. 다음 세 가지 이유를 고려한 탁월한 선택이었다고 평가할 수 있다.

첫째, 전략폭격기 등 공중 전력을 개발한다는 것은 북한의 경제력이나 기술력 면에서 도저히 엄두를 낼 수 없는 분야다. 사실 지금도 북한의 공중 전력은 한미연합 전력 대비 극히 열세를 면치 못하고 있으며, 이런 전력의 차이는 시간이 갈수록 더욱 벌어질 것으로 예상된다.

둘째, 북한은 30년 이상 미사일 개발 경험과 노하우를 갖고 있는

• 닉 케네디, 「히로시마 원폭(1945. 8. 6)」, 피터 퍼타도, 마이클 우드 편(2009), 『죽기 전에 꼭 알아야 할 세계 역사 1001 Days』(김희진 · 박누리 역), 마로니에북스.

미사일 강국이다. 현재 다양한 사거리로 무장된 1천여 기 이상의 탄도미사일을 보유하고 있다는 것이 이를 방증한다. 특히 1987년부터 2009년까지 해외 미사일 수출 통계를 보면 중국, 러시아, 북한 등 공산권에서 수출된 약 1,190기의 미사일 중에서 40% 이상이 북한제라는 통계도 있다.[•] 이렇게 축적된 미사일 기술과 노하우는 자연스럽게 대륙간탄도미사일ICBM 개발로 연결될 수 있었을 것이다.

셋째, 3각축의 하나인 잠수함발사탄도미사일SLBM은 경제력, 기술수준 등의 미흡으로 1990년대까지는 개발할 엄두를 내지 못했고, 2000년대에 들어와 비로소 초기 개발을 시작한 것으로 평가되고 있다. 사실 북한 해군력 수준은 열세이고, 잠수함발사탄도미사일은 잠수함, 발사체계, 추진체계, 핵무기 탑재 및 사출 기술 등 매우 복합적인 기술력 통합이 요구되는 무기체계인 점을 고려할 때 당연히 후순위로 밀릴 수밖에 없었을 것이다. 한미 정보당국은 2013년 가을이 되어서야 북한의 SLBM 개발 정황을 최초로 포착했다.

북한은 2017년 11월 29일, 미국 본토를 타격 가능한 사거리 13,000km의 '화성-15호' 대륙간탄도미사일ICBM 시험을 성공적으로 완수하고, 같은 날 '국가 핵무장 완성'을 선언하게 된다. 6차 핵실험이 핵물질 생산능력과 수소폭탄 실험이었다면, ICBM 실험 성공은 미 본토를 직접 핵탄두를 장착한 미사일, 즉 결정적 한 방을 날릴 수 있는 3각축의 하나를 완성했다는 면에서 대단한 의미를 갖게 된 것이다. 현재 최고의 관심은 북한이 ICBM에 소형 핵탄두를 장착할

• 최현수 · 최진환 · 이경행(2017), 『한반도에 사드를 끌어들인 북한 미사일』, 경당, 49-55쪽.

수 있는 기술적 수준에 집중되고 있다. 이에 대해 미국 미사일방어국 MDA, Missile Defense Agency은 「한반도 탄도미사일 위협 관련 분석(2024년 기준)」에서 북한의 핵탄두 소형화 수준은 상당한 수준에 도달했으며, 조만간 핵탄두를 탑재한 완전한 ICBM 핵미사일로 진화될 수 있다는 것을 아래와 같이 경고하고 있다.

> 북한은 향후 스커드 계열의 단거리 미사일 수량을 단계적으로 감축할 것으로 보이며, 현재 소형화 기준(직경: 1M, 탑재중량payload: 1,000kg)으로 핵 탑재가 가능한 노동 및 무수단 미사일의 보유량을 증대할 것으로 판단된다. 이는 핵무기 경량화 및 재진입체를 포함하는 일부 기술적 문제와 신뢰성만 보완한다면, 1만 km급 ICBM의 핵 탑재도 가능하다는 것을 의미한다.
>
> – MDA, 한반도 탄도미사일 분석 자료

③ 잠수함발사탄도미사일SLBM 개발과 북한의 의도에 대해

북한은 8차 노동당대회에서 SLBM의 중 · 장기 플랫폼 구축에 대한 청사진을 명확히 제시했다. 대형 잠수함 건조계획 발표, 북극성 계열의 신형 탄도미사일 '북극성-5ㅅ' 등장, 그리고 핵추진잠수함 설계가 최종 심사단계에 있다고 공개했다. 이는 ICBM에 이은 대형 북핵 위기 2탄이 본격 준비되고 있다는 것을 알리는 신호탄으로 평가할 수 있다. 아래 북한의 SLBM 관련 언급 내용은 얼마큼 국가적인 관심을 기울이고 있는가를 말해주고 있다.

8차 노동당대회 기념 열병식에서 공개한 '북극성-5ㅅ'
출처: 연합뉴스

'북극성' 계열의 수중 및 지상 발사 탄도로케트들이 특유한 작전적 사명에 맞게 우리 식으로 탄생한 것은 핵보유국으로서의 우리 국가의 지위에 대한 보다 명확한 표상을 주었다. (중략) 중형 잠수함 무장 현대화 목표 기준을 정확히 설정하고 시범 개조하여 해군의 현존 수중작전 능력을 현저히 제고했으며, 아울러 새로운 핵 잠수함 설계연구가 끝나 최종 심사단계에 있다.

-「김정은 사업총화」 보고 중에서, 2021. 1. 10

잠수함발사탄도미사일은 핵 전략상 2격 능력(보복력) 확보를 위한 3각축(ICBM, 전략폭격기, 전략잠수함) 중 하나다. 잠수함에서 쏘는 핵무기여서 탐지 및 요격이 매우 어려워 가장 강력한 전략무기로 불린다. 이에 대해서는 4장(바닷속 핵무기, SLBM에서 핵잠수함까지)에서 좀 더 세부적으로 분석할 것이다.

SLBM과 관련해 북한의 자신감 넘치고 공개적인 일련의 행보에 대해 필자는 다음과 같이 판단한다. 북한은 ICBM 개발을 통해 미사일 기술 수준을 최고조로 끌어올렸으며, 지금 SLBM 개발에 기술을 집중적으로 이전하는 단계로 볼 수 있다. 조만간 재래식 대형 잠수함에 핵미사일을 탑재해 ICBM과 SLBM이라는 양축의 2격 능력(보복력) 다각화를 완성하게 될 것이다. 또 가까운 미래에 핵추진잠수함이 건조되면 북한의 해상작전 지역은 태평양 전 지역으로 확장될 것이다. 그러면 미국을 포함한 한국, 일본 등 태평양 지역의 연합세력, 이른바 북한이 말하는 적대세력들은 지상 및 수중에서 핵 공격을 받을 수 있는 심각한 위협을 강요받게 될 것이다.

한반도 작전환경은 더욱 복잡하고 어려운 국면에 빠지게 될 듯하다. 무엇보다 지상 발사 탄도미사일 중심으로 대비하던 기존 전략 수정이 불가피할 것으로 생각한다. 예를 들어 북한 핵미사일에 대응하는 '한국형 3축 체계' 구축 사업은 북한의 새로운 잠수함 및 SLBM 능력의 고도화에 대비하기 위해 새로운 해상 킬 체인Kill-Chain 구축이 추가로 필요할 것이고, 한국형 미사일방어체계KAMD도 북에서 남으로 날아오는 일방향 대비에서 동서남북 전체를 방어할 수 있어야 할 것이다.

03

북한의 '핵 선제타격론(전략)'에 대하여

북한은 '최고존엄이 위협받을 경우'라는 모호한 전제조건을 내걸고 핵 선제타격의 가능성을 열어놓고는 있었으나, 전체적으로 북한의 핵전략은 미국의 핵 공격을 받으면 이를 잘 견뎌낸 다음 결정적으로 응징하는 '보복'에 방점을 둔 억제전략을 견지해왔다. 또 핵무기 개발과 보유 이유는 미국의 가중되는 적대시 정책과 핵 위협에 대처하기 위해 어쩔 수 없이 갖추게 된 정당한 방위 수단이라고 주장해왔다.

이런 북한의 핵 관련 기조와 방향들은 김정은 집권 후 2013년 4월 1일 북한 최고인민회의 제12기 7차 회의에서 발표된 일명 '핵보유국 지위 공고화법'에 잘 나타나 있다. 10개조로 구성되어 있는 법령에는 핵 보유 불가피성, 핵 억제 및 보복타격, 핵 선제 불사용 및 명령권 등에 대해 공식적으로 기술하고 있다.

- 제1조: 공화국의 핵무기는 우리 공화국에 대한 미국의 지속적으로 가중되는 적대시 정책과 핵 위협에 대처하여 부득이하게 갖추게 된 정당한 방위 수단이다.
- 제2조: 공화국의 핵무력은 세계의 비핵화가 실현될 때까지 우리 공화국에 대한 침략과 공격을 억제 · 격퇴하고 침략의 본거지들에 대한 섬멸적인 보복 타격을 가하는 데 복무한다.
- 제3조: 공화국은 가중되는 적대세력의 침략과 공격 위험의 엄중성에 대비하여 핵 억제력과 핵 보복 타격력을 질량적으로 강화하기 위한 실제적인 대책을 세운다.
- 제4조: 공화국의 핵무기는 적대적인 다른 핵보유국이 우리 공화국을 침략하거나 공격하는 경우 그를 격퇴하고 보복 타격을 가하기 위해 조선인민군 최고사령관의 최종명령에 의하여서만 사용할 수 있다.
- 제5조: 공화국은 적대적인 핵보유국과 야합하여 우리 공화국을 반대하는 침략이나 공격행위에 가담하지 않는 한 비핵국가들에 대하여 핵무기를 사용하거나 핵무기로 위협하지 않는다.
- 제6조: 공화국은 핵무기의 안전한 보관관리, 핵실험의 안전성 보장과 관련한 규정들을 엄격히 준수한다.
- 제7조: 공화국은 핵무기나 그 기술, 무기급 핵물질이 비법적으로 루출되지 않도록 철저히 담보하기 위한 보관관리체계와 질서를 세운다.
- 제8조: 공화국은 적대적인 핵보유국들과의 적대관계가 해소되는 데 따라 호상 존중과 평등의 원칙에서 핵전파방지 미 핵물질의 안전한 관리를 위한 국제적인 노력에 협조한다.
- 제9조: 공화국은 핵전쟁 위험을 해소하고 궁극적으로 핵무기가 없는 세계를 건설하기 위하여 투쟁하며 핵군비경쟁을 반대하고 핵군축을 위한 국제적인 노력을 적극 지지한다.
- 제10조: 해당 기관들은 이 법령을 집행하기 위한 실무적 대책을 철저히 세울 것이다.

핵에 대한 김정은의 기본 인식은 “핵 타격 능력이 크고 강할수록 침략과 핵전쟁을 억제하는 힘은 그만큼 더 커지고, 핵무력 성능을 높이는 것이 핵전쟁을 막을 수 있는 유일한 길”이라고 주장해왔다. 이처럼 북한은 핵무기 개발과 보유의 목적이 핵 억제력 확보에 있다는 것을 법령화하면서까지 명확히 했다.

‘핵 억제’에 방점을 두었던 북한이 8차 노동당대회(2021. 1)에서 ‘핵 선제타격’이라는 용어를 공식적으로 처음 사용했다. ‘핵 선제’라는 표현을 그동안 신중하게 자제해온 북한의 기존 자세와 패턴을 고려할 때, 매우 이례적이라고 생각된다. 핵보유국이 된 북한이 기존 핵전략인 ‘억제(방어)’와 더불어 ‘선제타격(공격)’ 개념을 적용하기 시작했다는 것은 매우 큰 의미를 갖는다. 북한 핵무기가 단순 방어용에서 공격용 무기로 변신할 수 있다는 뜻이다. 이는 향후 동북아 및 국제질서 재편에 큰 영향을 미칠 것이고, 한반도에 새로운 차원의 북핵 시대가 개막될 것을 예고하고 있다.

‘핵 공격전략’의 이해: 선제공격(타격)과 예방공격의 개념 비교

북한의 ‘핵 선제타격’ 개념을 정확히 이해하기 위해서는 기본적인 핵전략을 먼저 이해할 필요가 있다.

핵전략은 크게 억제전략, 공격전략, 방어전략으로 나눈다. 핵 공격전략은 앞 장에서 살펴본 ‘핵 억제전략’이 제대로 작동하지 않는 경우 또는 상대방의 핵무기 사용이 임박한 상황에서 미리 상대의 핵 전력을 파괴하는 전략이다. 성공하면 가장 확실한 방법인데, 상대가 반발하거나 실패 시에는 대규모 핵전쟁으로 비화하거나 확대될 수 있는 위험성이 내재해 있다. 공격전략은 선제공격과 예방공격으로 구분된다.

선제공격(타격)Preemptive Attack은 공격행위가 명확할 때 수행한다. 유사 용어로는 선제조치, 외과수술적 타격surgical strike 등이 있다.

'선제'의 의미는 상대의 공격적 행위가 임박한 상황에서 먼저 행동해 그것을 하지 못하도록 한다는 불가피성이 전제돼야 한다. '공격 임박', '불가피성' 등은 전쟁의 정당성 확보, 국제사회 지지 획득에 매우 중요한 요소로 작동한다. 미 군사교범을 보면 선제공격에 대해 매우 엄격한 잣대를 가지고 신중한 접근 자세를 견지하고 있는 것을 알 수 있다. 아래 미 군사교범 기술 내용 중 특히 주목할 것은 '반박할 수 없는 증거incontrovertible evidence'라는 영어 문장이다.

> "An attack initiated on the basis of the incontrovertible evidence that an enemy attack is imminent" (적 군사행동이 임박했다는 반박의 여지가 없는 명백한 증거를 기반으로 시작하는 공격행위)

예방공격Preventive Attack은 임박한 공격징후는 확인할 수 없지만, 분명한 위해 가능성이 있어 사전에 그 근본적인 싹을 제거하기 위해 수행하는 공격행위다. 국제사회는 선제공격도 그렇지만, 특히 예방적 차원의 군사적 조치에 대해서는 위해 행위의 가능성을 판단하는 것이 상당히 모호하므로 통상 인정하지 않는다. 왜냐하면 남용의 여지가 있기 때문이다. 다음 2개의 사례문은 예방공격과 선제타격의 모호성과 선택의 어려움을 간접적으로 이해하는 데 도움이 될 것으로 생각한다.

▷ 미국의 이라크 예방공격 사례(2003. 3. 20)

2001년 9월 11일 미국 대폭발 테러사건(9.11테러)이 일어난 뒤, 부시 대통령은 북한과 이라크를 악의 축으로 규정한다. 그 후 이라크의 대량살상무기 제거와 세계평화에 기여한다는 명분을 내세워 전쟁을 개시한다. 일종의 예방전쟁이다. 그러나 전쟁의 최초 명분과는 달리 미국의 실질적인 목적이 이라크의 자유보다 원유 확보와 친미 블록 구축, 경기회복을 위한 돌파구 마련 등에 있다는 이유로 세계의 비난이 쏟아졌고, 전쟁의 정당성과 명분이 모호한 나쁜 전쟁 사례로 남게 되었다.

▷ 선제타격을 결정하는 것은 매우 어려운 선택(한미연합훈련 사례)

필자가 연합사 장군 참모로 근무했을 때, 가장 인상 깊은 순간은 한미연합훈련 시 한반도 방어를 위해 연합사령관의 첫 번째 '중대 결심', 즉 언제 어떤 조건하에서 북한이 먼저 공격을 개시하기 전에 아군이 선제타격할 것인가를 결정하는 순간을 지켜보는 것이었다. 데프콘-2가 발령되고, 전쟁 임박 징후와 전선에서 벌어지는 일부 저강도 분쟁만 가지고 무조건 선제공격(타격) 옵션을 채택할 수는 없다.

이런 결정을 하기 위해서는 먼저 선제타격을 하지 않으면 한미연합군과 서울이 입게 될 엄청난 피해 상황과 선제공격의 정당성을 확보할 명백한 증거들, 북한의 반격 능력을 사전 차단 및 무력화할 수 있는 결정적인 타격 능력과 수단의 결정 등 수많은 변수를 선행적으로 고려할 수 있어야 한다. 하물며 재래식 전쟁이 아니라 핵전쟁을 유발할 수 있다고 생각한다면, 명백한 증거를 발견하기 전까지 선제공격(타격)을 결정하는 것은 참으로 어려운 선택이 될 수밖에 없을 것이다.

북한의 의도 분석: 왜 '핵 선제타격' 카드를 공식화했는가?

북한은 그동안 핵 선제 사용에 대해 '최고존엄이 위협을 받을 때'라는 조건부 자세를 견지해왔다. 전문가들은 이런 북한의 주장과 자세에 대해 단순한 '엄포' 또는 향후 북한 지도자들이 정권의 생존 유지가 결정적으로 위협받는 순간이 될 때 비로소 핵 선제타격 옵션 채택에 대한 강한 유혹과 동기를 갖게 될 것이라는 '조건부 핵사용'에 더 무게를 뒀다.

하지만 북한은 이런 모호한 조건부 핵 선제 사용원칙을 버리고 '핵 선제타격' 옵션을 공식적으로 채택했다. 그것도 5년마다 열리는 최고 의사결정기구인 노동당대회를 통해 전격 공개했고, 「김정은 사업총화」 보고에 다음과 같이 기술한다.

① 핵사용 목적을 '선제'와 '보복'으로 구분하고, 특히 선제적 핵사용 옵션을 추가했다는 것을 명확히 공론화함.

② "핵무기의 소형경량화, 전술무기화를 보다 발전시켜 현대전에서 작전임무의 목적과 타격대상에 따라 각이한 수단으로 적용할 수 있는 전술핵무기를 개발하여야 한다."라고 사업총화 보고에 기술함으로써 최초의 전술핵무기 개발을 공식 언급함과 함께 남한 쪽 군사 목표를 선제타격할 수 있다는 것을 구체적으로 제시함.

「김정은 사업총화」라는 것은 북한식 용어로, 지난 5년간의 사업 결산과 앞으로 5년의 국가 단위 정책 방향을 수록한 중요한 보고문서로, 최고지도자 김정은의 통치철학이자 국가 지도 방향을 의미한다.

결국 2021년 8차 노동당대회에서 북한의 핵전략은 기존 억제전략에 더해 핵 선제타격 전략을 공식 채택했고, 특히 전술핵 개발을 공식화함으로써 향후 남한 내 군사시설 및 군사목표에 대해 전술핵

8차 노동당대회 모습(2021. 1)
출처: 연합뉴스.

을 이용한 선제타격 옵션을 새롭게 준비 중이라는 것을 명확히 공개했다.

2021년 북한은 '핵 선제타격론'을 왜 공개적으로 꺼내들었을까?

폐쇄된 북한 정부의 의사결정 과정을 추측하거나 예단하는 것은 쉽지 않은 과정이다. 2017년 핵보유국을 선언한 뒤 4년 차에 새로운 핵전략과 핵무기들을 공개한 것은 분명한 의도와 저의가 숨겨져 있을 것이다. 비록 예측과 추정일 수 있겠지만, 북한 핵무력의 실체를 이해하려는 노력은 향후 한국의 북핵 대응 및 군사적 대비 방향을 수립하는 데 매우 중요하다고 생각한다. 아래에 정리한 네 가지 분석 내용은 필자의 관점이다.

첫째는 대내적 요인으로, 김정은 집권 후 추진한 '경제건설과 핵무력 건설 병진노선'이 절반의 성공으로 끝났고, 향후 5년간 성과를 확장할 수 있는 것은 '핵무력 건설노선'뿐일 것이다. 따라서 핵무력 건설에 대한 새롭고 강력한 드라이브를 통해 김정은의 치적 확장과 정권 안정, 북한 주민 결속 등 다양한 통치목적을 달성하려 할 것이다. 그런 면에서 핵 선제타격론, 핵 능력 강화 등 공격적인 핵무력 카드가 사용될 것으로 예상된다.

경제 분야의 경우, 국제적 경제제재, 자연재해 및 코로나19 등 잇단 악재로 최악의 상황이다. 앞으로도 경제 회복 전망은 불투명한 상태로 새롭게 내세울 것이 없는 상태다.

반면 핵무력 건설 분야는 '국가 핵무장 완성', '로켓 강국 북한', '조미정상회담' 등 군사 분야는 물론 정치 · 외교사적으로 북한 정권 창설 이후 최대의 성과를 이룬 5년이었다고 평가했을 것이며, 앞으로도 북한 핵무력은 더 큰 성과 확장이 가능하고 북한이 주도적으로 판세를 끌어갈 수 있다고 판단했을 것이다. 한국 입장에서는 향후 북한의 공격적인 행보에 주목하고 대비하는 것이 더욱 중요해질 것이다.

둘째는 향후 전개될 북미 협상력을 최대한 제고하기 위한 대미 압박 및 사전포석용으로 해석할 수 있다.

북한은 2019년 하노이회담 노딜 이후 "미국이 적대시 정책을 철회하고 셈법을 바꿔서 나오지 않는 한, 앞으로 대화 테이블에 마주 앉을 일은 없을 것"이라는 입장을 반복하고 있다. 북한은 과거 세 차례 북핵 위기 협상 과정에서 철저한 무시 및 부인전략 – 벼랑 끝 전술(위기의 최고조화) – 최대의 선물을 챙기는 협상 진행이라는 일정한 패턴을 보였다. 지금 상황은 북한에 급할 것이 없다. 비록 경제제재가 계속되고 있지만, 이미 내성도 쌓였고 최악의 상황을 벗어난 것으로 평가된다. 시간이 지날수록 북핵 능력은 더욱 고도화될 것이고, 초조해지는 쪽은 미국과 한국이라는 것을 북한은 너무 잘 알고 있을 것이다. 강대강強對強 그리고 선대선善對善 전략, 본질을 모른다고 한국을 거침없이 꾸짖는 행태는 바로 급할 것 없는 북한의 입장을 보여주는 단면이라고 생각한다.

북한은 핵 선제타격 옵션이 다음 협상판을 더욱 키울 수 있는 매우 좋은 카드라고 생각할 것이다. 그들의 셈법으로 긴 호흡을 하면서 큰 판의 딜을 준비하고 있을 듯하다.

셋째, 핵 선제타격론은 북한의 '조선반도 통일전쟁' 여건 조성과 최종 승리를 거머쥐기 위한 회심의 전략적 카드로 해석할 수 있다.

군사 전략상 북한의 핵 선제타격론은 ① 주한미군에 대한 핵 직접 타격 위험 노출 ② 한반도 전쟁 시 미 증원전력에 대해 직접 핵 공격 위협을 통한 행동의 자유 제한 ③ 미 본토 핵 선제타격 위협을 통해 미국의 한반도에 대한 영향력을 근본적으로 제거할 수 있다는 세 가지 전략적 함의를 포함하고 있다.

북한은 한국과 미국, 일본 등 동맹 세력과 미군 기지를 선제타격할 수 있는 잠재적 핵 능력을 갖추는 것을 시급한 전략적 과업으로 인식하고 있음을 명확히 했다. 북한의 고도화된 핵 능력과 핵 선제타격론이 결합됐을 때 북한 핵의 무게와 파급효과는 더욱 커질 것이고 북한의 행동은 더욱 대담해질 수 있다. 북한은 적절한 시기가 오면 주한미군 철수 주장, ICBM 폐기와 주한미군 철수를 맞바꾸는 빅딜 제안 등 '조선반도 통일전쟁' 여건 조성을 위해 핵무력을 더욱 공격적으로 사용할 가능성이 매우 크다고 생각한다.

'미국을 바라보는 북한의 시선', '북한이 생각하는 두 개의 전쟁 그리고 핵무력'이라는 제목의 아래 글은 북한이 그리는 미래 한반도 상황을 이해하는 데 도움이 될 것이다.

▷ 미국을 바라보는 북한의 시선

미국은 혁명 발전의 기본 장애물이고, 최대의 주적•으로 규정하고 있다. 미국은 한반도 통일의 훼방꾼이며, 미국만 없으면 조국 통

• 2021년 8차 노동당대회 「김정은 사업총화」 보고.

일 과업을 완수할 수 있다고 본다.

▷ 북한이 생각하는 두 개의 전쟁 그리고 핵무력

대미전쟁(국제전)과 통일전쟁(내전)으로 구분하고 있으며, 현 한미동맹체제와 주한미군 주둔 상황에서 '조선반도 통일전쟁'을 하게 되면, 대미전쟁으로 확전될 수밖에 없다고 생각하고 있다. 북한 입장에서 대미전쟁은 반드시 피해야 하고, 이를 위해 미국의 무력 개입을 원천적으로 차단하거나, 미군을 한반도에서 영구 철수시킬 수 있어야 한다고 생각한다. 핵무력은 한반도에서 미국의 근본 영향력을 제거할 수 있는 가장 강력한 수단으로 생각하고 있다.

넷째, 북한의 핵 선제타격론과 전술핵무기 개발은 한국과 주한미군, 일본의 UN사 후방기지까지 한국과 동맹 세력의 군사목표를 핵무기로 선제타격할 수 있다는 엄포와 함께 그 가능성을 확실하게 보여주고 있다.

전술핵은 전장에서 주로 군사목표를 향해 사용 가능한 소형 핵무기다. 예를 들어 지난 2021년 3월 25일 북한이 실험한 이스칸데르급 신형 단거리 미사일(KN-23 개량형)은 2.5톤급 탄두를 싣고 600km 비행에 성공했다. 이 신형 미사일은 저고도 활공 도약방식으로 변칙적 궤도 비행이 가능해 기존 한 · 미 · 일 미사일방어체계를 무력화할 수 있고, 언제든 소형 핵탄두도 장착 가능한 것으로 알려져 있다. 군사적으로 한미 양국은 심각한 핵 피격 위협에 직면하게 됐고, 전술핵 대응전략과 정책을 시급히 발전시켜야 하는 추가적인 부담을 안게 됐다.

핵 선제타격, 시행 가능성이 있는가?

'북한이 선제타격할 것인가?', '선제타격 능력은 과연 있는가?' 이렇게 질문한다면 누구도 확실하게 답변할 수 없을 것이다. 특히 공포의 대량살상무기인 핵무기의 선제 사용 가능성을 판단한다는 것은 더욱 그럴 것이다.

필자의 의도는 북한이 최근 채택한 '핵 선제타격론'이 단순한 엄포가 아니라 실제 위협이 될 수 있다는 위기의식을 공유하는 데 더 무게를 뒀다. 따라서 아래 몇 가지 제한된 범주(5개 전제) 내에서 나름의 분석을 시도해보고자 한다. 새로운 시도인지라 조심스럽지만, 선제타격 개념과 북한 핵무기 위협을 색다른 관점에서 조명해볼 좋은 기회를 제공할 것이라 기대해본다.

- 전제 #1: 북한이 주장하는 '선제'와 '보복' 중에서 핵 선제타격 쪽에 무게를 두고 분석할 것이다. 사실 광의의 개념에서 보복전력(억제력)과 선제 타격 전력은 같은 범주로 볼 수 있다.
- 전제 #2: 분석의 주안은 아시아 · 태평양 지역과 미 본토에 대한 핵 선제타격력 평가에 두었고, 이 과정에서 지상미사일의 핵심축인 중거리탄도미사일IRBM과 대륙간탄도미사일ICBM을 집중 조명했다.
- 전제 #3: 선제타격 위협능력 판단을 위해 핵탄두 보유 수와 미사일 능력, 핵탄두 소형 · 경량화 수준 세 가지를 핵심적인 영향 변수로 정했다.
- 전제 #4: 관련 정보 및 근거 자료는 『2020 국방백서』와 정부 당국 발표, 공인 연구기관 자료를 우선 반영했고, 개인의 주장들은 가능한 배제했다.
- 전제 #5: 잠수함발사탄도미사일SLBM과 전술핵무기는 최근에 대두된 매우 중요한 위협으로 여기서는 다루지 않고 별도 추가 분석하기로 했다.

아시아 · 태평양 지역에 대한 핵 선제타격 능력 분석

아태지역은 한국을 포함해 일본, 태평양 지역 일대를 말한다. 이 지역에는 미국과 미 동맹 세력의 주요 기지가 위치하고 있다. 아태지역 군사력 허브인 괌에는 앤더슨 공군기지와 다수의 주요 군사시설, 특히 한국을 지원하는 대부분 전략자산이 위치해 있다. 일본에는 한반도 유사시 증원전력 대기지역으로 이용되는 유엔사 후방기지 7개가 있다. 일본 본토에 자마 육군기지, 사세보 해군기지 등 4곳, 오키나와에 후텐마 해병기지 등 세 곳이다. 현재 주일미군기지로 사용되고 있다.

북한이 괌과 유엔사 후방기지를 핵 선제타격한다는 것은 주일미군, 주한미군을 포함한 아태지역 일대 미 동맹 세력 및 미국을 직접 공격한다는 뜻이다. 괌 기지는 북한에서 3,400km, 일본 내 유엔사 후방기지는 1천 km 이내로 북한의 중거리 미사일 사정권 내에 모두 위치하고 있다.

아시아 · 태평양 지역에 대한 북한의 핵 선제타격 능력을 북한의 주력 중거리 미사일인 무수단을 중심으로 분석해보고자 한다. 『2020 국방백서』에서는 이미 작전 배치했거나 개발 중인 중거리 미사일 사거리를 무수단 3천 km 이상, 화성-12형 5천 km 그리고 무수단과 화성-12형의 탄두 중량은 650kg 정도로 공식 평가하고 있다. 단순하게 북한 중거리 미사일에 650kg 핵탄두를 장착한다면 괌과 일본 등 주요 미군기지를 핵미사일로 직접 타격할 수 있다는 것이다.

▷ 핵탄두 보유량과의 관계에 대해

먼저 아태지역에 대한 핵 선제타격력을 갖추기 위해 북한의 최소 핵탄두 보유량은 50기 이상이 되어야 한다고 생각했다.

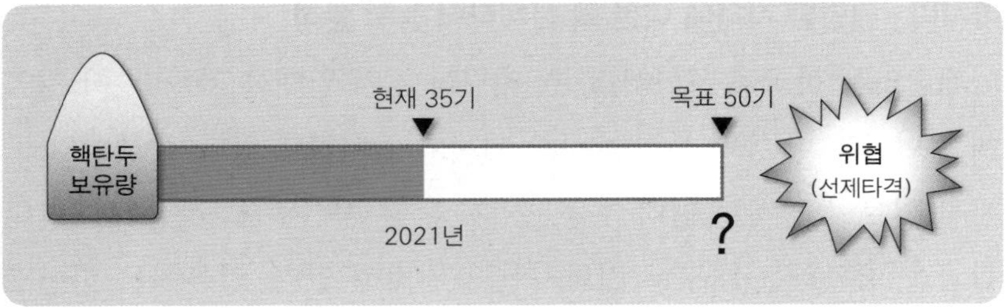

미국 군사전문가 쉴링과 칸이 공동 연구한 「2020년 기준 확증 보복전략 시나리오」에서 동북아 지역에 대한 확증 보복능력을 확보하기 위해서는 최소 50기 이상의 핵탄두를 보유했을 때 가능할 것이라는 주장을 근거로 했다.*

『2020 국방백서』(2020. 12)에서는 "북한의 핵무기 소형화 능력이 상당 수준에 이른 것"으로 평가하고 있다. 핵탄두 보유량에 대해서는 영변 핵시설의 5MWe 원자로를 가동한 후 현재까지 폐연료봉 재처리를 통해 플루토늄 50여 kg을 보유하고 있고, 우라늄 농축 프로그램을 통한 고농축우라늄(HEU)도 상당량 보유하고 있다고 밝혔다. 이 평가내용은 『2018 국방백서』 내용과 일치하고 있어 그 신뢰성에는 사실 의문이 든다. 미국과학자연맹에서는 2020년 4월 기준, 북한의 핵탄두 중 실전 배치된 것은 없고, 비배치 핵탄두는 35기 정도라고 발표했다.** 또 핵 전문가인 미국 과학국제안보연구소 데이비드 올브라이트 소장은 2020년 VOA(미국의 소리)와의 전화 인터뷰에서 북

* John Schilling and Henry Kan, "The Future of North Korean Nuclear Delivery Systems," US-Korea Institute at SAIS, August 2015. pp. 23-26.

** 미국과학자연맹(FAS), 2020. 4, 현황자료.

한의 핵무기 보유량이 20~50기 사이로 추정한다고 밝힌 바 있다.

'핵탄두 35기'는 동북아 및 태평양 지역 핵 선제타격력 확보를 위한 최소 보유량 50기에는 미치지 못하지만, 핵탄두 보유량이 부족해서 핵 선제타격력 확보가 제한된다고 평가하는 것은 무리가 있을 것 같다. 북한은 이미 충분한 핵물질과 핵탄두 생산능력을 갖춘 것으로 보는 것이 더 적절하다. 특히, 2021년 4월 발표된 아산정책연구소와 미 랜드연구소의 공동 보고서에는 "북한의 플루토늄 보유량으로 볼 때 2020년 67~116기의 핵무기를 보유한다는 가정하에 2027년이 되면 최대 242개 정도까지 확보하게 될 것"이라는 완전히 다른 엄청난 평가를 내놓고 있다.

▷ 중거리 탄도미사일IRBM 능력에 대해

북한은 1970년대부터 탄도미사일 개발을 시작했고, 현재 1천여기 이상 다양한 사거리의 탄도미사일을 보유하고 있는 것으로 평가되고 있다.

중거리 미사일의 대표선수 격인 무수단 미사일은 2007년 별도의 시험발사 없이 실전 배치 완료됐고, 앞에서 언급했듯이 사거리가 3천 km로 오키나와는 물론 괌까지 사정권 안에 두고 있다. 화성-12형 미사일은 2017년 5월과 8월, 9월에 북태평양으로 발사 시험이 있었고, 사거리 5천 km로 평가되고 있다.

미국 싱크탱크 전략예산평가센터CSBA 보고서•는 북한 핵무기 운반시스템 보유 규모와 관련해 대륙간탄도미사일은 확실치 않고

• 미국 전략예산평가센터(2019. 5. 15), 「핵무기의 과거, 현재, 미래에 대한 평가」.

중 · 장거리 및 중거리 탄도미사일은 150기 미만, 단거리 탄도미사일은 100기 이상(이상 발사대 기준)인 것으로 발표했다. 결론적으로 아태지역 일대의 미군기지 여러 곳과 목표물을 동시 타격할 수 있는 신뢰도 높은 미사일을 충분히 확보하고 있는 것으로 평가할 수 있다.

▷ 핵탄두의 소형화 · 경량화 수준에 대해

탄도미사일은 물리적으로 마하 3~10의 속도로 날아갈 수 있어야 원하는 목표를 타격할 수 있다. 따라서 미사일에 결합하는 핵탄두의 무게를 얼마나 경량화할 수 있는가는 핵무기 기술 수준의 척도라 할 수 있다. 핵탄두의 소형화 · 경량화 기준은 통상 무게 1톤 이하, 평균 500kg 정도의 핵탄두를 만들 수 있는가에 둔다. 참고로 1945년 일본에 투하된 최초의 원자탄 무게는 무려 4톤이었고, B-29 폭격기 비행에도 영향을 주었던 것으로 알려지고 있다.

북한은 핵탄두 '소형화 · 경량화'에 오랫동안 특별한 관심을 보여왔다. 김정은의 관련 행보와 지시들이 이를 방증한다.

- 2013년 2월: '소형화 · 경량화된 원자탄을 사용해 안전하고 완벽하게 핵실험을 진행했다고 강조(3차 핵실험 직후)
- 2015년 5월: 핵 타격수단은 본격적인 소형화 단계에 들어선 지 오래됐다고 주장
- 2016년 1월: 소형화된 수소탄 위력을 과학적으로 해명했다고 자랑
- 2016년 3월: 핵탄두를 경량화해 탄도로켓에 맞게 표준화 · 규격화를 실현해야 한다고 강조

- 2021년 1월: 사업총화에서 핵기술을 고도화해 핵무기를 소형화 · 경량화 · 규격화 · 전술무기화할 것을 강조

중거리 탄도미사일인 '무수단'의 경우, 핵탄두의 소형화 · 경량화는 이미 완성된 것으로 보는 것이 일반적인 평가다. 그 이유로 기존 핵보유국들이 소형화에 걸린 시간이 평균 7년인 점을 고려할 때(핵탄두 500kg 이하, 1960년대 대부분 완성), 여섯 차례의 핵실험과 소위 로켓 강국이자 미사일 수출국인 북한의 핵탄두 소형화 관련 기술을 높게 평가하는 것은 자연스러운 것이라고 생각한다. 『2020 국방백서』에서도 북한 핵무기 소형화 기술이 "상당한 수준에 도달"했다고 평가하고 있다. 일본 방위성도 『2020 방위백서』에서 "북한은 핵무기의 소형화 · 탄두화를 실현했고, 이를 탄도미사일에 탑재해 자국(일본)을 공격할 능력을 이미 보유하고 있는 것으로 보인다"라고 공식 평가했다.

핵전문가인 데이비드 올브라이트 미국 과학국제안보연구소 소장은 2016년 VOA와의 인터뷰에서 "핵무기 소형화가 지나치게 복잡한 기술로 과장되는 경향이 있다"라며, 1980년대부터 핵 프로그램을 추진해 수차례 핵실험까지 거친 북한이 핵탄두 크기를 작게 만드는 것은 더 이상 문제가 아니라고 말하고, 북한에 소형화보다 더 큰 숙제는 핵무기 폭발력을 높이는 것과 핵탄두를 탑재한 미사일의 대기권 재진입 기술을 완성하는 것이라고 이미 오래전에 언급하기도 했다.

▷ 종합적인 평가(소결론)

북한의 중거리 탄도미사일에 의한 핵 선제타격 능력은 이미 확보된 것으로 평가된다. 일본 및 괌 등 태평양 일대 미국 동맹 세력과 주요 기지는 핵 선제타격 위협에 이미 노출돼 있다고 보는 것이 맞다.

그러나 미 본토에 대한 직접 타격 능력 보유 전까지 아태지역에 대한 핵 선제 사용은 제한될 것으로 보인다. 북한이 미국의 대규모 보복을 뻔히 예상하면서 무모한 불장난을 할 정도로 어리석지 않기 때문이다. 한마디로 위협과 능력은 존재하되, 실제 타격 같은 군사적 행동 가능성은 희박한 것으로 전망할 수 있다. 향후 정치적 목적의 엄포나 지역 위기 조성 목적의 제한된 핵실험 및 도발, 대미 협상력을 끌어올리기 위한 새로운 극단의 위기 조성 등 여러 카드로 다양하게 활용될 가능성이 매우 높다고 본다. 최근 중 · 장거리 미사일의 고각 실험과 고체연료 사용, 이동식 발사대에 의한 미사일 운용전략 변화 등은 한국에 대한 직접 핵 타격 가능성과 위협 강도를 계속 증가시키고 있다는 면에서 특별히 주목해야 할 것이다.

미국 본토에 대한 핵 선제타격 능력 분석

북한 핵 개발의 최종목표는 미 본토 타격이라는 것을 의심할 사람은 없을 것이다. 미 본토에 대한 핵 공격 능력을 가질 때, 북한은 주한미군 철수와 한반도에 대한 미국의 영향력 완전 제거, 그리고 최종적으로 '조선반도 통일전쟁'에 승리할 수 있다고 생각할 것이고, 이는 김정은과 조선노동당이 70년간 그려온 큰 그림일 것이다.

어떻게 타격할 것인가? 북한의 선택은 대륙간탄도미사일ICBM

이다. ICBM은 핵무기의 주요 운반체다(사거리 5,500km 이상). ICBM을 가지고 있는 나라는 미국과 러시아, 중국이고, 북한은 사실상 네 번째 국가다. 북한의 ICBM 종류는 사거리별로 화성-13형, 화성-14형 등 5종이다(『2020 국방백서』 기준).

2017년 시험발사한 '화성-15형' 대륙간탄도미사일은 사정거리 1만 3천 km로 미국 전역을 사정권 안에 두고 있으며, 다탄두탄도미사일MIRV: Multiple Independendently Targetable Reentry Vehicle도 장착해 실전 사용 가능한 ICBM으로 발전한 것으로 알려지고 있다.

전통적 핵전략의 관점에서 볼 때, 북한이 화성-15형 ICBM을 먼저 기습 공격the first strike하는 데 사용한다면 핵 선제타격 무기가 되는 것이고, 미국의 선제 핵공격을 견디고 응징하기 위한 2격 무기the second strike로 사용되면 보복전력, 즉 강력한 핵 억제력으로 작동될 것이다. 한국 국방부는 미 본토를 위협할 수 있는 미사일이라는 것은 인정하면서도 탄두의 대기권 진입 기술을 확보했는가를 검증할 수

북한 조선중앙TV의 중대발표
출처: 연합뉴스, 2017. 11. 30.

있는 실거리 사격을 하지 않아 신뢰성에 대해서는 보류한다는 입장을 보이고 있다(『2020 국방백서』).

2021년 들어 미국 조야(정부와 시민단체)에서는 북한 핵 문제를 둘러싼 논쟁이 부쩍 증가했다. 특히 2021년 3월, 미 본토 방어를 책임지는 글렌 밴허크Glenn VanHerck 북부사령관의 청문회 서면답변은 북한 ICBM의 미 본토 공격 가능성에 대한 미국(인)의 우려를 잘 나타내주고 있다.

① 북한이 ICBM으로 미 본토를 위협하는 능력을 입증하기 위한 시도에서 걱정스러운alarming 성공을 거뒀다.

② 2017년 전략무기의 파괴적 잠재력을 증가시킨 열 핵장치와 미국을 사정권에 둘 수 있는 ICBM 3기를 성공적으로 시험했다.

③ 2020년 10월에는 2017년 시스템보다 상당히 크고 역량 있는 신형 ICBM을 공개해 미국에 대한 위협을 더욱 증가시켰다.

화성-15형 등 북한 ICBM은 미 본토를 타격할 수 있는 최종 완성 무기인가?

이 질문에 대한 답을 찾기 위해서는 현재 논란이 되고 있는 핵탄두의 대기권 재진입 기술, ICBM 핵탄두 개발 및 결합 여부, 2020년 공개된 신형 ICBM 성능에 대해 중점적인 진단이 필요하다.

▷ 핵탄두의 대기권 재진입 기술에 대해

『2020 국방백서』에는 2017년 7월과 11월에 미국 본토를 위협할 수 있는 화성-14형과 15형을 시험발사했으나, 탄두의 대기권 재진입 기술 확보 여부를 검증할 수 있는 실거리 사격은 하지 않아 추가 확인이 필요하다고 기술하고 있다.

핵 분야 전문가인 미국 과학국제안보연구소 올브라이트 소장도 동일한 기조로 "북한에 핵탄두 소형화보다 더 중요한 숙제는 핵무기 폭발력을 높이는 것, 핵탄두를 탑재한 대기권 재진입 기술이 보장된 로켓을 개발하는 것"이라고 언급한 바 있다. 결론적으로 아직은 북한이 주장하는 대기권 재진입 기술 확보는 신뢰할 만한 수준이 아니라는 주장들이 더 지배적이다.

왜 이렇게 '대기권 재진입 기술'이 중요하고, 신뢰의 벽이 높은가?

'대기권 재진입 기술'이란 대기권 밖을 비행하던 탄도미사일이 일정 탄도 곡선으로 날다가 다시 대기권 내부로 재진입 시 높은 공기 밀도에 의한 강력한 저항을 받게 되는데, 이때 대기 저항에 의해 속도가 감소되면서 미사일의 운동에너지는 열로 전환된다. 따라서 높은 열을 견딜 수 있는 재진입체(핵탄두)를 개발하는 것은 가장 어려운 핵심기술로 통한다.

사거리 1만 km 이상의 ICBM은 재진입 단계에서 탄두부에 약 6천 ℃ 이상의 고온이 발생한다. 이때 재진입체(핵탄두)에 미치는 열을 차단하기 위해 전문적으로 융제방식, 열 흡수방식, 복사열 차폐방식 등 과학적 기법들이 사용되는데, 아직 북한은 이런 고도의 기술을 확보하지 못하고 있다는 주장이다.

북한의 '재진입체 기술' 관련 동향은 고각도 발사 시험 등을 거치면서 중거리 무수단 미사일과 준중거리인 노동, 북극성 1 · 2호 등은 완성된 것으로 평가되고 있으나, 가장 핵심적인 것은 'ICBM급 미

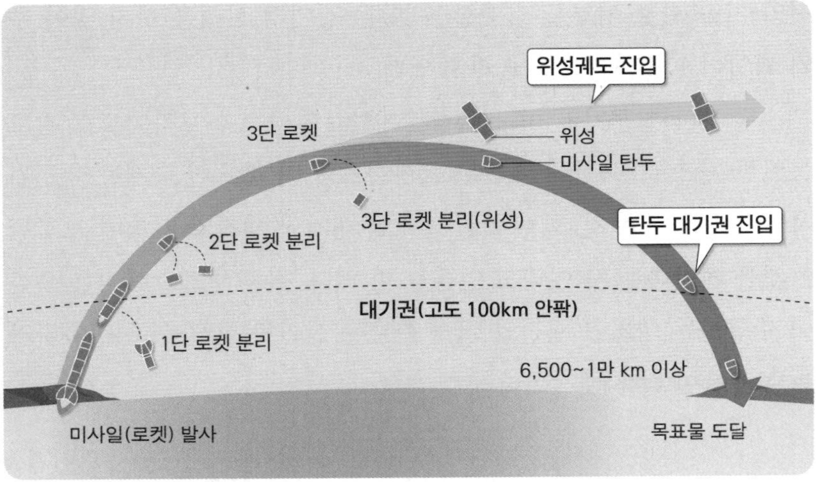

대륙간탄도미사일(ICBM)과 위성
출처: 연합뉴스.

사일에 결합된 핵탄두의 대기권 재진입 기술이 확보되었는가? 지금 어느 정도 수준인가? 어떻게 공인할 것인가?'에 대한 답이다. 북한은 국제적인 의문과 의심을 충분히 알고 있기 때문에 장거리 ICBM 발사 추가 실험 또는 별도 검증 방법에 의해 관련 기술의 완성을 증명하려고 할 것이다. ICBM급의 핵탄두 대기권 재진입 기술을 보유하게 됐다는 자체가 강력한 핵 억제력 확보이자, 미 본토 핵 선제타격력 카드를 명실공히 갖게 되는 것이기 때문이다.

▷ ICBM 핵탄두 개발에 대해(핵탄두 소형화 · 경량화 수준)

2021년 3월 말 공개된 UN 대북제재위 전문가 패널의 연례보고서에서는 "북한은 핵탄두 탑재가 가능한 새로운 중 · 단거리 탄도미사일과 SLBM, ICBM 체계를 제시했고, 사실상 모든 사거리의 탄도

조선중앙통신이 보도한 핵탄두 기폭장치 추정물체(2016. 3. 9)

미사일에 핵탄두 탑재가 가능하다"라고 기술하고 있다.

이런 최근 발표와는 무관하게, 대부분 전문가들도 북한이 이미 핵탄두 소형화에 성공했다고 보고 있다. 2016년 5차 핵실험 시 북한이 최초로 '핵탄두 실험'을 한다고 공론화한 지도 5년여 시간이 지났다. 당시 공개된 김정은 활동 사진의 은빛 모형물에 대해 "둥근 구형 모형은 상당히 정교한 기폭장치로 평가해야 한다"라는 것이 지배적인 의견이었다.

2017년 9월 4일 송영무 전 국방장관이 6차 핵실험 관련 국회 현안보고에서 "북한이 6차 핵실험을 통해 500kg 밑으로 소형화 · 경량화 능력을 갖췄다고 봐도 되느냐?"라는 의원 질의에 "그렇게 추정한다"라고 답변한 바 있다.

결론적으로 북한 핵탄두의 소형화 · 경량화 수준은 이미 기술적으로 완성 단계에 도달했다고 보는 것이 합리적 추론일 듯하다. 물론 정부 및 군사 당국의 공식적 인정 절차는 필요할 것이다.

▷ 2020년 공개된 신형 ICBM 성능에 대해

2020년 10월 12일 노동당 창건 75주년 기념 열병식에 거대한 미사일, 소위 '화성-16형'(추정) ICBM이 등장했다.

북한은 이에 대해 "11축 자행발사대차에 장착돼 공개된 거대한 로켓은 우리 핵무력이 도달한 최고의 현대성과 타격 능력을 남김없이 과시했다"라고 자평했다. 한편, 대부분 전문가들도 2017년 공개된 화성-15형은 물론이고 미국과 러시아, 중국의 ICBM과 비슷하거나 능가하고, 다탄두 성능까지 갖춘 '초대형 괴물 ICBM'이라는 비슷한 견해들을 견지했다.

미국의 북한전문연구소 '38노스North'는 신형 '화성-16형' ICBM 제원을 길이 25~26m, 폭 2.5~2.6m로 분석하면서, 2017년 공개된 화성-15형 ICBM보다 길이 4~4.5m, 폭 0.5m가 더 큰 것으로 평가

2020년 10월 당 창건 75주년 기념식에 등장한 화성-16형
출처: 연합뉴스.

했다.• 특히 '38노스' 군사전문가들은 2017년 공개된 '화성-15형'으로 미 본토를 위협할 수 있는 제원을 갖고 있음에도 '화성-16형'을 개발한 이유에 대해 정치적 의도를 가진 과시 목적이라는 의견과 함께 '핵 다탄두' 탑재를 위한 기술적 선택이라고 평가했다. 기존 '화성-15형'은 핵탄두 1개만 탑재 가능하지만, '화성-16형'은 다탄두 성능을 갖고 있어서 미국의 미사일방어체계 무력화와 전자기만에 의한 미사일 자체의 무력화를 방지하기 위한 기술을 보완한 것으로 평가하고 있다.

향후 주목해야 할 것은 2021년 1월 8차 노동당대회에서 북한이 "더 위력적인 핵탄두와 탄두 조종 능력이 향상된 전 지구적 타격 로켓 개발을 결심했고, 다탄두 개발 유도 기술을 더욱 완성하기 위한 연구 사업이 마감 단계에 이르고 있다"라고 언급한 내용이다.

신형 '화성-16형'(추정)은 아직 시험발사를 수행하지 않아 그 성능을 단정 지을 수 없다. 하지만 미 본토를 타격할 수 있는 다탄두 핵미사일의 성공이 확인된다면 탑재 가능한 탄두 수가 늘면서 미국 미사일 요격체계에 대한 위험이 발생하고, 핵탄두의 대기권 재진입 기술과 상관없이 여러 개의 탄두 중 하나가 목표물을 성공적으로 타격할 우려 등 새로운 위협이 현실화할 가능성이 높아질 것이다.

• 한국군사문제연구원(2020. 10. 14), "미국 전문가의 북한 신형 전략미사일 평가", KIMA 뉴스레터 852호.

▷ 대형 북핵 위기에 대해(ICBM 시험발사, 핵탄두 보유량 등)

북한은 미 본토를 타격할 수 있는 ICBM의 기술적 완성도를 높이기 위해 당연히 국가 역량을 집중할 것이고, 이는 한미 양국에 큰 안보 부담으로 다가올 것이다.

북한 ICBM 기술 고도화의 진행에 따라 북핵 위기의 크기와 강도는 점차 고조될 것이라고 생각한다. 화성-15형(또는 화성-16형)급 ICBM 시험발사가 이루어지고, 핵탄두 소형화 기술과 대기권 재진입 기술 등이 공식적으로 입증되는 순간, 북핵 위협은 완전히 새 국면으로 전환될 것이라 생각한다. 북한이 미 본토를 핵으로 타격할 수 있는 완전한 능력을 갖춘다는 것은 미국뿐 아니라 한국에 초대형 위기가 될 것이다.

다음에 제시되는 '위기 발생 도표' 그림은 아태지역 핵 선제타격 위협분석에서 고려했던 핵탄두 보유량 50기, 핵탄두 100기(기존 핵보유국들의 1차 목표)* 보유 순간과 미 본토 타격용 ICBM 기술 고도화와 대비해 필자의 상상으로 그려본 위기 발생 도표다.

대형 위기 '1번'은 북한이 새로운 ICBM 시험발사에 성공하고, 핵탄두 50기 이상 확보했을 때를 나타내고 있다. 이는 과거 2017년 3차 북핵 위기와는 본질적으로 다른 위기가 될 것으로 생각한다. 예를 들어 북한은 ICBM으로 미 본토를 타격할 수 있다고 위협하면서 한국과 일본 그리고 태평양상의 미군기지 일대를 핵 인질로 잡을 수

---

* 기존 핵보유국들(영국, 프랑스, 인도, 파키스탄 등)은 핵 억제전략의 일환으로 2격 능력 확보를 위해 핵탄두 보유 수를 1차적으로 100기 이상 갖기 위해 노력했다. 북한도 이 모델을 따를 것으로 전망했다.

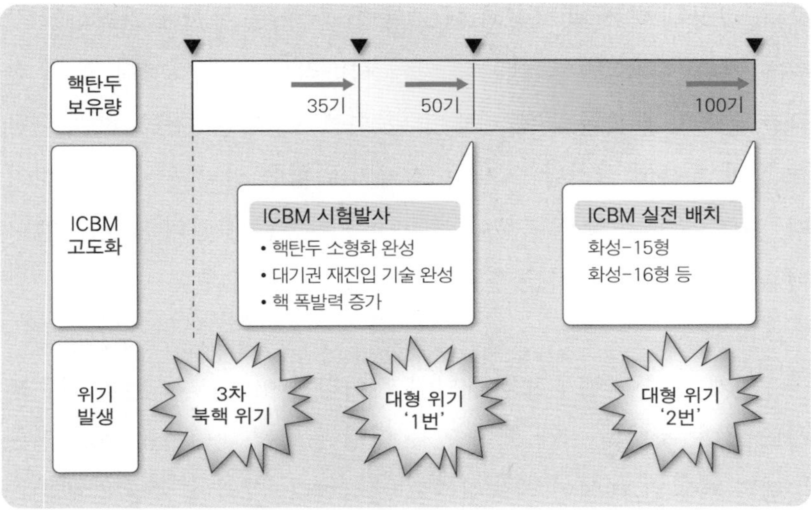

미 본토 타격용 ICBM 진화에 따른 위기 발생 도표

있을 것이고, 북한의 숙원인 주한미군 철수 등을 본격적으로 요구하는 큰 거래(빅딜)를 하려 할 것이다. 미국 입장에서도 북한의 막무가내식 요구를 과거처럼 쉽게 무시할 수 없을 것이고, 미 본토가 타격받을 수 있다는 사실 자체는 미국 내 정치권과 여론을 언제든 바꿀 수 있을 것이다. 이때 한국은 한미동맹 균열, 일본의 핵무장 등 동북아지역 안보 환경 급변이라는 예상치 않은 도전과 심각한 위기에 갑자기 봉착할 수 있다.

대형 위기 '2번'은 핵보유국 북한이 가고자 하는 최종 모습이라고 생각한다. 핵탄두를 최소 100기 이상 확보하고, 화성-15형, 16형 등 개량형 ICBM을 실전 배치한 북한은 제한적인 핵전쟁 수행 능력을 갖추게 되면서 미국도 함부로 통제할 수 없는 상황이 될 수 있다.

즉, 명실상부 핵 선제 사용과 핵 보복력(억제력)을 동시에 완벽하게 갖추게 된다. 한국과 미국에는 최악의 시나리오가 될 것이다. 특히 한국은 완벽하게 북한의 핵 인질이 될 수 있고, 북한이 주도하는 한반도 상황 흐름에 끌려갈 수 있는 최악의 위험을 만날 수도 있을 것이다. 이런 모든 상황은 북한이 그토록 오랫동안 정권의 명운을 걸고 핵 보유와 핵무장 강화를 추진해온 이유이기도 하다.

현재 북한이 핵무장을 중단할 것이라는 어떠한 징후나 멈춤 표시도 없다. 북한의 미래 핵이 만들 대형 위기에 대해서는 서로 다른 논쟁과 다양한 해석이 가능하다고 생각한다. 그러나 국민의 생존과 직결될 수 있는 최악의 상황과 시나리오는 항시 고려할 수 있어야 한다. 희망과 선의는 국민의 생존을 위태롭게 할 수 있다.

04

새로운 위협의 등장(1): 바닷속 핵무기, SLBM* 에서 핵잠수함까지

2021년 1월, 8차 노동당대회에서 북한은 바닷속 핵무기 개발 종합 프로젝트를 공개했다.

> 중형 잠수함 무장 현대화 목표의 기준을 정확히 설정하고 시범 개조하여 해군의 현존 수중작전 능력을 현저히 제고 (중략) 새로운 핵잠수함 설계가 끝나 최종 심사단계에 있으며 (중략) 수중 및 지상 고체발동기 대륙간 탄도로케트 개발 사업을 계획대로 추진시키며 핵 장거리 타격능력을 제고하는 데 중요한 의의를 가지는 핵잠수함과 수중발사 핵 전략무기를 보유하는 과업을 상정했다.
>
> –「김정은 사업총화」 보고 중에서, 2021. 1. 9

---

* SLBM: Submarine-Launched Ballistic Missile.

핵잠수함 개발, 기존 SLBM 고도화, 중 · 대형 잠수함 현대화 사업이 뜻하는 군사적 목표는 수중발사 핵 전략무기 확보와 장거리 해상 타격 능력 확보라고 정리해볼 수 있다. 이에 대해 한국의 『2020 국방백서』에서는 "북한은 2019년 이후 신형 잠수함발사탄도미사일 SLBM 북극성-3형을 시험발사했고, 2020년 10월 당 설립 75주년 열병식에서 북극성-4ㅅ으로 표기된 SLBM 등이 공개되었다"라고 사실 위주로 간략히 전달하고 넘어갔다.

지난 30년간 북한이 핵 개발국에서 핵보유국으로, 스커드 단거리 탄도미사일에서 대륙간탄도미사일로 핵무장해가는 과정을 무기력하게 지켜볼 수밖에 없었기 때문에 2021년 새해 벽두에 전해진 '바닷속 핵무기 개발 종합 프로젝트'에 큰 우려를 갖게 되는 것은 어쩔 수 없다.

여기서는 '바닷속 위협 패키지'로 볼 수 있는 잠수함발사탄도미사일SLBM 개발, 재래식 잠수함 및 핵잠수함 건조 사업을 중심으로 북한의 전략적 의도를 분석해보고자 한다.

보복(억제)과 선제타격 전력으로서의 SLBM의 양면성

SLBM이란 잠수함에서 쏘는 탄도미사일을 뜻한다. 핵탄두가 아닌 재래식 탄두도 있지만, 핵탄두를 장착한 탄도미사일 문제를 중점적으로 다루고자 한다.

SLBM이 갖는 가장 큰 의미는 확증보복 전력, 즉 핵 억제전략에서 말하는 2격 능력(보복력)이다. 만약 적국으로부터 기습적인 선제 핵 공격을 당한다고 가정할 때, 지상 ICBM 전력은 적 미사일이나 공습으로 파괴될 가능성이 매우 높다. 그러나 깊은 바닷속 심해에서 이동하는 SLBM은 상대적으로 생존성이 높을 수밖에 없다. 따라서 적국의 선제공격으로 지상 ICBM의 작전적 운용이 제한되고 반격이 불가능하더라도 잠수함에서 SLBM으로 보복하는 능력을 보유함으로써 적이 함부로 공격할 수 없도록 만드는 것이다. 통상 핵무력이 상대적으로 약한 나라들이 채택하는 핵 억제력(보복력) 확보 방법이다. 1960년대 미국과 소련의 핵무기 경쟁 속에서 소위 3각축인 전략폭격기, ICBM, SLBM 능력을 집중적으로 개발 확보할 때, 영국과 프랑스는 SLBM 중심의 2격 능력을 확보하는 최소 억제전략을 채택했고, 지금도 유지하고 있다.

SLBM이 갖는 또 다른 의미는 선제타격 전력으로서 갖는 효과와 능력이다. SLBM은 잠수함발사탄도미사일로, 기본적으로 탐지가 쉽지 않고 요격이 어려워 현존하는 가장 강력한 공격무기로 꼽히고 있다. 제2차 세계대전 시 미사일과 잠수함 기술에서 선두를 달리던 독일의 '뉴욕 공격계획'은 시사하는 바 크다.

▷ 프리프슈탄트 XII 계획(제2차 세계대전 말, 독일의 뉴욕 공격계획)

독일은 잠수함에서 V-2로켓을 발사해 뉴욕을 공격하겠다는 계획을 세운다. V-2의 사거리가 320km 정도였으므로 U보트로 미국에 200km 지점 정도까지만 접근하면 공격이 가능하다는 계산이었다. 단, 기술력 문제로 V-2는 U보트에 수납하는 것이 아니라 별도의 잠수 컨테이너에 적재해 XXI형 U보트가 견인해가야 했다. 컨테이너 3개가 제작에 들어갔으나 이미 전쟁은 막바지였고 1개만 완성됐다. 물론 공격은 이루어지지 않았다.*

북한이 2019년 시험발사한 북극성-3호(사거리 3천 km, 『2020 국방백서』 기준)를 잠수함에 탑재해 한반도 근해에서 발사한다면, 괌과 하와이까지 타격 가능한 것으로 평가되고 있다. 물론 한국과 일본은 당연히 사정권 내에 포함된다. 북한은 2021년 최초로 핵잠수함 건조계획을 발표했다. 핵잠수함은 무제한 잠항이 가능해 적에게 발견될 가능성이 낮고 장거리 항해가 가능하다. 따라서 머잖아 북한 핵잠수함이 태평양을 건너 미국 본토 어느 곳이든지 타격이 가능한 상황이 올 수 있다.

북한이 추진하는 강력한 핵 선제 및 보복 타격력 강화를 위한 비밀 병기는 바로 잠수함 그리고 SLBM이다. 새로운 바닷속 핵무기가 가져올 한반도에 대한 위협에 주목해야 할 이유이기도 하다. 북한 SLBM 패키지는 ICBM에 이어 군사력의 판도를 바꿀 수 있는 또 하나의 최종 병기가 될 수 있다. 적을 알면 극복할 수 있다. 그러나 무시하고 경시하면 패할 수 있다. 한국 영화 「최종병기 활」(2011년 개봉)의 마지막 장면에 나오는 명대사가 생각난다.

> "두려움은 직시하면 그뿐, 바람은 계산하는 것이 아니라 극복하는 것이다."

---

* "무기의 세계", "SLBM", 네이버 지식백과.

바닷속 핵무기, SLBM 중 · 장기 플랫폼 구축에 대해

2021년 북한이 발표한 최초의 핵잠수함 개발 선언은 바닷속 핵무기 개발 프로젝트의 본격적인 출발을 선포한 것이라 생각한다. 다시 말해 SLBM 관련 중 · 장기 플랫폼 구축을 위한 청사진과 의지를 국내외에 확실하게 공개한 것이다. 이것이 '엄포'든 '과장'이든 상관없이 우리는 ICBM에 이어 또다시 새롭게 등장할 미래 북한의 거대한 위협을 미리 직시하고 대비해야 한다.

북한의 SLBM 관련 기술을 정확히 이해하고 진단하는 것은 매우 중요하다. 여기서는 'SLBM 관련 위협 패키지' 중 주목해야 할 네 가지 핵심 분야, 즉 핵미사일 개발 수준과 사출시험 성공 여부, 잠수함 전력발전 및 핵잠수함 개발 동향에 대해 진단해보고자 한다. 정보 및 전문성의 제한으로 접근하기 매우 조심스러운 면이 있으나, SLBM 관련 위협에 대한 독자의 관심을 제고하기 위한 노력으로 이해해주기를 기대한다.

잠수함발사탄도미사일SLBM(북극성 계열)에 대해

『2020 국방백서』에는 북한이 2019년 신형 잠수함발사탄도미사일 북극성-3형을 시험발사했고, 2020년 10월 당 설립 75주년 기념 열병식에서 '북극성-4ㅅ'으로 표기된 신형 SLBM이 추가 식별됐다고 공식 언급했다. 2019년 10월 수행된 북극성-3형의 시험발사는 고각사격방식으로 최대 고도 910km, 거리 450km 비행에 성공한 것으로 평가되고 있으며, 준중거리 미사일(1천~3천 km)이다.

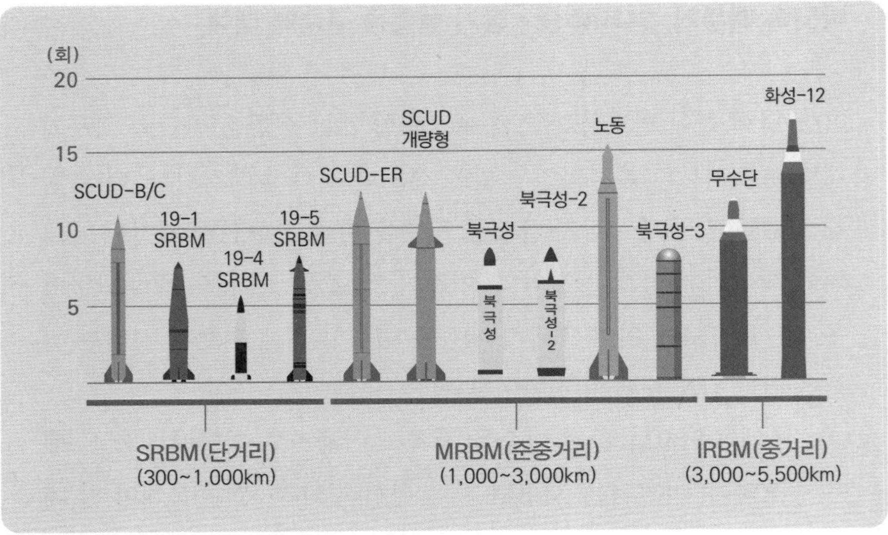

북한이 보유 또는 개발 중인 미사일 일부

출처: 『2020 국방백서』

북극성 계열 탄도미사일 기술발전에 관련해 많은 논쟁과 의견이 혼재돼 있다. 이 중에서 반드시 주목해야 할 세 가지 핵심 항목이 있다고 생각한다. 적어도 북한 SLBM 관련 국민적 안보 지식으로 알아두면 좋을 듯싶다.

첫째, 북극성-4ㅅ형의 직경은 북극성-1형보다 2~3배, 북극성-3형보다 1.5배 굵어진 것으로 분석된다. 북극성-3형은 3천 톤급 잠수함에 3발 탑재되고, 북극성-4ㅅ형은 4천 톤급 잠수함에 6발 탑재될 것으로 추정된다.

둘째, 북극성-3형의 길이는 10m, 직경은 1.5m가량인데, 북극성-4ㅅ형 길이는 8~9m, 직경은 1.8~2m가량으로 추정된다. 길이가

북극성-4ㅅ형(좌)과 북극성-5ㅅ형(우)
출처: 연합뉴스.

짧고 폭이 넓어진 북극성-4ㅅ형을 개발한 주된 이유는 사거리 연장과 개량형 신포-C형 잠수함 탑재를 위한 것으로 판단된다.

셋째, 북한은 북극성-5형을 SLBM의 최종 완성 모델로 기획하고 있는 것으로 예상된다. 미국이 A1, A2, A3, C3, C4, D5라는 5종의 SLBM을 개발해서 D5가 최종 완성판인 것처럼 북한의 5세대 미사일을 최종 버전으로 본다면, 이번 북극성-4ㅅ형은 4세대 버전이고, 2021년 1월 공개한 북극성-5ㅅ형은 4ㅅ형 공개 후 3개월 만에 나왔다는 점에서 모형물일 것이라는 일부 전문가들의 주장이 설득력 있다고 생각한다. 그러나 최종적인 목표는 북극성-5ㅅ형이 될 것으로 예측해볼 수 있다.

SLBM 사출 시험에 대해

미사일을 바닷속에서 쏘아 올리는 사출은 SLBM의 핵심기술이다. 북한은 2015년부터 본격적인 SLBM 개발시험을 진행한 것으로 알

북극성 1형 수중 사출 시험 장면

출처: 노동신문, 2015. 5. 8.

려지고 있다. 2015년 5월 북한은 북극성-1형 미사일을 잠수함에서 직접 발사에 성공했다고 대대적으로 홍보했다. 여러 정황상 수중 사출 후 점화시험에 불과하다는 의견이 지배적이었지만, SLBM 위협이 현실화되는 신호탄이었다고 생각한다. 2019년 10월 새로운 북극성-3형에 대한 시험발사는 잠수함은 아니지만 테스트 스탠드(바지선)

를 바닷속에 가라앉혀 수중 시험을 성공적으로 수행했다. 잠수함에서의 최종 테스트는 2019년 이후 수행되지 않고 있으며, 기술적 완성 여부에 대해 전문가들은 아직 미지수로 남겨놓고 있다.

미사일 사출 방식은 바닷속에서 미사일을 점화시키는 핫 론칭Hot-Launching과 물 밖에서 미사일을 점화시키는 콜드 론칭Cold-Lauching 방식이 있다. 북한은 콜드 론칭 기술을 확보한 것으로 평가되고 있다. 콜드 론칭 기술은 고압 압축공기를 이용해 캡슐 속에 담긴 미사일이 수직발사관을 빠져나와 수면으로 떠올라 최종 캡슐이 깨지면서 물 밖에서 점화돼 공중으로 솟구치는 방식이다. 가장 큰 장점은 안정성과 공간을 덜 차지해 2천 톤급 규모의 잠수함에서도 발사할 수 있다는 것이다.

다음 SLBM 시험은 새롭게 진수되는 3천 톤급 신형 잠수함에서 북극성-3형 또는 북극성-4ㅅ형을 쏠 가능성이 크다. 2019년에 잠수함이 아닌 바지선에서 북극성-3형 시험발사에 성공했기 때문에 다음 시험은 잠수함에서 수중발사 및 사출 시험을 최종 검증하고, SLBM 전력 완성을 대내외적으로 과시하고자 할 것이다.

SLBM을 발사할 수 있는 잠수함 전력에 대해

『2020 국방백서』에서는 북한의 수중전력에 대해 다음과 같이 기술하고 있다.

> "북한 수중전력은 로미오급 잠수함과 잠수정 등 70여 척으로 구성돼 있으며, 해상 교통로 교란, 기뢰 부설, 수상함 공격,

북한이 2019년 7월 처음 공개한 로미오급 개량형 잠수함
출처: 연합뉴스.

특수전 부대의 침투 지원 등의 임무를 수행한다. 최근에는 잠수함발사탄도미사일SLBM 탑재가 가능한 신형 잠수함을 추가 건조하는 등 전력을 지속 증강하고 있다."

북한이 SLBM을 발사할 수 있는 잠수함 발사 플랫폼은 세 가지 유형으로 정리할 수 있다. 필자 개인적인 관점이며, 일부 정보의 제한으로 데이터가 정확하지 않을 수 있음을 미리 주지한다.

첫째 플랫폼은 2014년 11월 진수가 확인된 2천 톤급 신형 잠수함이다. 1990년대 중반 구소련에서 골프급(2,800톤) 잠수함을 도입해 역설계한 것으로 길이 66~67m, 폭 6.6m, 배수량 2,000~2,500톤 안팎으로 알려져 있고, 탄도미사일 발사관은 1개이며, 기본 무장은 북극성-1호였다. 통상 '신포급(고래급) 잠수함'으로 불린다.

둘째는 2019년 7월 북한이 공식 공개한 3천 톤급 신형 잠수함이다. 로미오급 개량형 신형 잠수함으로 길이 80m, 배수량이 3천 톤에 육박하고, SLBM 발사관 3개 탑재, 기본 무장은 북극성-3호다. 현재 건조가 완료돼 진수 시기만 저울질하고 있는 것으로 평가되고 있다. 한미 싱크탱크와 전문가들은 향후 북한의 전략적 도발 시나리오 중 신형 잠수함 진수 및 SLBM 발사 가능성이 가장 높은 것으로 전망하고 있다.

셋째 플랫폼은 4천 톤급 이상의 대형 신형 잠수함 건조다. 함경남도 신포 및 마양도 일대에서 상당 수준 건조가 진행된 것으로 판단된다. 기존 신포급 및 3천 톤급 개량형보다 큰 신형 잠수함으로 길이 90m 이상, 배수량은 4,000~5,000톤급, SLBM은 6발가량 탑재할 수 있는 것으로 추정된다. 2017년 2월 8일 김정은 위원장이 "다련장 로켓을 발사할 수 있는 4천 톤 이상급 잠수함을 빨리 건조해야 한다"라고 당 중앙 군사위원회와 전략군사령부 등에 지시한 적이 있으며, 정경두 전 국방장관이 2020년 8월 국회 국방위에서 "3천 톤급 구형 로미오급 잠수함 성능개량 사업과 대형 신형 잠수함 건조 사업 2개가 별도로 신포 일대에서 진행되고 있다"라고 보고한 바 있다.

핵잠수함 개발 공식 선언에 대해

2021년 1월, 북한은 핵잠수함 개발을 진행 중이라는 사실을 공식적으로 발표했다. 노동신문에서는 "새로운 핵잠수함 설계연구가 끝나 최종 심사단계에 있으며, 장거리 타격 능력을 제고하는 데서 중요한 의의를 가지는 핵잠수함과 수중발사 핵 전략무기를 보유할 데 대한 과업이 상정됐다(1월 9일자)"라는 소식을 북한 주민에게도 상세히 알렸다.

그동안 북한의 핵잠수함 건조설이 꾸준히 제기돼오긴 했으나, 북한의 기술, 경제력, 특히 지상 ICBM 개발을 통해 핵무력 완성을 선언한 마당에 경제적 어려움과 규모를 고려할 때, 또 다른 대형 군비 확장 프로젝트는 쉽게 진행하기 힘들 것이라는 전망이 상대적으로 강했던 것이 사실이다. 그러나 이런 희망(?)과는 상관없이 새로운 위협은 제기됐다. 북한 입장에서 볼 때 핵잠수함을 계획대로 보유하게 된다면, 한 · 미 · 일 수중전력의 활동 제한과 함께 태평양 일대에서의 전략 및 작전환경을 매우 유리한 쪽으로 반전시킬 수 있는 카드로서 반드시 성공시키기 위해 국가적 역량을 다할 것이라 예상된다.

핵잠수함 건조의 주요 의미와 추진 가능성을 네 가지 측면에서 조명해보았다.

첫째, 북한의 잠수함 건조계획은 전략핵잠수함, 즉 핵을 탑재한 SLBM을 발사할 수 있는 공격용 핵잠수함을 만드는 것이다.

핵잠수함이란 핵을 추진연료로 사용하는 잠수함을 말한다. 잠수함의 용도에 따라 공격원자력잠수함SSN: Submarine Ship-Nuclear powered, 탄도미사일 원잠SSBN: Submarine Ship-Ballistic missile-Nuclear powered, 유도미사일 원잠SSGN: Submarine Ship-Guided missile-Nuclear powered으로 구분된다. 강대국들의 무기체계 개발 패턴은 SSN을 개발한 뒤 SSBN을

개발하는 것이 통상 절차다. 그러나 북한은 SSN을 넘어 북극성 계열의 잠수함발사탄도미사일SLBM을 탑재하기 위해 SSBN을 바로 건조하겠다는 의미다. 참고로 최근 한국에서의 핵잠수함 도입 논쟁은 디젤 잠수함의 단점을 보완하고 대잠 작전력 향상에 주안을 둔 재래식 수중작전용 SSN 획득 사업이다.

둘째, 핵잠수함 건조의 핵심기술인 '잠수함 탑재 소형 원자로'는 이미 확보했을 것으로 예상되며, 빠르면 3~4년 내 잠수함 건조가 가능할 수 있다. 이에 대해 초창기만 해도 회의적 시각과 긍정적 시각이 동시에 존재했지만, 4년 반이 지난 지금 핵잠수함 건조는 공식화됐고 상당 부분 진척된 것으로 보인다. 다음은 핵잠수함 개발에 관련된 기획 기사 내용이다.

> 6번의 핵실험과 15,000km를 날아가는 탄도미사일을 직접 생산할 수 있는 능력과 기술을 갖고 있다는 점을 충분히 고려해야 한다. 북한이 핵잠수함 설계가 끝났다면, 3~4년 안에 건조할 수 있다는 관측이 그렇게 불가능한 것으로 보이지 않는 이유다. 한국형 핵잠수함 원자로를 설계한 김시환 박사는 "한국원자력연구소는 이미 2004년 핵추진잠수함용 원자로 기본설계를 마쳤다. 국가 지도자가 결심만 하면 2년 안에 원자로를 제작해 잠수함에 장착할 수 있다"고 증언하고 있다. 이런 증언은 북한 핵잠수함 건조가 결코 불가능한 과제가 아님을 분명히 시사하고 있다.
>
> – 월간조선, 2016년 11월호 중에서, 오동룡 기자

셋째, 북한의 핵추진잠수함은 SLBM 10~12발 탑재 가능한 5천~6천 톤급일 가능성이 크다는 것이 전문가들의 대체적인 의견이다. 북한이 핵잠수함을 건조하는 가장 큰 이유는 미국 본토를 핵으로 위협하고 타격할 능력을 갖추는 것이다. 따라서 태평양에서의 장기 작전과 적정 핵공격 무기인 SLBM 탑재는 핵심 설계 반영 내용일 것이다. 건조 중인 신형 대형 잠수함의 배수량이 4천 톤급 이상이고 SLBM 발사관 6개를 탑재하도록 계획되어 있다는 점을 고려한다면, 신형 핵잠수함은 적어도 5천 톤급 이상일 것이며 최대한 많은 SLBM 발사대를 탑재하려 할 것이다.

넷째, 핵잠수함 건조에 소요될 막대한 재원이 큰 걸림돌이다. 한국이 3천 톤급 잠수함(안창호함) 건조에 1조 원, 세계에서 가장 비싼 미국의 '시울프급sea-wolf class submarine' 잠수함은 1척을 건조하는 데 무려 3조 4천억 원이 들었다고 한다. 러시아를 제외한 대부분 국가도 1척을 건조하는 데 1조 원 이상의 예산을 투입한다는 것이 정설이다. 북한 경제의 어려움과 김정은의 통치자금 고갈 등 최근 제기되는 북한 내부의 환경 악화는 핵잠수함 건조 사업의 정상적인 추진 여부를 결정하는 가장 큰 변수가 될 것이다. 한편 2021년 4월 초 유엔 대북제재위 전문가패널 보고서에서는 북한이 3억 달러의 비트코인을 해킹해 핵무기 개발의 재원 문제를 해결했다는 소식을 전했다. 우리 입장에서는 북한의 최고지도자가 관심을 가진 사항으로 수단 방법을 가리지 않고 반드시 추진될 것으로 생각하고 대비해야 할 것이다.

지금까지 북한의 바닷속 위협을 구성하는 SLBM 미사일, 사출 기술, 잠수함 플랫폼 구축, 핵잠수함 건조 문제까지 차례로 조명해보았다. 핵 탑재 SLBM은 ICBM의 뒤를 이어 강력한 핵 선제 및 보복 타격력을 가진 절대병기로 변하고 있다. 따라서 전략적인 시야와 관점이 필요하다. 개별 무기나 시스템에 너무 집중하면, 숲을 보지 못하는 우를 범할 수 있다.

바닷속 핵무기 위협이 본격적으로 가시권 내로 다가오고 있다. 이에 대해 미리 대비하지 않는다면, 위기의 강도와 충격은 ICBM 개발 때보다 훨씬 더 심각해질 수밖에 없을 것이다.

SLBM 위협 종합 그리고 전략적 함의

2021년 새해 벽두, 한반도의 화제는 단연 SLBM이었다. SLBM은 탐지 및 요격이 어려워 가장 강력한 전략무기로 불린다. 아래는 남북한 수중전력을 비교해볼 수 있는 데이터다. 우리의 현주소를 간접적으로 확인하는 데 도움이 될 듯하다.

북한, 8차 노동당대회(2021. 1. 5~12)

- 핵잠수함 건조 공식 발표
- 핵 장거리 타격 능력 확보를 위한 핵잠수함과 수중발사 핵전략 무기 SLBM 보유 문제를 향후 주요 과업으로 상정

한국, 군사 관련 주요 뉴스(연합뉴스, 2021. 1. 15)

- 국산 잠수함발사탄도미사일SLBM 지상 사출시험 2020년 완료
- '현무-2B'를 기반으로 한 사거리 500km의 SLBM 개발 중
- 2021년 내 3천 톤급 잠수함(도산 안창호함 유력) 또는 수중 바지선에서 수중 사출 시험 실시 예정

북한은 2015년부터 SLBM 개발에 집중했다. 한국과 비교해 사거리 면에서 월등하다. 북극성-3형의 경우 『2020 국방백서』에서는 1,000~3,000km에 달하는 준중거리 미사일로 분류하고 있으나, 북한의 미사일 기술 및 능력상 사거리는 필요에 따라 개량하는 것이 크게 어렵지 않을 것이다. 역시 가장 큰 차이는 한국형 미사일은 재래식 탄두를 사용하지만, 북한 북극성 계열의 SLBM은 핵탄두 탑재가

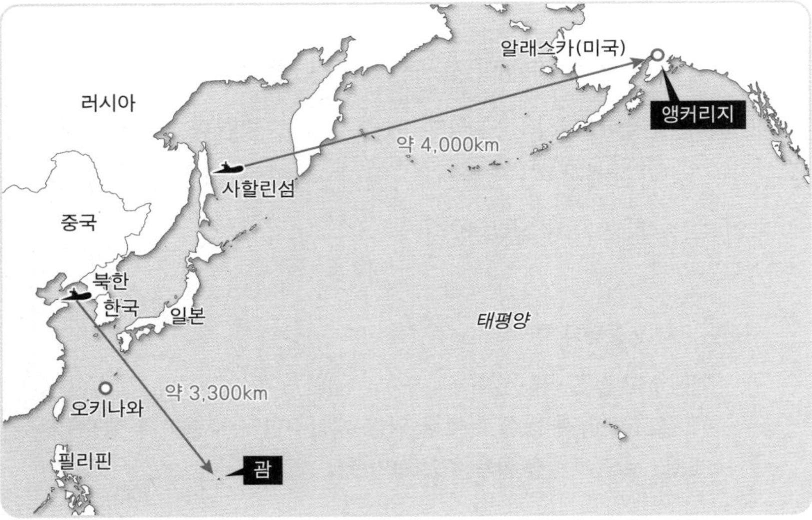

잠수함발사탄도미사일(SLBM) 예상 타격 거리

가능하다는 것이다. 북한 중거리 미사일인 무수단과 SLBM은 이미 소형화(탄두 직경 1.5m, 중량 650kg 이하)가 달성돼 모든 미사일에 핵탄두 결합이 가능한 것으로 평가되고 있다.

북한은 SLBM을 핵 선제타격력과 보복력 확보를 위한 새로운 전략 축으로 생각하고 있을 것이다. 북극성-3형, 4ㅅ형, 5ㅅ형까지 이미 공개된 상태이며, 중 · 장기 SLBM 발사를 위한 플랫폼으로 3천 톤급 잠수함 진수를 목전에 두고 있고, 4천 톤급 대형 잠수함이 건조 중에 있다는 것을 우리 군 당국이 공식 인정한 바 있다. 이와 함께 북한은 8차 노동당대회에서 핵잠수함 건조를 공식 선언하고, 그 설계가 최종 심사단계라고 발표했다. 핵잠수함 건조는 적의 기습 1격에서 생존력을 강화하고, 원거리 보복 타격 및 선제타격력을 동시에 확보하게 된다는 의미다.

북한이 진행하는 거대한 '바닷속 핵무기 프로젝트' … 개별 사안의 추진 및 성공 가능성 여부를 떠나 북한이 궁극적으로 도모하고자 하는 핵전략의 실체와 다음 두 가지 최종 상태를 확실하게 인식해야 한다.

첫째, 지상 대륙간탄도미사일, 즉 ICBM의 다양한 전력화를 통한 핵 선제 사용 및 보복 능력을 강화하고, 잠수함발사탄도미사일SLBM 체제와 능력을 조기 완성해 2격 능력 확보(억제 및 보복)를 다각화한다.

둘째, 핵잠수함 건조와 함께 작전 반경을 태평양 지역까지 확장해 미국 본토에 대한 직접 타격 위협과 연합세력(미국, 일본, 한국 등)에 대한 심각한 안보 위기 조성, 한반도 안보 환경을 북한이 생각하는 대로 끌고 갈 수 있는 전략 환경을 조성한다.

북한은 2017년 13,000km 화성-15형 시험발사 성공 후, 국가 핵무장 완성을 선언했다. 사실 한국인 대부분은 핵 개발국에서 핵보유국이 된 북한의 추가적인 핵무력 확장은 없을 것이며, 2017년이 끝이기를 기대했다.

그러나 미 본토 타격을 위한 ICBM 고도화 프로젝트가 진행 중인 가운데 바닷속 핵무기 SLBM까지 새로운 거대한 위협으로 부상하고 있다. 가까운 미래에 우리는 바다와 하늘에서 동시에 날아오는 핵미사일의 위협에 노출되어 지금보다 몇 배 더 심각한 위협에 처할 수 있다.

다시 정리하면, 북한의 조국통일강령은 변하지 않을 것이고 영원한 주적 미국만 없다면 그들이 말하는 '조선반도 통일전쟁'은 승리할 수 있다고 강하게 믿고 있을 것이다. 핵무력은 그 목표를 이루어 줄 절대병기다. 북한의 의도와 저의는 선의와 희망, 몇 번의 협상으로 결코 사라지거나 약화되지 않을 것이다.

05

새로운 위협의 등장(2): 전술핵무기 개발과 그 위협

전술핵무기Tactical Nuclear Weapon는 대량살상은 피하면서 군사적 목적으로 사용 가능한 소형 핵무기다. 스마트전술핵은 한반도 전장 환경을 바꾸는 치명적 무기가 될 수 있다. 2021년 1월 8차 노동당대회에서 한국(인)이 가장 우려하고 걱정하던 전술핵무기 개발 관련 소식이 최초 공개됐다.

북한 최고지도자가 공식적으로 전술핵 개발을 처음으로 언급한 것이며, 그동안 미국에 대한 자위력 차원이라고 선전했던 핵무기를 한국에도 사용할 수 있다는 속내를 확실하게 드러낸 것이다. 더 나아가 전술핵 개발은 이미 오래전부터 진행돼왔다는 사실과 함께 구체적인 개발 무기 사례까지 제시했다. 또 앞으로 전략적 · 전술적 · 기술적으로 더욱 고도화시켜 나갈 것임을 분명히 했다.

가장 믿고 싶지 않았던 일이 현실이 된 것이다. 이솝 우화 「양치기 소년」에 나오는 거짓말쟁이 늑대가 이번엔 정말 진짜로 나타난 듯하다.

「김정은 사업총화」 보고 전술핵무기 관련 내용(종합)

총결기간 결산(지난 5년간)

- 이미 축적된 핵기술이 더욱 고도화되어 핵무기를 소형경량화 · 규격화 · 전술무기화하고 초대형 수소탄 개발 완성 (중략)
- 초강력 다련발 공격무기인 초대형 방사포를 개발 완성하고, 상용탄두 위력이 세계를 압도하는 신형 전술 로케트와 중 · 장거리 순항미사일을 비롯한 첨단 핵전술 무기들로 연이어 개발 (중략)

사회주의 건설의 획기적 전진을 위하여(향후 5년간)

- 핵무기의 소형경량화, 전술 무기화를 보다 발전시켜 (중략) 각이한 수단으로 사용할 수 있는 전술핵무기들을 개발하고 (중략) 핵 위협이 부득불 동반되는 조선반도 지역에서의 각종 군사적 위협을 주동성을 유지하며 철저히 억제하고 통제 관리할 수 있게 하여야 한다.

전술핵무기 관련: 노태우가 꾼 미몽迷夢 그리고 김정은의 숨겨진 저의底意

한국인에게 핵은 거대한 공포이고 괴물로 인식될 수밖에 없다. 왜냐하면 전쟁을 일으킬 수 있는 강력한 유발요인이 될 수 있고, 예측되는 무시무시한 결과 때문이다. 70여 년 전, 한국전쟁에서 우리 부모님 세대는 대량살상을 직간접으로 경험했다. 당연히 한반도에서 전쟁은 다시 일어나서는 안 되고, 특히 핵전쟁은 더 그렇다는 것이 한국인이 가진 무언無言의 지배적 인식일 것이다.

노태우 대통령의 전술핵 포기 선언 그리고 헛된 꿈에 대해

1991년 12월 18일 노태우 대통령은 남한 내 '핵 부재 선언'을 발표한다. 여러 복잡한 배경과 모순 그리고 논쟁이 있지만, 틀림없는 사실은 1989년부터 본격 이슈화된 북한 핵 개발과 영변 핵시설에 대한 IAEA의 특별사찰을 수용할 수 있는 여건을 만들어 핵 개발의 싹을 조기에 제거하겠다는 큰 그림이었을 것이다. 결국 주한미군에 배치됐던 항공기 투하용 핵폭탄, 155mm와 8인치 야포에서 발사되는 AFAP,* 랜스 지대지 미사일**용 핵탄두, 핵배낭, 핵지뢰 등 151~249발은 남한에서 완전히 철수됐다.

그러나 북한은 핵 부재 선언을 수용하지도 믿지도 않았다. 비록 남한 내 핵무기는 철수했을지 몰라도 한반도 핵전쟁 위협은 미군의 영향권 내에서 그대로 살아있다는 것이다. 결국 1차 북핵 위기(1993~1994)와 서울 불바다 선언, 제네바합의, 김일성 사망(1994)이라는 역사의 일지만 남기고, 30년 뒤 우리는 '북핵 고도화'와 '북한 = 전술핵무기 개발'이라는 현실을 마주하게 되었다.

노태우 대통령이 꾼 꿈은 무엇일까?

---

* Artillery-Fired Atomic Projectiles(포 발사 핵병기).
** 주한미군에서 운용됐던 미사일로, 고폭탄과 핵폭탄 장착이 가능하며, 1992년 폐기 처리되었다.

2021년 현재, 북한의 '전술핵무기 개발 선언' 그리고 남한 내 '미군 전술핵 재배치' 논쟁을 보면서 그 꿈은 미몽, 즉 헛된 꿈이었다는 생각이 드는 이유다.

'전술핵무기 개발' 공개, 김정은의 진짜 저의는 무엇일까?

북한 조선노동당은 1당제 북한의 집권 여당이며 실질적인 정권 그 자체다. 조선인민군은 국가의 군대가 아닌 당의 군대다. 그런 노동당 당 규약에는 통일문제에 대해 분명하고 일관된 입장을 견지하고 있다. 최근 알려진 노동당 규약 개정 내용을 보면(2021년 6월 초, 한겨레 신문 보도), "남조선에서 미제의 침략무력을 철거시키고, 남조선에 대한 미국의 정치군사적 지배를 종국적으로 청산하며, 온갖 외세의 간섭을 철저히 배격하고 (중략)"로 규정하고 있다. 북한은 '조선반도 통일전쟁'을 승리로 이끌기 위해서는 미국의 영향력, 즉 미국의 무력이 행사되지 못할 억지력을 반드시 가져야 한다고 생각했다. 그것이 바로 핵무력이다. 그래서 북한은 무려 30여 년 이상을 핵 억제력 확보를 위해 ICBM, SLBM 등 다양한 전략 핵무기 개발 및 확보에 올인해오고 있다. 그 다음은 한국을 향한 전술핵무기 개발이라는 것은 이미 예견된 수순이었다.

여기에서 갖게 되는 강한 의문점은 '이미 은밀하게 개발을 시작한 전술핵에 대해 북한은 지금까지 침묵하다가 왜 2021년에 갑자기 공개했을까?'이다.

사실 전술핵무기 옵션은 역사성으로나 그 영향력과 폭발성 면에서 결정적인 국면에 회심의 한방으로 사용할 수 있는 매우 중요한 전략적 카드다. 그럼에도 전술핵무기 개발을 '핵 고도화 전략'의 하나로 묶어 발표한 것은 김정은의 치밀한 정세 판단과 긴 안목에서 바라본 전략적 저의底意가 분명히 깔려있다고 생각한다. 필자가 생각하는 세 가지 관점이다.

첫째, 새로운 바이든 정부와의 북미 및 남북 협상에 대비해 최대의 압박 카드를 먼저 제시함으로써 과거와 다른 새로운 협상과 북한식 빅딜(추가 대가)을 요구하기 위한 사전포석으로 볼 수 있다.

2019년 하노이 북미 협상에서 김정은은 영변 핵시설을 포기하는 대가로 경제제재 해제를 요구했다. 그러나 하노이 노딜 이후 2년간 북한의 핵능력은 더욱 강해졌고, 전술핵무기 카드까지 더함으로써 한미 양국에 최대의 압박과 함께 상황이 완전히 변화되었음을 경고하고 있다고 생각한다. 적어도 김정은은 하노이 방안에 관심이 적거나 더 큰 추가 대가를 요구하게 될 것으로 예측할 수 있다. 이미 한국이 제안한 방역 협력, 인도주의적 협력, 개별관광 등은 비본질적인 문제라고 평가절하하는 이유이기도 하다.

둘째, 한국의 첨단장비 도입, 즉 재래식 전력의 급격한 팽창에 대한 위기의식과 더 이상 방관하지 않겠다는 강력한 경고가 깔려있다고 해석된다. 남북의 재래식 전력 격차는 이미 상당한 수준에 도달했다. 북한도 이를 정확히 알고 있고, 2016년 7차 노동당대회에서는 재래식 전력 면에서 '선택적 군사력 강화 정책'•으로 전환했다. 국방비 역전 현상은 1976년부터 발생했고, 2010년에는 32배, 2019년 세계 군사력 평가에서 한국은 세계 7위(국방예산 46조 원), 북한은 18위(국방비 약 9조 원)로 평가되고 있다. 이를 더 이상 미루거나 방치한다는 것은 '북한식 조선반도 통일전쟁 승리'에 결정적 영향을 미칠 것으로 판단했을 것이다. 따라서 향후 전술핵무기 카드를 이용한 다양한 압박과 도발 등 대남 공세들이 남한의 첨단장비 도입과 연계해 시작될 것으로 예상된다. 실제로 이번 8차 노동당대회에서 남한의 미사일 개발, 탄두 중량 확장, 첨단 공격 장비 반입을 콕 찍어 비난하면서, "우리도 부득불 남조선을 달리 상대해줄 수밖에 없게 될 것"이라고 경고한 바 있다.

셋째, 한미 동맹체제에 대한 직접 위협과 주한미군 철수 논쟁을 가속화하기 위한 중 · 장기적인 치밀한 저의가 깔려있다고 해석할 수 있다. 북한은 향후 국제질서의 다변화, 동북아 안보환경 급변 등에 대한 정세분석을 통해 전술핵 옵션을 중 · 장기적인 관점에서 한반도 상황변화를 유도하는 카드로 적극 활용할 수 있다고 생각했을 것이다. 지난 3년간 북미 · 남북 협상을 진행하면서 북한은 이미 한미동맹의 절대적 상징인 연합훈련을 충분히 흔들었고, 이제 훈련규모 축소, 유예, 연기라는 용어들은 낯설지 않게 됐다.

• 2016년 7차 당대회에서 '핵무력 확장과 선택적 군사력 강화정책'을 제시하였다. 이는 재래식 전력은 선택적으로 강화하면서 실질적인 훈련과 군인생활 향상을 통해 군기와 사기를 높이는 노력으로, 4대 전략적 노선과 3개 과업을 제시하였다. 민족화해협력범국민협의회 정책위원회(2016), 『김정은 체제 5년, 북한을 진단한다』, 늘품플러스.

가까운 미래에 발생 가능한 또 다른 상황을 생각해보자. 전술핵무기 공격 위협에 직접 노출된 주한미군과 한국주재 미국인, 점점 불편해지는 한미관계, 중국 대포위 전략에 소극적인 동맹국 그리고 미국 내 여론 악화 등 여러 변수가 동시에 결합된다면 어떤 상황이 발생할까? 과거 닉슨 대통령의 '1969년 지상군 철수론', 카터 대통령의 '1977년 주한미군 완전 철수론' 등은 한국인에게 '주한미군은 언제든 떠날 수 있다'라는 교훈을 주었다. 최근 트럼프 시절, 국방장관 선임 보좌관 더글라스 맥그리거•가 미군 철수 주창론자였다는 사실은 시사하는 바 크다. 전술핵 개발 옵션과 핵 선제타격 가능성은 한반도 상황을 완전히 다른 새로운 국면으로 전환시킬 수 있으며, 강력한 촉진제가 될 수 있다. 충분한 예측과 대비가 필요한 이유다.

전술핵무기 개발, 전술핵 선제타격 가능성 등은 한국인에게 생존이 걸린 중대한 위기임에 틀림없다. 특히 그 위기가 진짜인지 가짜인지 구별하지 못할 때, 위기는 치명적인 현실이 될 것이다.

북한 전술핵무기 그리고 발전추세

핵전쟁의 대명사는 대량살상이며 대재앙이다. 76년 전 일본에 투하된 최초의 원자폭탄 2발은 이를 여실히 증명했다. 지금 세계 군사 강

• 트럼프 시절 마지막 국방장관 대행 선임보좌관. 육군 대령 출신으로 미국의 대(對)한반도 군사정책 변화 요구, 즉 종전선언-전작권 조기 전환-미군 철수가 필요하다고 주장하였다.

국들의 관심은 사용 가능한 핵무기를 만드는 것이다. 다시 말해 대량 살상을 피하면서 군사적 목적을 달성할 수 있는 무기, 그것이 바로 전술핵무기다. 북한도 명확히 알고 있을 것이다.

▷ 전략핵무기와 전술핵무기 정의

전술핵무기란 냉전 시대 때 나온 말이다. 적의 대도시나 항해 중인 대규모 함대를 파괴하는 메가톤(TNT 폭발력으로 환산 시 100만 톤)급부터 100kt급(kt는 TNT 폭발력으로 환산 시 1천 톤) 이상의 핵무기를 '전략핵무기', 이보다 폭발력이 작은 것을 '전술핵무기'로 분류한다. 보통 적의 기갑부대나 특정 군사시설을 정밀타격하는 용도다. 사거리 또한 최소 20km에서 최장 1,500km로 짧은 편이다.

세계 군사 강국들의 최근 전술핵무기 개발추세를 단적으로 보여주는 것은 현대화된 미국의 스마트 핵폭탄 'B61-12'다. 주로 적대국의 핵 실험장이나 핵무기 보유고를 타격하기 위한 것으로, 정확도는 크게 높이고 폭발력을 낮추는 방향으로 개발됐다. 군사적 효율성을 극대화하면서 부수적 피해와 방사능 낙진은 최소화함으로써 핵 공격 옵션 선택을 현실화시켜준 것이다. 오바마 행정부에서 핵무기 현대화 계획의 일환으로 시작됐고, 한반도 유사시 우선 투입이 예상되는 전력으로 볼 수 있다.

북한의 전술핵무기 개발 정보를 정확히 아는 것은 사실 매우 제한된다. 또 군사당국이 알고 있다 하더라도 이를 공식적으로 확인해주기는 쉽지 않을 것이다. 이러다 보니 시중에는 수많은 미확인 첩보와 추측 기사가 난무하고 있다. 이 책에서는 앞에서 살펴본 스마트

미국 스마트 핵폭탄(B61-12)
출처: 연합뉴스.

핵폭탄 같은 전술핵무기 발전추세, 최근 공개된 북한군 장비 및 무기 시험, 미사일 경제학, 군사적 관점 등을 나름대로 종합적으로 고려해 반드시 주목할 필요가 있는 '북한판 이스칸데르' KN-23 단거리 미사일과 핵배낭, 핵기뢰 및 핵어뢰에 한정하여 북한 전술핵 개발의 현재와 미래를 이해하고 예측해보고자 한다.

최근 공개된 '북한판 이스칸데르' KN-23 단거리 미사일과 전술핵무기

북한은 5년 전 7차 노동당대회에서 북한 자주권 침해 시 선제 핵공격을 할 수 있다고 주장했다. 그리고 2021년 8차 노동당대회에서 미사일의 명중률 강조와 전술핵 개발을 공개했다.

5년 동안 공개된(2019년 시험발사, 2021년 열병식 등장) 북한의 주목할 무기 중 하나가 바로 신형 KN-23 단거리 미사일이다. 이 미사일에 주목하는 이유는 세계 최고의 탄도미사일로 평가되고 있는 러시

8차 노동당대회 열병식에 등장한 KN-23 미사일
출처: 연합뉴스.

아의 최신예 '이스칸데르-M' 미사일과 매우 유사하기 때문이다.

러시아의 '이스칸데르-M' 미사일은 미국의 미사일방어체계MD를 피할 수 있는 탄도미사일 계열 중에서도 가장 진화한 무기체계로 알려져 있다. 이 미사일의 세 가지 특성은 KN-23 미사일에 주목하는 이유를 말해준다.

첫째, 고폭탄, 고폭 관통탄 등과 함께 '9H70'이라는 핵탄두 장착이 가능하다. 알려진 핵탄두 파괴력은 50kt(TNT 5만 톤)에 이르는 것으로 평가되고 있다.

둘째, 미국의 미사일방어체계 탐지 및 요격이 매우 어려운 독특한 비행 특성을 갖고 있다. 보통의 탄도미사일은 엔진 추진력을 이용

이스칸데르-M에 장착되는 9H70 핵탄두
출처: www.defenceturk.com.

해 포물선을 그리며 비행하다가 정점 도달 후 자유 낙하하지만, 이스칸데르 미사일은 2,100~2,600m/sec(마하 6~7)에 이르는 엄청난 속도로 비행하는 극초음속 탄도미사일이다. 최대 상승고도는 50km까지 올라가도록 설계됐고, 하강 시 풀업full-up(급상승) 기능이 작동돼 상승과 수평 이동을 반복하며 비행궤적을 수시로 변경한다. 또 목표물 상공에서는 80~90° 진입 각도로 수직 낙하함으로써 현존하는 패트리엇 또는 사드 미사일의 탐지 및 요격이 매우 어렵도록 비행한다.

셋째, 정확한 명중률이다. 9H70 핵탄두의 경우 상승과 중간 비행 단계에서는 관성 항법 유도방식을 사용하지만, 종말 비행 단계에서는 광학 유도나 표적 영상정보와 이미지 매칭을 통해 5~7m의 정확한 명중률을 보여주고 있다.

북한의 KN-23은 '이스칸데르-M'을 기반으로 성능이 개선된 것으로 평가되고 있다. 2019년 시험발사에서 이스칸데르-M과 동일한 비행 특성을 보였고, 사거리는 690여 km(러시아는 500여 km)까지 성능이 개량된 것으로 확인됐다. 2021년 3월 시험발사된 단거리 탄도미사일은 개량된 '북한판 이스칸데르 미사일 KN-23'으로 확인된다. 북한은 이 미사일에 장착된 탄두 중량이 기존 1t 안팎에서 2.5t, 사거리는 600km에 성공했다고 발표하고, 저고도 활공도약형 비행 방식의 변칙적인 궤도 특성 역시 재확증했다고 설명했다. 저고도 활공도약형 비행이란 이스칸데르 미사일의 특징으로 하강 단계에서 수평 저공비행을 한 뒤 다시 급상승하는 변칙적인 비행궤적을 그린다. KN-23 완성형은 남한 전역과 미군기지, 일본 내 UN사 후방기지까지 사정권 안에 두고 있다.

북한 탄도미사일은 구소련의 스커드 미사일 기술에 기반을 두고 있다. 1984년 스커드 B(화성 5호) 시험발사에 성공함으로써 국산(북한제) 미사일 시대를 열었고, 1990년대까지 스커드 C(화성 6호), 노동 1호(화성 7호), 은하 1호, 은하 2호 등 미사일을 차례로 개발하며 파괴력과 사거리를 꾸준히 넓혀나갔다. 물론 핵탄두 탑재도 가능한 것으로 평가되고 있다. 그러나 스커드나 노동미사일은 이미 30여 년이 경과한 무기체계다. 실제로 스커드나 노동미사일의 정확도는 450m~1km 이상으로 매우 떨어져서 대도시나 비행장 등 큰 목표물을 표적으로 선정한다. 이스칸데르 미사일이 7m 정확도를 갖는 것과는 대비된다. 따라서 스커드나 노동미사일에 기반을 둔 성능개량은 군사적 관점에서 볼 때 한계에 도달했을 것이고, KN-23 신형 미사일이 스커드나 노동미사일을 대체하는 차세대 새로운 무기체계로 채택됐을 가능성이 매우 크다고 볼 수 있다.

지난 8차 노동당대회에서 김정은은 "가까운 기간 내에 극초음속 활공 비행 전투부를 개발 도입하는 것에 대한 과업"을 강조했다. 극초음속 미사일은 일반적으로 비행 속도가 마하 5를 초과한다. KN-23 미사일을 염두에 둔 발언으로 생각된다.

전술핵탄두를 장착한 극초음속 탄도미사일, '북한판 이스칸데르 KN-23' 신형 단거리 미사일은 가까운 시일 내 한국 전역의 목표물을 10m 내외의 정확도를 가지고 타격할 수 있다는 평가가 그렇게 틀린 추정은 아닐 것이다. 단지 기술적 진화와 무기 신뢰도 향상을 위해 요구되는 최소한의 시간이 필요할 뿐이다. 한반도에 전술핵이 실제로 사용될 가능성은 신무기의 등장과 함께 점점 선명하게 높아지고 있다.

핵배낭•

핵배낭은 사람이 휴대할 수 있도록 만든 초소형 핵무기다. 무게가 25~50kg 정도로 배낭 형태로 짊어지고 다닐 수 있어 '핵배낭'이라 불린다. 전시에 특수부대원이 등에 짊어지고 적의 후방에 침투해 5km 밖에서 원격조종으로 목표물을 폭파할 수 있도록 만든 것으로, 공군기지나 댐 등의 요새를 폭파하는 용도로 사용된다. 핵배낭의 위력은 대략 고성능폭약 TNT 10톤에서 1킬로톤에 이른다. TNT를 실은 1톤 트럭 10대에서 1천 대를 한꺼번에 터뜨릴 정도의 위력이다. 1963년 미국에서 최초로 생산됐고, 주한미군도 1990년대 초 전

• 정식 명칭은 특수원자파괴탄(SADM: Special Atomic Demolition Munitions)이다.

2015년 전승절 행사에 등장한 핵배낭부대

출처: 연합뉴스.

술핵무기 철수 전까지 보유하고 있었다. 북한은 2015년 10월 전승절 행사에서 핵배낭부대가 처음으로 등장했는데, 일부에서는 핵폭탄이 아니라 방사능물질을 섞어 방사능 오염을 목적으로 투하되는 '더티밤Dirty Bomb'으로 보는 견해도 있다.

다양한 전술 제대급 소형 전술핵무기 개발 및 보유 가능성

핵탄두의 소형화란 '핵물질의 양을 줄이면 가능하고, 핵장치의 전체 무게와 부피를 줄이면서도 파괴력을 그대로 유지하는 기술'이다. 북한의 핵탄두 소형화 기술은 이미 상당한 수준에 이른 것으로 정부 당국도 공식 인정하고 있다. 따라서 대구경포의 포병 탄두로 장착하는 것, SU-25, MIG 전투기 등에 실어서 투하하는 항공 핵폭탄, 핵지뢰, 핵어뢰, 핵기뢰 등 여러 파생 전술핵무기를 개발 또는 보유하고 있을 것으로 생각하는 것은 합리적 추론일 것이다.

핵지뢰는 일반 폭약 대신에 소형 핵탄두를 탑재한 지뢰로 원격 조작으로 터뜨리는 방식이다. 유사시 적의 대규모 기갑부대가 아군 방어선을 돌파할 경우, 폭파시켜서 도로에 엄청난 크기의 구멍을 만들어 전진 속도를 늦추거나 방사능 오염지대를 형성해 적의 접근을 차단하는 역할을 한다. 핵어뢰 및 핵기뢰도 바다에서 적 수상함정 또는 잠수함을 공격하거나, 연합군의 대규모 상륙작전에 대비해 원산, 남포, 흥남, 청진 등 주요 항만 봉쇄용 무기로 충분히 고려할 수 있는 위협적인 전술핵무기로 볼 수 있다.

전술핵무기 개발과 실제 사용 가능성을 높여주는 신무기 등장으로 한반도는 점점 더 우울하고 불안한 시대로 접어들고 있다.

06

북핵 위협, 진짜 위기는 아직 오지 않았다!

2017년 북한은 6차 핵실험과 13,000km를 비행하는 대륙간탄도미사일 시험발사에 성공했다. 그리고 "핵무장 완성의 위대한 대업을 완성했다"라고 선언했다. 1989년 북핵 문제가 본격적으로 국제사회의 이슈가 된 지 29년 만이다. 2011년 12월 스물일곱 살의 세계 최연소 지도자 김정은이 집권 6년 만에 이룬 무서운 성과다.

김정은이 북한의 최고지도자로 처음 등장했을 때, 많은 전문가는 기존 권력층과 충돌, 군부 지지의 취약성, 상대적으로 부족한 집권 준비 기간 등 여러 이유로 국가 운영 리더십에 대해 강한 의문을 제기했다. 특히 핵 문제에 있어 새롭고 강력한 드라이브를 거는 것은 현실적으로 제한될 것이라는 전망이 우세했다. 따라서 새로운 비핵화의 여지 또는 돌파구가 열릴 것이라는 분위기였다.

그러나 기대와 희망은 여지없이 빗나갔다.

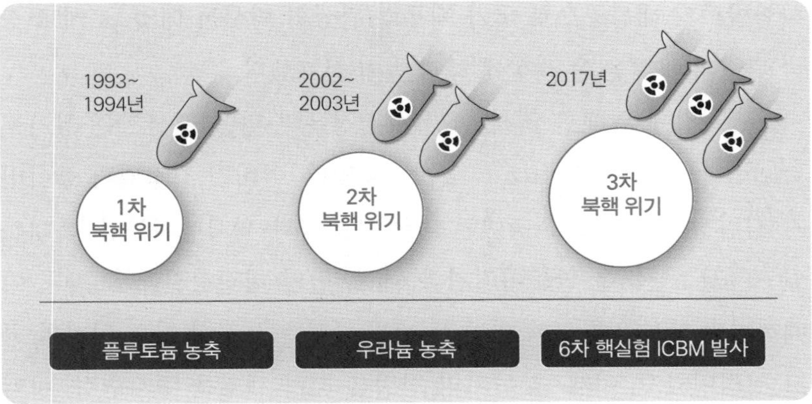

북핵 개발과 북핵 위기의 진화

여섯 차례의 핵실험 중 김정은 시대 개막과 함께 네 차례의 핵실험이 집중적으로 실시됐다. 2013년 3차, 2016년 4~5차, 2017년 100~300kt 규모의 폭발력(추정)을 가진 6차 핵실험을 통해 수소폭탄 시험에 최종 성공했다. 특히 2016년에는 두 차례의 핵실험 외에 각종 미사일 시험을 집중적으로 수행했다. 그해 발사된 미사일 관련 비용만 통계상 2억 8천만 달러로 추정되고 있다.• 당시 국제 곡물가 기준으로 200만 톤의 옥수수 구입이 가능한 예산으로, 당해 연도 북한 주민의 식량 부족분 70만 톤의 3배를 수입할 수 있는 비용이었다.

김정은 집권 6년 차(2017), 모든 것을 올인해서 얻은 거대한 성과에 대해 북한은 이렇게 표현하고 있다. "초대형 수소폭탄 개발이 완성되었으며, 2017년 11월 29일 대륙간 탄도로케트 '화성-15호'형

• 북한 노동미사일 1발당 1천만 달러, 스커드 1발당 600만 달러, 무수단 1발당 2천만 달러(북한 전문매체 데일리NK 분석 기준).

시험발사의 대성공으로 국가 핵무력 완성의 력사적 대업, 로케트 강국 위업의 실현을 온 세상에 긍지 높이 선포했다."

단기간에 위대한 역사를 만든 김정은의 다음 행선지는 싱가포르(2018. 6. 12)와 하노이(2019. 2. 27~28)였다. 아버지 김정일과 할아버지 김일성이 그렇게 소망했던 미국 대통령과 세계정치사의 '특대사변'(북한의 표현임)을 만들어내기 위해 두 번의 대장정길에 오른다. 이때까지만 해도 3차 북핵 위기(2017)는 북한 핵무장이 만든 위기의 최고 정점이었고, 이제 그 위기의 정점을 지나 새로운 평화협상, 비핵화의 출구가 만들어질 것으로 사람들은 믿고 기대했다.

그러나 지금 한반도 판세는 우리의 희망과는 정반대로 움직이고 있다. 필자는 다음과 같이 지금의 상황을 한마디로 정의하고자 한다.

"진짜 북핵 위기는 아직 오지 않았다. 지금부터 시작이다."

북핵 위기는 끝이 아닌 계속 진행형: 4차, 5차 북핵 위기에 대하여

2019년 하노이회담 결렬 이후 북한의 핵 능력은 더 강해지고, 북한은 핵 선제공격 역량을 확충하는 단계에 접어든 것으로 평가되고 있다. 중국의 소장파 학자 자오통趙通은 이에 대해 최근 영국 파이낸셜타임스에 다음과 같은 칼럼*을 게재했다.

2년 동안의 개발로 북한 핵 능력은 하노이회담 때보다 더욱 강해졌다. 영변 핵시설을 포기하는 대가로 경제제재 해제를 요구한 하노이 방안은 이제 김정은에게 관심이 적거나 추가적인 대가를 요구할 것이다. (중략) 남북통일 실현이 핵심 '민족 이익'이며 북한이 핵심 이익을 미국의 간섭으로 실현하지 못한 것을 고려하면, 향후 북한은 전략과 전술의 이중 핵 역량으로 미국의 군사 간섭을 막고 한국에 대한 군사적 압박 능력을 키워 최종적으로 북한이 희망하는 방식으로 민족 통일을 실현하려 할 것이다.

북핵 위협, 어디로 가고 있는가? 그 끝은 어디인가?

북한은 8차 노동당대회에서 '핵 억제력 강화' 및 '핵 능력 고도화'를 목표로 강력한 핵무장 로드맵과 무기 개발 프로그램을 국제사회에 공개했다. 북한 핵무장 로드맵에서 중요하다고 생각되는 핵심 영역은 ① 핵탄두 보유량 증가 ② ICBM의 전력화 완료 여부 ③ 잠수함 및 SLBM 전력의 급격한 성장 ④ 새롭게 공개한 전술핵 개발이다. 이 네 가지를 중심으로 북핵의 위협을 통합적인 관점에서 살펴보면, 강력하고 거센 북핵의 파고가 한반도에 밀려오고 있다는 사실을 직감할 수 있다.

● 자오통(2021. 1. 20), 「수면 위로 드러난 북한의 핵 보유 전략과 글로벌 안보에 끼치는 영향」, 칭화대-카네기센터 연구원 칼럼.

필자가 생각하는 일명 '4차 북핵 위기'

북한이 핵탄두 보유량을 50기 정도 확보•하고, ICBM에 소형 핵탄두 탑재와 기술적으로 의심받고 있던 핵탄두의 대기권 재진입체 기술과 명중률 문제 등을 해결하면서 화성-15급 ICBM의 작전 배치를 완료하는 순간이 될 것으로 추정한다. 그 의미는 북한이 적정 핵 선제 및 보복 능력을 확보하고, 미국 본토를 타격할 수 있는 명백한 능력을 가지게 됐을 때라는 뜻이다.

미국은 절대 허용할 수 없는 레드라인Red Line을 넘었다고 판단하게 될 것이고, 한반도는 매우 위험한 위기 속으로 빠져들 가능성이 커지게 될 것이다. 특히 북한이 중점 개발 중인 수중전력의 급격한 성장과 결합된다면, 위기의 크기와 강도는 훨씬 강력해진다. 실제로 북한은 3천 톤급 잠수함 건조를 완료하고 진수 시기를 저울질하고 있으며, 또 4천 톤급 이상의 대형 잠수함을 건조 중이라는 것은 이미 정부 당국도 공식 인정한 바 있다. 이런 바닷속 핵 운반 및 투발 수단에 SLBM을 결합하는 것은 이미 몇 번의 사출 시험 성공 등을 고려할 때 단지 시간 문제일 뿐이라고 생각된다.

북한의 지상 및 수중 전략핵무기가 가까운 시기에 동시 전력화 배치될 가능성은 매우 높다고 보는 것이 합리적 추론이다. 4차 북핵 위기는 이렇게 선명하게 우리를 향해 달려오고 있다.

• 핵 억제전략에 근거 시 2격 능력 확보 차원에서 최소 50기 정도 보유가 필요하다고 판단된다.

일명 '5차 북핵 위기'

완전한 핵무장국이 되려는 북한의 목표가 이루어지는 시기라 생각한다. 핵탄두 보유량이 100여 기 이상으로 다른 핵보유국처럼 2격 능력 확보를 통한 최소억제 전력을 확보하고, 화성-15형, 화성-16형(가칭) 등 ICBM의 다수 전력화, 핵잠수함과 5세대 SLBM(북극성-5ㅅ) 결합을 통한 수중 핵전력의 급격한 향상을 통해 다각적인 핵 선제 및 보복 타격과 장거리 타격 능력을 완벽히 갖추게 되는 시점이라고 생각한다.

미국 및 적대세력이 절대로 북한을 함부로 할 수 없는 상태가 됨은 물론, 핵무장국으로서의 지위와 이익을 강력히 요구하게 될 것이다. 또 미국 본토 및 태평양지역 연합 동맹 세력에 대한 전방위 압박과 직접 타격 위협은 한국과 미국의 입지와 선택의 폭을 극히 제한할 것으로 예측된다.

5차 북핵 위기 같은 상황과 구도가 만들어진다는 것은 결코 상상할 수 없는 일이다. 다가오는 명백한 위기를 제대로 인식하지 않는다면, 과거 30년 동안 추진한 북핵 대응 프로세스에서 기인된 현재의 북핵과는 비교할 수 없는 초강력 핵무장국 북한과 외나무다리에서 맞닥뜨리게 될 것이다.

다음 그림은 4차, 5차 북핵 위기의 명확한 메시지를 전하고 있다.

맨 하단의 그림은 북한의 전술핵 개발 및 선제 사용 위협이다. 8차 노동당대회에서 전술핵 개발을 공개한 것은 한국을 전술핵무기로 언제든 직접 공격할 수 있다는 선전포고라고 볼 수 있다.

2021년 3월 시험 공개된 북한판 이스칸데르 KN-23 개량형 단

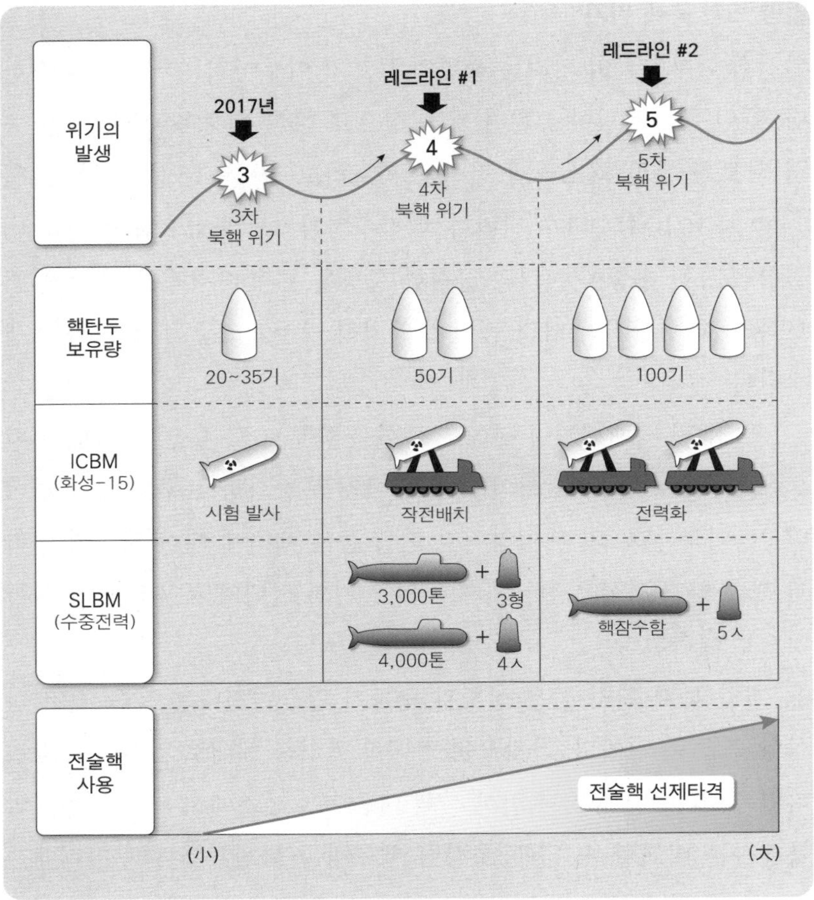

한반도가 가장 위험하게 되는 순간(4차 · 5차 북핵 위기 발생)

* 제시된 무기 및 무기체계들은 8차 노동당대회에서 확인된 핵무장 로드맵(가칭)에 근거함.
* 무기 개발 완료 시기 및 그룹 설정은 필자 개인적 소견임. 확인된 정보와 일반적 무기 개발 주기 등을 고려하여 작성했고, 개발 완료 시기 등은 필자 개인의 추정 결과임.

거리 미사일은 탄두 중량 2.5t으로 전술핵 탑재가 가능하고, 미사일 방어체계를 뚫고 표적을 5~7m까지 정확히 명중시킬 수 있다는 평가를 받고 있다. 중대하고 심각한 북한 핵전략과 능력의 변화를 똑

바로 직시해야 한다. 특히 전술핵 선제타격 위험성은 ICBM이나 SLBM 등 전략핵무기 위협이 고조될수록 비례 관계로 가파르게 증가할 것이다. 이는 한반도를 점점 더 위험하게 할 뿐 아니라 한국의 선택과 행동의 자유를 극단적으로 제한할 수 있음을 진지하게 고민해야 한다.

한반도가 가장 위험하게 되는 순간에 대하여: 3개의 가상 위기 시나리오

20세기 1, 2차 세계대전의 승전국이 되면서 100년 이상 초강대국의 위치를 지켜온 미국 본토가 공격받은 사례는 단 두 번이었다. 바로 진주만 피습(1941)과 뉴욕 맨해튼 세계무역센터에 대한 9.11테러(2001) 공격이다.

미국은 진주만을 공격한 일본에 원자폭탄 2발을 투하해서 전격적이고 무조건적인 항복을 받아냈다. 9.11테러를 주도한 알카에다 제거를 위해서는 아프가니스탄 전쟁(2001)과 이라크 전쟁(2003)을 연속적으로 수행해서 탈레반 정권과 사담 후세인 정권을 붕괴시켰다. 이렇게 미 본토를 공격한 국가와 조직은 전쟁이나 무력을 통해 철저하게 응징했다. 미국은 적으로부터 본토가 위협받는 것을 절대 허용하지 않는다. 그들이 생각하는 레드라인을 넘었다면 군사행동Military Action을 실행할 것이다.

1번 시나리오: 북한에 대한 전면적인 군사 옵션 검토

▷ 배경

한국에 4차 북핵 위기가 발생한다. 핵탄두를 탑재한 대륙간탄도 미사일 실험이 진행되고, 동해상에 4천 톤급 잠수함이 빈번히 출몰한다. 그리고 미국 서부 주요 도시를 불바다로 만들겠다는 북한의 도발성 엄포가 한반도 긴장을 최고 수위로 끌어 올린다.

▷ 경과

미국은 북한 핵 능력과 불안한 북한 내부 사정 고려 시 기습적인 미 본토 피습의 위험성이 있다고 판단하고, 북한에 대한 군사 옵션 시행을 결정한다. 30년 전 검토했던 영변 핵시설에 대한 공격계획이 핵시설 제거에 초점을 맞춘 외과 수술식 제한 공격이었다면, 이번 군사작전은 산재된 핵시설과 증대된 핵능력을 고려할 때 북한 전역에 대한 광범위한 동시 대량 파괴 작전, 즉 전면적인 북한 소멸 작전이라는 것이 큰 차이이다. 북한의 핵 보복 및 전면전 가능성, 방사능 누출 가능성, 동맹국인 한국의 심대한 피해 등을 고려해 일부 강력한 반대도 있었지만 더 이상의 북한 핵 방치는 곤란하다는 결론에 도달하게 된다. 영국, EU 및 전통적 친미 성향의 국제사회도 대부분 지지 의사를 표명하고 있는 것으로 확인된다.

전쟁의 승패를 가늠하는 결정적 요소는 미 지상군 투입 없이 최단기간 내 핵 관련 시설과 군사시설을 동시에 완전 마비 및 파괴하는 것이다. 이에 따라 미 태평양 사령부 예하 모든 항모 및 공군, 해군 전력이 총 가담하는 대규모 군사작전이 불가피하게 됐다. 한반도는 핵

전쟁의 위기 속으로 빠져들고, 우리 정부도 당연히 전면전 대비에 들어갈 수밖에 없다.

▷ 결론

한국 정부는 절대 전쟁 불가 입장을 고수하고, 국민은 광범위한 전쟁 반대 국민운동을 전개한다. 핵전쟁은 한반도를 사라지게 할 것이라 주장하면서 즉각적인 미군 철수까지 주장하기 시작한다. 당황한 정부가 선택한 마지막 카드는 모든 공항과 항만의 폐쇄다. 한국에 거주 중인 미국인의 한국 이탈을 막는 극약 처방을 내린 것이다. 미국은 고민에 빠지게 될 것이고, 전쟁 개시는 지연되며, 최종적으로 철회된다. 그러나 재점화의 불씨는 여전히 남아있는 상태다.

2번 시나리오: 북미의 단계적 '비핵화' 전격 합의

▷ 배경

한국에 4차 북핵 위기가 발생하고, 미국은 북한의 미 본토 핵 타격 가능성을 절대 허용할 수 없다는 확고한 입장을 견지하고 있다. 한국은 남북대화를 조건 없이 우선 재개하고자 여러 채널을 풀가동해 북한에 요구하고 있다. 어느 날 미국대사관 명의로 "미국과 북한이 제네바에서 긴급 최고위급 회담을 열기로 합의했다"라는 긴급 특보가 발표된다. 미국은 한국 정부에 관련 배경을 설명하면서, 북한 측이 이번 회담 전후에 한국을 완전히 배제해줄 것을 특별히 요청했다는 사실을 알려준다. 그동안 통미봉남通美封南 정책을 취한 것을 잘 알고 있기에 한국 정부는 크게 의미를 두지 않았다.

▷ 경과

회담은 일사천리로 진행됐고, '단계별 핵 폐기와 한반도 평화정착'이라는 제목으로 5개 항의 합의문이 전격 발표된다.

1. 북한은 미 본토 타격에 절대적 위협인 ICBM급 전략무기를 우선 폐기한다. 이에 대한 상응 조치로 조속한 기간 내에 주한미군의 한반도 완전철수를 확약한다.
2. 북한은 IAEA의 핵사찰과 감시위원회 활동을 전격 수용한다. 이에 대한 상응 조치로 UN 및 미국의 경제제재 등 모든 조치를 일괄 해제한다.
3. 종전선언, 평화협정, 남북 군축 문제를 일괄적으로 다루기 위해 미국, 중국, 한국, 북한 4개국 회의체를 조속한 시일 내에 별도 개최한다.
4. 북미정상회담을 연도 내 평양에서 개최하고, 이를 위해 평양에 미국연락소를 우선 개설한다.
5. 미국은 남북 당사자의 자주적 한반도 평화 정착 방안을 적극 지지한다.

▷ 결론

이 합의문에 대해 한국 정부는 분명한 반대 입장을 견지했다. 미국에 강력한 항의를 제기하고, 국민 대다수와 언론은 한반도 안보의 기본 틀이 바뀌는 중대 사안에 대해 깜깜이로 대처한 정부의 무능을 강력히 질타한다. 국회 외교위, 국방위 등 긴급 청문회 주요 질의 내용은 이런 위기감을 잘 적시해주게 된다.

- 김안보 위원: ICBM을 제외하고 나머지 전술핵 및 재래식 전력 문제에

대해 향후 어떻게 합의할 것이며, 정부의 대응책은 수립했는가?

- 이통일 위원: 주한미군의 갑작스러운 철수는 한반도 안보 공백을 만들 것이다. 그동안 전작권 조기 환수, 미군 철수를 전제한 한국군 군사력 건설에 지지부진했던 정부를 질타한다. 한미동맹 및 미국의 안보 확약을 받기 위한 준비가 무엇인가?
- 최걱정 위원: 북한의 의도는 명확하다. 주한미군만 철수하면, 나머지 4개 항은 휴짓조각처럼 파기할 수 있다. 북한이 말하는 '조선반도 통일전쟁'이 일어날 가능성이 더 커졌다. 이에 대한 정부의 생각은 무엇인가?

3번 시나리오: 전술핵 선제타격에 무방비로 노출된 한국군

▷ 배경

2021년 1월, 조선노동당 8차 회의에서 북한은 이미 전술핵 개발을 진행해왔고, 선제 핵 타격은 언제든 가능하다고 공식 발표했다. 또 최근 작전 배치된 신형 KN-23 단거리 미사일에 전술핵을 결합해 사격 시 5~7m까지 표적에 정확히 명중되는 성능을 가진 것으로 평가되고 있다. 이는 제한된 군사 표적에 언제든 전술핵을 사용할 가능성을 높여주고 있다.

▷ 경과

북한은 '자주권 침해 시' 또는 '최고존엄이 위협받을 때' 언제든 전술핵 선제 사용이 가능함을 오랫동안 주장해왔다. 전술핵은 엄포용, 도발 위협용, 위력 사격용, 실제 사용까지 적절한 대응 방안을 가지고 있지 못한 남한을 향해 다양한 옵션으로 사용할 수 있는 카드가 됐다.

아래 가상의 도발 사례는 전술핵이 가진 현실과 위험성을 확실히 경고해줄 것이다.

북한, 자주권 침해에 대해 연일 강력 비난

한국의 첨단장비 도입, 전략 정찰 활동 강화, 미군 전략자산의 빈번한 한반도 전개에 불만을 제기하면서 '자주권 침해'라고 강력한 규탄 성명을 계속하고 있다. 한국 군사 당국은 혹시 모를 충돌을 우려해 전선에서 비난 자제 및 우발 충돌 방지에 관한 특별지시를 하달한다.

남쪽 무인도에 북 미상 미사일 낙하

북쪽에서 남쪽 방향으로 미상 단거리 미사일이 발사됐다고 긴급 경보가 전군에 하달된다. 곧이어 충남 태안 일대 군이 운용 중인 안흥시험장 주변 무인도에 미사일 탄착 및 폭발 상황이 최종 접수된다. 긴급(피해) 현장 확인 결과, 2명의 바다 낚시꾼이 실종됐으며, 현장의 폭발 규모는 0.1kt 규모의 소형 전술핵으로 추정된다는 잠정 결론이 내려진다.

NSC, 한미연합 군사작전본부 긴급 대책 토의

북한의 의도된 전술 도발로 규정하고, 즉각적인 규탄 성명과 함께 전쟁 준비 지시에 준하는 '데프콘-3'를 전군에 긴급 발령한다. 매우 강력한 조치로, 그만큼 사안이 중대하다고 판단한 것이다. 북한 측에서 군 통신선을 이용해 "미사일 발사는 단순 오발이었으며, 지금 원인 규명 중이고, 추후 결과를 통보하겠다"라는 긴급 전문이 접수된다. 결국 이번 도발은 철저히 계산된 것이었고, 전술핵이 탑재된 미사일을 선택함으로써 경고의 무게를 훨씬 크게 했다.

▷ 결론

북한이 주장하는 '자주권 침해'에 대한 해석은 모호하다. 그냥 북한이 판단하는 것이 기준이다. 전시 작전통제권을 가진 연합사령관은 전쟁을 원하지 않으며, 한국군이 독자적으로 공격할 수 없다는 것을 북한은 너무도 잘 알고 있다. 북한은 원하는 것을 얻기 위해 전술핵 카드를 다양하게 활용하면서, 한미 군사 당국의 선택과 행동의 자유까지 박탈하려 할 것이다. 냉정한 현실 인식과 시급한 대안 마련을 위한 특별한 고민이 요구된다.

가상의 시나리오까지 만들어서 꼭 전하고 싶은 필자의 메시지는 단 한 가지.

"북핵 위협, 진짜 위기는 정말로 아직 오지 않았다."

이 메시지가 지면을 타고 가능한 한 많은 사람과 공유되기를 소망한다.

CRITICAL ISSUE

3부 논쟁

실패한 북핵 대응 30년을 비판한다

6개 정부의 '북한 비핵화' 추진 30년!

미몽迷夢 … 헛된 꿈만 꾸었다.

레토릭rethoric … 온갖 말의 성찬이었다.

1994년 영변 핵시설을 폭격하지 못한 실책은

영원히 어리석은 역사로 남을 것이다.

미국만 바라보며 그저 지켜본 30년 대북 협상의 시간은

초라한 역사로 기록될 것이다.

'신의 한 수'라던 대북 경제제재도 절반의 성공으로

곧 판정날 듯하다.

북한은 비핵화가 아닌 필핵화의 길로 들어섰다.

01

레토릭으로 끝나버린 비핵화 정책(협상) 비판

레토릭rhetoric이란 웅변가를 뜻하는 그리스어다. 최근에는 끝까지 챙기지 못하고 모든 걸 말로만 때우는 경우를 지적할 때 쓰인다.

1989년 북핵 문제가 국제사회의 현안 이슈로 떠오른 이후 우리는 북미, 남북 정상 및 당국자 회의 등 많은 북핵 관련 협상을 지켜보았다. 이와 함께 핵실험과 미사일 도발, 엄포, 무시 등 마치 '갑'의 횡포 같은 북한의 일방적 행동에 익숙해진 30년을 보냈다. 수많은 정부 당국자와 전문가 그룹이 말하는 장밋빛 청사진과 한반도 비핵화, 단계별 비핵화, 빅딜, 스몰딜, 촉진전략, 플랜 'B' 등 전문적인 용어로 포장된 거창한 비핵화 협상 전략들도 아주 익숙하다. 그러나 2021년 오늘 우리가 만난 북한은 1990년대, 2000년대를 지나면서 훨씬 더 강력해진 '핵무장국'이다.

“한반도 비핵화 정책은 실패했다.”

모두 동의하지는 않겠지만, 적어도 많은 사람이 공감할 것이다.

남 · 북 · 미 간 비핵화 합의 내용 중 최근까지 국민적 관심을 증폭시킨 한반도 비핵화 합의, 종전 및 평화협정 추진 합의, 4단계 비핵화 협상 전략 등을 중심으로 왜 제대로 작동되지 않았고, 왜 합의 이행이 되지 않은지에 대해 나름의 잣대로 진단해보고자 한다. 깊이 있는 관심, 냉정한 비판 그리고 성숙한 여론 형성이 북핵을 극복할 수 있는 길이라고 생각한다.

‘한반도 비핵화 합의’의 허상 그리고 동상이몽

2018년 6월 12일, 70여 년간 적대관계를 유지했던 미국과 북한의 정상이 싱가포르에서 역사적인 첫 만남을 가졌다. 그리고 아래 4개 항에 합의했다.

① 새로운 조미 관계를 수립할 것

② 항구적이고 안정적인 평화체제 구축을 위해 양국 상호 노력

③ 2018년 4월 27일 판문점 선언을 재확인하고, 한반도의 완전한 비핵화를 위해 노력할 것

④ 전쟁포로와 실종자의 유해 송환 약속

세 번째에 기록된 한반도의 완전한 비핵화 약속 노력은 채 8개월이 안 된 하노이회담(2019. 2. 27)이 노딜로 끝남으로써 아무 성과 없이 바람과 같이 사라져버렸다. 결과론적이지만 한바탕 멋들어진 정치쇼로 평가받아도 지나치지 않을 정도로 우리 국민이 받은 상실감과 허망함은 매우 크다. '한반도의 완전한 비핵화' 합의는 사실 처음 등장한 문구는 아니다. 싱가포르회담에 앞서 48일 전 판문점 남북 정상 간 합의에도 포함된 내용이다.

'한반도 비핵화 합의'의 역사는 30년 이상 되었다

1991년 말, 남북 간 '한반도 비핵화 공동선언'*이 그 시작이다. 6개 조항의 합의문은 그 어떤 합의문에서 볼 수 없는 핵무기 개발은 물론 핵물질 재처리시설과 우라늄 농축 생산역량까지 제한하는 매우 명확하고 포괄적인 내용을 담고 있다.

하지만 북한과의 '한반도 비핵화 합의'가 갖는 허구성은 지난 30년간 고스란히 드러났다.

첫째, 말 그대로 합의만 있고 이행이 없는 전형적인 레토릭 단골 메뉴다. 1991년 '한반도 비핵화 공동선언' 이후 북핵 개발은 집요하게 진행됐고, 플루토늄에서 우라늄 핵물질 생산 그리고 2017년 수소폭탄 제조에 이르렀다. 전술핵무기 사례는 더 극적이다. 1991년 남

* 1991년 12월 31일 합의, 1992년 2월 19일 발효된 남북 간 합의문서이다. 6개 항의 합의문에는 핵무기 개발, 우라늄 농축, 플루토늄 재처리를 포기하는 내용이 담겨 있다.

한은 합의 이행을 위해 주한미군이 보유한 전술핵을 모두 철수하고 '한반도 핵 부재 선언'을 발표했다. 그러나 30년 뒤, 북한은 8차 노동당대회에서 전술핵 개발을 공식 발표했다. 이 얼마나 모순인가?

둘째, 북한과 한미 양국이 생각하는 한반도의 비핵화 개념은 완전히 다르다는 것이다. 거창한 합의문만 있을 뿐 실제 이행은 한 발자국도 나아가지 못한 근본적인 한계를 드러내는 이유라고 생각한다.

북한이 말하는 '조선반도 비핵화'란?

한반도에서 핵전쟁의 위험이 말끔하게 제거된 상태를 말한다. 미국의 적대시 정책과 핵 위협 영향력이 완전히 없어져야 하는 것이다. 다시 말하면 미국이 계속 적대 정책을 유지하고, 첨단 전략자산이 수시로 한반도에 전개되는 한 핵 선제공격 위협이 여전하기 때문에 북한으로서는 '핵 억제 및 보복력'을 계속 강화해야 한다는 논리다. 해결 방안은 미국의 핵 불사용 담보, 한미연합훈련 중단, 전략자산 한반도 전개 중지 등이 선행돼야 하고, 궁극적으로는 한반도에서 미군 철수가 이루어질 때 북핵 폐기는 가능하다는 것이다.

미국과 한국이 보는 '한반도의 비핵화'란?

'북한의 비핵화'를 뜻한다. 완전하고 검증 가능하며 불가역적인 방법으로 북한 핵을 폐기한다는 뜻이다. 우리가 자주 듣는 CVIDComplete, Verifiable and Irreversible, Dismantlement란 ① 핵물질 재처리 농축 등의 영구적 폐기 ② 모든 핵시설 신고와 IAEA 등 국제기구의 철저한 사찰 ③ 비핵화 완료 후에 이전 상태로의 복구가 불가능할 것 ④ 핵시설, 핵무기, 데이터의 이관 및 과학자들의 분산 전환 등이 이루어짐을 의미한다. 이러한 CVID는 조지 부시 행정부에서 제시한 비핵화 원칙으로 초기에 'D'는 폐기(dismantlement) 개념으로 사용되다가 트럼프 행정부가 들어서면서 비핵화(denuclearization) 개념이 혼용돼왔다. 특히 트럼프 행정부 시절에는 CVID보다 좀 더 완화된 '최종적이고 완전하게 검증된 비핵화'를 뜻하는 FFVDFinal, Fully Verified Denuclearization 라는 용어를 사용해왔고, 이를 바이든 행정부에서도 계속 사용하고 있다. 2021년 5월, G7 공동성명에서 CVIAComplete, Verifiable and Irreversible, Abandonment 용어가 등장해 여러 해석이 언급되고 있으나, 중요한 것은 북한 비핵화는 'CVI'(완전하고 검증 가능하며 불가역적인)여야 한다는 기본방향에는 변함이 없다.

냉정한 시선으로 '한반도 비핵화'에 대한 의미를 이해하고 평가할 수 있어야 한다. 김정은이 '비핵화 의지가 있는가? 없는가?'를 따지는 것은 너무나 어리석은 논쟁이다. 지난 30년 동안 한반도의 완전한 비핵화를 몇 번이고 약속했지만, 결과는 강력한 핵무장국 북한만이 보이기 때문이다. 한마디로 동상이몽同床異夢이었다.

이제 우리는 한반도 비핵화가 아니라 점점 더 강력해지는 북한의 핵무장력을 더 이상 방치해서는 안 된다는 것을 고민할 때다. 북핵 위협 분석에서도 제시했지만 "북핵 위협, 진짜 위기는 아직 오지도 않았다." 실제로 그들은 핵 억제력 강화와 핵무력 고도화를 위한 중 · 장기 로드맵을 공개적으로 발표하지 않았는가?

냉정한 현실 인식하에 새로운 비핵화 해법에 대한 정부와 군사 당국의 고민이 필요하다. 우리 국민은 더 이상 정치적 미사여구와 레토릭에 속아서는 안 된다.

종전선언과 평화협정의 함의와 허상에 대해

2018년 4월 27일, 판문점 남북정상회담에서 "남과 북은 정전협정 체결 65주년이 되는 올해 종전을 선언하고 정전협정을 평화협정으로 전환한다"라고 합의한다. 이때부터 종전선언과 평화협정은 비핵화로 가는 희망의 용어가 됐다.

남과 북은 1950년 6월 25일 발발한 한국전쟁 종전을 위해 1953년 7월 27일에 정전협정을 맺으면서 사실상 휴전 상태다. 올해가 정전 68주년이다. 이 정전협정은 교전을 잠정 중지한 것에 불과해 전쟁 상태의 실질적인 종결과 평화 정착을 위해서는 종전선언 뒤 평화협정을 체결해야 한다는 주장이 꾸준히 제기돼왔다. 놀라운 것은 북한의 핵 개발이 국제사회에 막 공식 이슈화된 1989년경에도 지금과 같은 유사한 고민이 있었다는 것이다. 즉, 종전선언과 평화협정은 새로운 용어가 아닌 30년간 해결되지 않고 남아있는 미결 과제라는 사실이다.

1980년대 진보 논객 이영희 교수가 1990년 6월 28일 쓴 논문•의 주장

▷ 주장

한반도 평화 질서의 실현은 휴전협정을 평화협정으로 대체하는 조치에서 시작되어야 한다.

▷ 주장: 남한이 취해야 할 일

북한이 1988년 11월 7일 단계적 군사위기 질서의 해소를 위해 제기한 '포괄적인 평화실현방안'과 1990년 5월 31일 제안한 '한반도 평화를 위한 군축안'을 진지하게 검토해 평화협정과 불가침 선언, 미국 핵무기 철거, 한반도의 비핵지대화, 주한미군의 단계적 철수와 작전명령권 이양, 남북 간의 군비감축과 상호통제의 내용을 포괄하는 한반도 평화실현을 위한 분명하고도 구체적인 정책 전환이 필요하다.

'종전선언과 평화협정'이라는 협상 카드는 시대와 상황에 따라, 또 당사국(한국, 북한, 미국)이 생각하는 서로 다른 셈법에 따라 전략적 용도로 사용돼왔다. 지금부터 하노이회담(2019. 2. 27) 이전까지의 북한, 미국, 한국의 셈법을 중심으로 그 함의含意와 허상虛像을 진단해 보고자 한다. 이렇게 시점을 구분하는 이유는 향후 한반도 안보환경 변화에 따라 지금의 판단은 계속 유효하지 않을 수 있다는 의미다.

• 리영희(1990. 6. 28), 한국전쟁 40주년 기념 이념 대토론회 주제발표 논문.

북한 입장에서 본 종전선언

하노이회담 전까지 북한은 적극적으로 종전선언을 주장했다(이후 미국과 흥정할 대상물이 아니라며 돌변했음). 북한은 모든 선전매체를 총동원해 “종전선언은 미국의 마땅한 의무”라는 주장을 폈고, 미국 측이 움직이지 않자 “남조선 당국이 불 보듯 할 일이 아니다”(노동신문, 2018. 8. 25)라며 한국이 미국을 설득해줄 것을 노골적으로 요구하기도 했다. 이러한 북한의 의도에 대해 전문가들은 두 가지 견해를 보인다.

첫째, 종전선언은 법적 구속력과 상관없이 미국의 군사 공격 명분을 사라지게 하고 체제 보장을 동시에 담보할 수 있는 카드라고 판단한다는 것이다.

둘째, 종전선언 이후 북한의 의도에 주목해야 한다는 것이다. 즉 종전선언과 함께 북미 평화협정, 불가침 조약, 북미 수교 논의로 확장시킬 수 있다는 의견이다. 나아가 유엔사 해체, 주한미군 철수, NLL(북방한계선) 무력화 등 북한의 장기적인 대남전략 목표로 연결하려고 한다는 것이다. 종전이 되면 1950년 한국전쟁 때문에 만들어진 유엔사의 존립 근거는 사라지게 된다. 유엔사가 해체되면 일본에 위치한 한반도 전쟁 물자와 증원 병력의 대기지역으로 사용되는 유엔사 후방기지도 법적 근거를 상실한다. 또 NLL도 유엔사가 마음대로 그어놓은 선으로 보기 때문에 새로운 해상 경계선 설정을 주장할 수 있다.

미국 입장(전 트럼프 행정부)에서 본 종전선언

종전선언을 중요한 비핵화 협상 카드로 보고 있다. 압박과 인센티브 외교전략 구사를 위해 2017년부터 작동하고 있는 (경제)제재라는 압박카드 외에 종전선언, 인도적 지원, 평양 연락사무소 개소 등과 같은 인센티브 카드를 갖겠다는 의도로 생각된다. 현재까지 미국의 협상 전략은 비핵화를 진전시키기 전까지는 경제제재 카드를 유지한다는 강경 입장을 견지하고 있다. 실제로 2018년 북한의 종전선언 요구에 핵시설 리스트를 먼저 제공하라며 응하지 않았고, 하노이회담 때는 영변 핵시설 폐기에 대한 상응 대가로 북한이 경제제재 해제를 요구했지만 받아들이지 않았다. 아마 이런 기조는 바이든 정부에서도 지속될 것으로 예측된다.

한국 입장(문재인 정부)에서 본 종전선언

2018년 4월 27일, 판문점 회담의 합의 내용이 약속대로 준수돼야 한다는 입장이다. 즉 종전선언의 선체결을 통해 꽉 막힌 남북 및 북미관계의 새로운 돌파구 마련과 함께 획기적인 전환점을 만들 수 있다고 본다. 일부 종전선언이 주한미군 철수까지 연결될 수 있다는 우려에 대해서는 주한미군 주둔은 정전협정에 기반을 두는 것이 아니며, 평화협정과는 별개의 문제임을 강조하고 있다. 이런 의지와 노력은 상대가 있는 게임이어서 매우 어려운 상황에 처해 있는 것이 현실이다.

하노이회담 이전의 종전선언과 평화협정에 대한 북한, 미국, 한국의 입장을 조명해보았다. 하노이회담 이후 불과 2년 만에 모든 상황이 급변했다. 남북관계, 북미관계는 2017년 이전 상태로 회귀했고 미국은 바이든 새 정부가 출범했다. 더 놀라운 것은 북한이 강력한 핵무장력 강화를 내걸고 미국과 한국에 대해 강경한 입장으로 급선회했다는 것이다. 최근 개최된 8차 노동당대회에서 확인된 공식 언급들이 이를 방증하고 있다.

① 대국들이 우리 국가와 민족의 이익을 제멋대로 흥정하려 들던 시대를 영원히 끝장내겠다.

② 혁명의 기본 장애물인 최대의 주적인 미국을 제압하고 굴복시키는 것이 대외 정치 활동의 중점이 되어야 한다.

③ 새로운 조미(북미)관계 수립의 열쇠는 대(對)조선 적대시 정책을 철회하는 데 있다. 앞으로 강대강, 선대선 원칙에서 미국을 상대할 것이다.

그동안 공들였던 종전선언과 평화협정이라는 핵 폐기 협상 카드는 계속 유효할 것인가?

냉정한 상황판단과 북한의 셈법 변화를 읽고 유연하게 대응할 전략이 필요하다. 아래 제시되는 몇 가지 새로운 시각과 관점은 도움이 될 것으로 생각한다.

첫째, 하노이회담 이전의 대북한 협상 옵션들은 더 이상 유효하지 않을 가능성이 크다. 2017년 핵무장 완성 선언 이후 북한의 핵무력은 훨씬 강해진 것으로 평가되며, 특히 전략 및 전술핵무기라는 2중 핵 역량 확보는 미국과 한국 모두에 새로운 부담으로 등장했다. 경제제재, 종전선언, 평화협정 체결이라는 기존 옵션의 가치와 효력은 떨어지고, 더 큰 선물(대가)을 준비해야 하는 상황이 올지도 모른다.

둘째, 종전선언-평화협정 체결 카드는 일정 기간 효력이 상실될 가능성이 크다. 전술핵무기 개발 공개를 선언한 북한의 셈법은 완전히 달라질 수 있다. 북한이 8차 노동당대회에서 공개한 전술핵무기 개발 카드는 한미 양국에 커다란 위협이며 새로운 대응 전략을 필요로 한다. 북한은 '자주권 손상 시', '최고존엄 위협 시' 남한에 대한 전술핵 선제타격 가능성을 계속 제기해왔다. 이제 '엄포'가 아닌 실제 '위협'이 됐으며, 한반도 상황을 주도할 수 있는 새로운 반전 카드를 잡은 모양새다. 실제로 한국의 첨단장비 구매, 전략자산 한반도 전개, 한미연합훈련 등을 자주권 손상행위로 언제든 트집을 잡고 위기와 강도를 조절할 수 있게 됐다. 미국의 바이든 정부, 한국에 들어설 새 정부의 정책변화를 지켜보면서 전술핵을 이용한 엄포와 시험발사, 위력사격 등 다양한 북한발 위기를 조성할 것이다. 기존의 종전 카드, 평화협정 카드는 한참 뒤에나 협상테이블 위에 올려질 가능성이 커졌다.

셋째, 종전선언-평화협정 체결 프로세스가 재가동되더라도 한국을 완전히 배제하고 미국과의 일대일 평화협정과 관계 개선 노력을 시도할 가능성이 있다. 북한 핵무력이 강해질수록 한국 무시 전략은 더 선명해질 것으로 예상된다. 북한이 핵무력을 강화하는 이유는 미국의 적대시 정책 철회와 한반도에 대한 영향력을 완전히 제거하는 것이며, 이러한 목표는 당분간 쉽게 변하지 않을 것이다. 남한은 평화협정의 대상이 아니라 북한이 말하는 소위 '조선반도 통일전쟁'의 상대일 뿐이다. 남한과의 협력은 북한식 조국 통일 완성을 위한 전략적 동거 정도로 생각할 수 있다. 물론 지나친 걱정과 우려로 치부할 수 있지만, 반드시 기억해야 할 진실이다.

세 가지 가능성은 추론이고 예측이다. 이런 상황이 발생하지 않도록 노력하는 것이 중요하다. 북한의 강력한 핵무장 드라이브는 틀림없이 예사롭지 않다.

'단계적 비핵화'의 허상과 위험성에 대해

한반도 비핵화 협상은 '일괄 타결' 또는 '단계적 비핵화 타결' 방식으로 크게 나눠진다. '일괄 타결' 방식은 미국이 견지하고 있는 해법으로, 한꺼번에 합의하고 한꺼번에 시행하는 '동시 핵 폐기' 방식이다. 신고와 동시에 즉시 검증을 시작하고, 병행해서 핵시설과 핵무기에 대한 폐기에 들어가는 것이다. 미국은 또 같은 시점에 제재 해제, 경제 지원, 종전선언, 한미합동훈련 영구 중단, 주한미군 감축 또는 철수 등과 같은 상응 조치를 동시에 시행하게 된다.

'단계적 · 상호주의적 비핵화 방식'은 북한이 오랫동안 선호해온 방식이다. 하노이회담 때 제안된 소위 '영변 플러스 알파(+α)'처럼 북한이 동결, 신고, 검증 등 비핵화 초기 단계 조치를 시차를 두고 단계적으로 이행하면, 미국이 그에 상응하는 조치를 취하는 방식이다.

북한은 과연 핵무기와 핵물질 및 은닉된 핵시설(비밀 우라늄 농축시설) 등의 정확한 위치를 모두 신고하고 국제사회의 검증을 받을까?

답은 부정적이다. 북한 핵 능력이 증대될수록 '일괄 타결' 가능성은 점점 더 희박해질 것이다.

이런 상황과 연계돼 북핵 전문가 이용준이 쓴 책 속에 '위장된 비핵화'라는 용어와 함께 의미 있는 메시지가 있어 이를 재구성해 소개한다. 미국이 일부 북한의 단계적 비핵화를 수용하게 되고 협상이 극적으로 타결된다. 다시 말하면 **'위장된 비핵화'** 합의와 이행단계로 전환된다. 아래 그림의 색칠된 부분은 북한이 우선 폐기를 결정한 핵물질과 핵시설이다. 물론 이미 공개 또는 약속되었거나, 사전에 정보

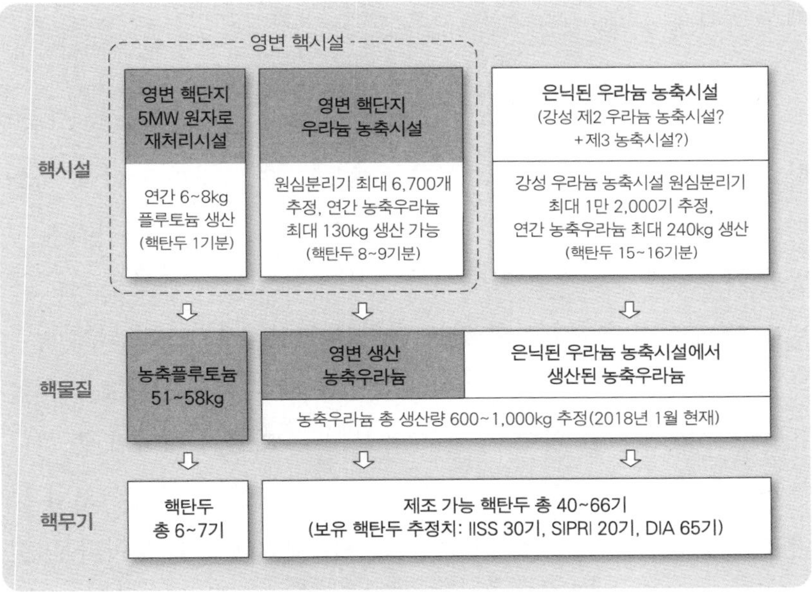

북한의 비핵화 대상 핵시설/핵물질/핵무기
출처: 이용준(2018), 『북핵 30년의 허상과 진실』, 한울아카데미.

가 노출된 시설과 무기들이다. 나머지 대부분은 협상이 거부되거나 합의 불이행이 예상되는 부분이다.

위에 적시한 일명 '위장된 비핵화' 시나리오에는 네 가지 위험성이 함의되어 있어 특별한 경계가 필요하다.

첫째, 한반도의 완전한 비핵화는 물 건너가고, 5천만 민족은 영원히 북한 핵을 머리에 이고 살아야 한다. 위 그림의 색칠된 부분은 전체 중 극히 일부 핵시설과 핵물질이다. 차기 협상을 전제로 많은 반대급부를 챙긴 북한이 더 이상 핵 폐기에 응할 가능성은 매우 희박할 것이다. 결과적으로 완전한 비핵화는 말장난으로 끝날 가능성이 매우 크다.

둘째, 미국이 실제로 자국 이해를 최우선으로 고려하면서 이러한 '위장된 비핵화' 옵션을 기꺼이 받아들일 수 있다는 것이다. 북의 핵 능력은 점점 강화되고 있고 한반도에서 4차, 5차 북핵 위기가 재발할 가능성은 증대되고 있다. 4차, 5차 북핵 위기의 본질은 미국 본토를 핵으로 선제타격할 수 있는 능력을 현실적으로 보유하게 된다는 것이다. 실질적인 레드라인이 도래했을 때 미국은 그대로 위협을 용인할 수밖에 없을 것이고, 군사 옵션 또는 외교적 대타협 중 하나를 선택해야 하는 상황을 강요받을 것이다. 결국 ICBM, SLBM 등 미 본토를 타격할 수 있는 핵 능력을 우선 제거해야 할 것이다. 이런 전략핵을 포괄해 '위장된 비핵화' 협상은 빅딜이라는 거창한 용어로 포장돼 타협될 것이다. 그런 경우 한반도는 협상에서 감춰진 잔여 핵과 전술핵무기 등에 무방비 노출된 채 후손들은 전 세계에서 가장 위험한 지역에서 살아가야 할 수도 있다.

셋째 위험은 한국의 5년제 단임 대통령 중심 정치체제는 '위장된 비핵화' 옵션을 선뜻 받아들일 유혹에 빠질 가능성이 아주 높다는 것이다. 한국 정치는 잦은 선거와 표심, 여론에 심하게 요동친다. 새로운 정권 창출을 위해서는 어떤 성과든 필요할 것이다. 이때 북핵 문제 빅딜 성사는 대형 호재이자 유혹이 될 수 있다. 북핵 문제에 대한 정치화를 특별히 경계해야 하며, 북핵 문제에 우리 국민의 더 많은 관심이 필요한 이유다.

넷째, 협상이 타결된 이후 핵 폐기화 단계에서 예상되는 천문학적 비용과 기나긴 폐기 기간이 가져올 부담을 거의 주목하지 않는다는 것이다. 일반적인 핵무기 폐기는 4단계 절차로 진행된다.

① 폐쇄 단계: 핵시설 가동 중단 및 이를 확인하는 봉인과 사찰, 검증 조치
② 불능화 단계: 핵무기 및 시설 분해, 즉각적인 사용 거부상태로 만드는 것
③ 폐기 단계: 관련 시설을 모두 파괴하고 제거해서 프로그램을 되돌릴 수 없는 단계로 만드는 것
④ 해체 단계: 시설 폐기 후 안전을 확보하고, 방사성 오염물질 완전 제거 및 다른 용도로 전환하는 것

북한 내 핵시설 전체이든 부분이든 핵 폐기를 위한 기간은 짧게는 10년 길게는 반세기 이상이 걸릴 것이라는 의견이 지배적이다. 비

용 또한 천문학적일 것이다. 미군 기지 유류 오염지역 정화에 평균 10년 이상이 걸리는 것을 고려한다면 충분히 짐작할 수 있다. 일부에서는 정치적 의지만 합치된다면 핵시설 폐기 자체는 체르노빌 원전의 선례처럼 원자로의 노심 등 핵심 부분에 콘크리트를 부어 영구히 불능화시키는 방식을 택할 경우 그렇게 오래 걸리지 않을 것이라는 의견도 있다. 긴 폐기 기간 및 과정에는 방사능 오염사고와 각종 폭발사고, 핵물질 도난 등 예측하기 어려운 변수들이 수없이 발생할 것이다. 특히 폐기 프로그램 진행 중에 과거 KEDO 경수로 건설 사업처럼 중단되는 위험도 분명히 존재할 것이다.

지난 30여 년 북핵 정책의 실패 책임은 누구에게 있는가? 미국인가, 한국 정부 당국인가? 비핵화 정책 추진의 실패에서 발생하는 모든 위험은 누가 최종 감내해야 하는가?

정답은 하나. 당연히 한국이다. 북핵 해결의 모든 책임과 결과, 그리고 위험을 감내할 대상은 절대 미국이 될 수 없다. 한반도의 주인인 한국 그리고 한국인이다.

미래를 스스로 선택할 수 없는 나라(국민)에 대해 상대는 크게 두려움을 느끼지 않을 것이다. 통미봉남通美封南은 이 시대의 가장 무서운 용어이자, 북한의 장기적이고 치밀한 전략이 숨겨진 음모의 단어라 생각한다.

대한민국의 미래에 대한 진지한 성찰과 고민이 필요하다.

02

1994년, 영변 폭격계획 취소와 함께 사라진 군사 옵션

영변… 평양 북방 80km에 위치.
한국인에게는 두 얼굴을 가진 도시(지명)로 기억된다.

하나는 한국의 대표 시인 김소월이 1925년 발표한 시 「진달래꽃」에 등장하는 아름다운 영변이다.

나 보기가 역겨워
가실 때에는
말없이 고이 보내 드리오리다

영변(寧邊)에 약산(藥山)
진달래꽃
아름 따다 가실 길에 뿌리오리다 (중략)

또 하나는 북한 핵 개발의 상징으로, 한국인에게는 가장 안타깝고 슬픈 영변이다. 1960년대 소련의 기술지원을 받아 원자력연구소가 설립되고, 1985년부터 영변 핵 발전소가 가동된다. 플루토늄 재처리시설과 고농축 우라늄 생산시설 등 390개 이상의 핵물질 생산 건물이 밀집해 있는 것으로 알려져 있다.

2008년 영변 핵시설 냉각탑 폭파 장면이 CNN으로 생중계되면서 전 세계인에게 '핵의 도시'로 알려지게 됐다.

미국, 북핵 문제 해결책으로 군사행동military attack 옵션 검토(1994): 영변 핵시설 정밀 폭격계획 수립과 취소

1993년부터 1994년 10월 21일 제네바합의 체결 전까지를 '1차 북핵 위기'로 통칭한다.

미국 첩보위성과 IAEA는 영변 일대에서 핵물질 추출 흔적을 발견하고 2개의 은폐된 미신고 폐기물 저장시설에 대한 특별사찰을 요구했지만, 북한은 이를 거부하고 NPT 탈퇴라는 초강수로 맞서면서 위기가 고조된다. 미국과 IAEA 등 국제사회의 2년여에 걸친 외교적 노력은 한계에 부딪혔고, 미국은 군사적 대안을 검토하기 시작했다.

당시 미국의 클린턴 대통령은 회고록에서 "1994년 3월 하순 북한의 심각한 핵 위기가 시작됐다. (중략) 전쟁을 불사하고서라도 북한의 핵무기 개발을 중단시켜야 한다고 결심했다"라고 기록하고 있다.

실제로 6월부터 백악관에서는 최후의 외교적 노력과 제재 안, 주한미군 증강방안, 서울 거주 미국인 철수 방안 등이 본격 논의됐고, 페리Perry 국방장관과 존 샐리캐슈빌리John Shalikashvili 합참의장은 클린턴과 고위 관료들에게 영변 정밀폭격 계획인 '오시라크Osirak 옵션'을 브리핑했다. '오시라크'라는 용어는 1981년 6월 7일 이스라엘이 전격 단행한 이라크 오시라크 원전 폭격계획인 일명 '바빌론 작전'에서 가져온 말이다. 이때 이스라엘은 F-16A 전폭기 8대와 호위기 6기로 이루어진 공격 편대로 불과 2분 만에 원전 타격에 성공했다.

이해를 제고하기 위해 갈루치* 회고록과 CNN 방송(1999. 10) 내용을 토대로 '오시라크 옵션' 내용을 간략히 재진술해본다(필자가 개인적으로 정리한 내용임).

▷ 영변의 재처리 핵시설만 공격하는 안

북한 핵 프로그램을 몇 년 뒤로 후퇴시킬 수 있고, 방사능 누출 가능성이 낮으며, 북한이 전면전으로 대응할 가능성이 상대적으로 낮다고 평가함. 그러나 당시 예상한 핵탄두 1~2기를 만들 수 있는 핵물질이 재처리시설 내에 반드시 있다는 정보가 불확실하고, 한국과 일본 등 동맹국의 지지 획득이 의문이라고 판단.

* 로버트 갈루치(Robert L. Gallucci) 전 미 국무부 차관보, 1990년대 미 북핵 특별대사.

▷ 영변 재처리시설, 5MW 원자로 공격 후 연료봉 저장고 같은 다른 핵 관련 시설까지 확장해 동시 타격하는 안

핵 프로그램에 치명적 타격을 줄 수 있으며, 이를 회복하는 데도 긴 시간이 소요될 것으로 예상되지만 방사능 누출 우려가 급증하고, 북한의 보복과 전면전 가능성이 매우 높다고 평가. 따라서 전면전이 불가피하다면 다음의 3안을 채택하는 것이 바람직한 것으로 평가.

▷ 2안의 핵 관련 시설 확장 타격과 주요 군사시설을 동시 타격하는 안

핵시설 외에 주요 군사시설까지 타격 범위를 확장함으로써 북한의 예상 대응 여력을 사전에 무력화시킨다는 계획으로 사실상 한반도 전쟁계획인 '작전계획 5027' 전면 시행을 염두에 둔 것으로 평가할 수 있음.

1994년 봄부터 가을까지 긴박했던 한반도발 위기론, 전쟁 발발 분위기는 카터James Earl Carter Jr. 전 미국 대통령의 평양방문과 김일성 면담(6. 16), 김일성 사망(7. 8), 제네바합의(10. 21) 등 역사적 사건들과 함께 일단락됐다. 영변 핵시설 정밀 폭격 계획도 당연히 취소됐다.

영변 핵 폭격 중지는 40년 만에 한반도에서 재발할 수 있었던 전쟁을 막았다. 클린턴Clinton 대통령은 자서전에서 "전쟁이 일어날 경우 양측이 입을 막대한 피해 규모에 관해 정신이 번쩍 드는 보고를 받았다. (중략)"라고 표현했다. 정신이 번쩍 드는 보고에 대한 추가 언급은 없었지만, 전쟁을 피했다는 것은 다행한 일이었다.

金日成- 카터 3시간 회담

核문제 깊이 논의

잔류사찰단 2명 추방 안해

오해 풀리면 外交수립 가능

"한반도 전쟁 中 자동개입

金日成 사망

8일 새벽2시 급환으로

북한 중앙방송 사망34시간만에 발표

「死因 심근경색·장례식 17일 조문사절 안받아」 발표

朝鮮日報 號外 1994年 7月 9日

1994년, 한반도의 역사적 사건(조선일보 보도문)

북핵 문제 해법으로 처음 고려된 군사적 옵션인 '영변 핵 폭격'은 우리에게 여러 함의를 주고 있다. 특히 북한의 핵무장력이 계속 강화되는 현시점에서 아래의 두 가지 시사점은 새로운 시각으로 주목되기를 기대한다.

첫째, 영변 폭격 옵션 검토(1차 북핵 위기)를 전후해 북핵 문제를 주도하고 지원하는 관계가 한국에서 미국으로 바뀌었다. 즉, 1차 북핵 위기가 발생하자 미국이 주도적 역할을 수행하게 됐다. 이때부터 한국의 미국 의존도는 갈수록 높아졌고, 북한의 통미봉남 정책도 본격화된다.

다음 그림은 1993년 전후 노태우 · 김영삼 정부의 북핵 관련 주

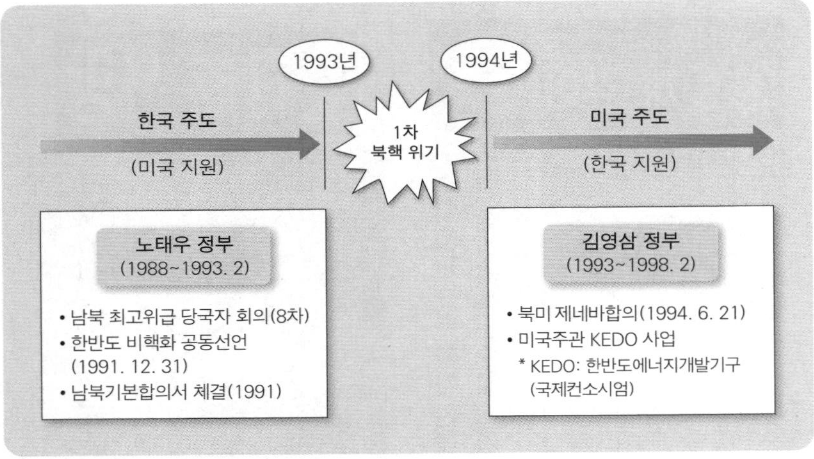

북핵 관련 정책 추진 도표

요 정책을 비교한 내용이다. 노태우 정부 시대 미국은 북한과 직접 접촉을 자제했고, 한국 정부도 강하게 그것을 원했다. 김영삼 정부에 들어오면서 이런 기조는 바뀌게 된다. 결정적 계기는 역시 1차 북핵 위기다. 위기가 발생하자 한국 정부는 미국이 더 큰 역할을 해주기를 기대했다. 북한 역시 1989년부터 1990년 초 구소련과 동구권이 몰락하면서 체제 보장의 필요성이 중요해졌고, 이를 보장받기 위해 미국과의 직접 접촉이 필요했다. 자연스럽게 미국은 한반도 북핵 문제를 전체적으로 주도하게 되었다.

이런 변화는 사실 1990년대 당시는 예상하지 못했지만, 한국 국민에게는 대단히 중대 사안이었음에 틀림없다. 그 후 북핵 정책 추진 과정에서 한국은 손님의 입장이 돼버렸다. 최근 제기되고 있는 한반도 운전자론, 북미 협상의 윤활유 역할 등의 표현이 나오는 이유는 이런 배경을 가진다. 북핵 문제를 마치 북미 간의 문제이고 한국은 당연히 관찰자 또는 구경꾼처럼 생각하는 것은 위험한 것이고, 경계해야 한다. 북핵 문제는 한국 문제다. 주체는 한국인이어야 한다.

'한반도 문제를 언제까지 미국에 맡길 것인가?'
'미국은 반드시 북핵 문제를 해결할 것이라고 확약했는가?'

1차 북핵 위기 발생 이전에 북핵 문제를 한국이 주도했던 시절이 있었다는 것을 꼭 기억해야 한다. 어쩔 수 없다고 말하는 것은 무능하고 책임 회피다.

둘째, 군사적 관점에서 볼 때, 1994년 영변 핵시설 정밀폭격은 반드시 실행했어야 했고 성공할 수 있었다고 생각한다. 앞으로 북한 상황이 급변하지 않는 한 북핵 시설 선제타격 같은 군사 옵션 선택은 극히 제한될 것이다. 만약 1994년 여름에서 가을 사이 영변 핵시설을 정밀타격했다면 제한적인 저항은 있었겠지만, 우려했던 보복이나 전면전으로의 확대는 없었을 것이라 생각한다. 그 이유는 다음과 같다.

① 1989년부터 1990년 초 구소련의 붕괴와 공산권 경제 블록 해체는 전쟁 발발 시 공산권의 북한 지지 및 지원이 제한되는 상황이었다. 특히 중국도 지금과 같은 힘과 여력이 없던 시기였다.

② 당시 북한은 고난의 행군 기간이었다. 대략 300만 명 이상이 아사할 정도로 경제가 최악이었다는 것이 일반적인 평가다. 당연히 전쟁 지속 능력도 최악이었다.

③ 영변 핵시설 정밀타격 계획을 검토하기 시작한 6월 중순, 3주 뒤 김일성이 사망(1994. 7. 8)한다. 전쟁 중 최고지도자의 부재는 전면전이나 확전을 불가능하게 했을 것이다.

④ 당시 북한 핵 능력 및 미사일 능력은 시험단계 정도 수준이었다. 실제 핵 능력은 플루토늄 추출 단계였으며, 핵무기 1~2기 정도를 보유한 것으로 평가되고 있었다. 지나치게 과장됐던 방사능 오염 문제도 영변 지역 일대로 제한될 수 있었을 것이다. 미사일 능력 면에서도 북한의 단거리 스커드 미사일만 전력화된 상태였고, 노동미사일(800~1,000km)은 1993년 시험발사를 막 마친 상태였다. 즉, 제한적인 단거리 미사일 정도의 보복력으로 전면전이나 확전을 시도할 수는 없었을 것이다.

⑤ 한미연합전력은 공군 및 해군 전력 면에서 절대 우세였으며, 재래식 전력 면에서도 우위를 점령하고 있는 상태였다.

물론 지난 역사에 대한 결과론적 가정과 추론이지만, 지금 생각해도 결정적인 군사적 승리를 취할 수 있는 유리한 환경이었다. 김일성은 당시 북한의 능력을 정확히 알고 있었던 것 같다. 카터 전 대통령을 긴급히 평양으로 초대(1994. 6. 16)했고, 핵 동결과 남북정상회담이라는 반전 카드를 사용한다. 한국 정부는 전쟁 위기론에서 너무도 빨리 순간이동해 축제 분위기로 전환했고, 3주 뒤 김일성이 사망하자 '북한 필망론'이 한국 사회 곳곳에 자리 잡게 됐다.

이런 전략적 판단 부재와 안이한 믿음 그리고 희망과 선의에 기대는 대북정책 기조는 아직도 우리 저변에 깊숙이 깔려있다고 생각한다. 그때 영변 핵시설을 폭격했다면 북한의 핵 개발 의지는 무력화됐을 것이고, 지금의 핵무장국 북한, 로켓 강국 북한을 대면하지 않았을 것이다. 월등한 대한민국의 경제력과 재래식 전력, 즉 국방력의 우세는 남북관계를 주도적으로 끌고 갈 수 있었을 것이다.

안타까운 역사를 다시 조명하는 이유는 미래를 대비하기 위함이다.

선제 군사행동은 심각한 위험을 감수해야 한다:
군사 옵션 시행 반대론에 대한 지지

1994년 영변 폭격을 단행하지 않은 미국. 이를 강력하게 주장하지 못한 한국 정부와 군사 당국의 정책 판단은 한마디로 실패였다. 북핵 문제를 군사적으로 끝낼 수 있었던 결정적 기회를 상실한 것에 대한 아쉬움과 안타까움이 크다.

30여 년이 지난 현재 세계 6위의 군사 강국 한국이 북한을 너무 두려워하는 것 아니냐는 주장을 종종 듣게 된다. 대북 강경론과 선제 군사행동(군사적 옵션)을 선호하는 소위 매파의 강경함도 여전히 자리 잡고 있다. 이에 대해 심각한 우려와 경계의 시선을 보낸다. 북한의 ICBM 발사 시 격추론과 강력한 북한 해상 봉쇄론, 2020년 1월 초 이란 솔레이마니 사령관에 대한 드론 피격 같은 방식의 북한 지도부 제거 작전, 군사적 강압에 의한 인위적 레짐 체인지Regime Change 등과 같은 주장들이 그 일면들이다.

군사적으로 핵을 억제하고, 보복 및 반격 능력을 갖추는 것은 대단히 중요하다. 그러나 1994년 계획을 검토했던 영변 핵시설 폭격 같은 선제타격 옵션은 더 이상 한반도에서 선택할 수 없고, 유효하지 않다는 게 필자의 생각이다. 너무 큰 위험과 재앙을 동반할 수 있기 때문이다. 현재 시점에서 군사적 옵션 선택이 얼마나 큰 위험을 가져올 수 있는가에 대해 두 가지 측면에서 정리해봤다.

첫째, 북한의 핵 능력이 1994년 대비 불과 30년도 안 되는 기간에 비교할 수 없을 정도로 강력해졌다(아래 그림에 키워드 중심으로 차이점을 비교함). 이미 북한은 심각한 핵 보복력과 미사일 능력을 보유하고

	1994년 영변 타격 준비 시	2021년 현재
핵물질	- 핵무기 1~2기 - 플루토늄 추출 단계	- 핵무기 35기[•] - 플루토늄 50여 kg - 우라늄 상당량
핵실험	- 핵개발 초기 단계	- 6차 핵실험(원자 + 수소폭탄 제조)
미사일	- 스커드 미사일(전력화) - 노동미사일(시험 발사)	- 스커드 등 탄도미사일 등 9종 1천여 기[••] - 무수단미사일(3천 km, 2017년 배치) - ICBM(1만 3천 km) - SLBM(3천 톤급 잠수함)

1994년 / 2021년 주요 무기 항목 지표 비교

• 미국과학자연맹(FAS), 2020 공식 홈페이지.

•• 최현수 · 최진환 · 이경행(2017), 『한반도에 사드를 끌어들인 북한 미사일』, 경당.

있으며, 만약 한미연합군이 선제타격한다면 심대한 보복 위험을 감수해야 한다.

1994년만 하더라도 북한은 핵 개발 초기 단계였으며, 핵탄두를 장착한 미사일을 보유하고 있지 않았고, 재래식 미사일 전력도 지금처럼 강하지 않았다. 한미연합군이 선제타격했다면, 재래식 무기로 대응할 수밖에 없는 상황이었다.

그러나 지금은 스커드, 노동, 무수단, ICBM, SLBM 등 다양한 탄도미사일을 보유하고 있고, 2021년 4월 UN 대북제재위 전문가 패널단은 북한의 전체 미사일에 소형 핵탄두 장착이 가능한 것으로 보고하기도 했다. 또 미 본토를 타격할 수 있는 화성-15형, 신형 ICBM(화성-16형으로 불리기도 함)의 무기 신뢰도는 점점 증가하고 있다. 이런 상황에서 과연 지금 군사적 옵션 선택이 가능하겠는가?

둘째, 위험을 감수하면서까지 군사행동 옵션(2021년 영변 폭격 상황 재연 등)을 선택한다면, 말 그대로 한반도는 재앙을 맞이할 것이다. 즉, 한반도에 핵전쟁이 일어날 수 있다는 의미다.

가장 가능성 있는 시나리오는 전술핵무기를 사용한 제한적인 타격과 보복 작전이 전개될 가능성이 크다고 생각한다. 미국은 우선 스마트 전술핵폭탄(B-61 계열)을 사용해 기계획 표적인 북한 주요 핵시설에 동시 선제타격을 계획할 것이다. 미국의 선제 피격을 받은 북한은 아마도 비례성 원칙에 입각해 신형 단거리 핵미사일 북한판 이스칸데르 KN-23(최근 시험 중)을 이용해 미군 기지와 한국 국방부 등 주요 시설을 정밀 보복 타격하게 될 것이다.

상황이 악화되거나 극단적 열세에 몰린 북한이 다음 단계로 택할 수 있는 최악의 상황은 서울 상공에 20kt급 정도(일본 나가사키에 투하된 원자폭탄이 21kt였음)의 일반 핵무기를 투하하는 시나리오다. 이런 상황을 한국국방연구원 시뮬레이션 결과에 적용•한다면, 최대 300만 명 이상의 민간인 사상자가 대량으로 발생할 수도 있다. 적어도 선제 군사행동을 계획하려면 사전에 이런 끔찍한 재앙 수준의 위험을 감수할 준비를 해야 할 것이다. 아래 논문•• 내용은 가상 시나리오를 이해하는 데 도움이 될 것이다.

현재 저강도 핵무기는 B61 전술 핵폭탄이 대표적이다. B61은 0.3~350kt으로 위력이 다양하다. 북한의 핵시설 5곳을 저강도 B61 핵폭탄으로 정밀타격하면 방사능 낙진의 확산으로 인한 인명 피해를 100명 미만으로 극소화하면서 95% 이상의 확률로 목표물을 파괴할 수 있다. 455kt 규모의 W88 핵탄두를 사용했을 때 200~300만 명의 인명 피해가 발생하는 것과 대비된다. B61 전술 핵폭탄 중 최신형인 B61-12는 정확도가 30m 이내여서 족집게 정밀타격이 가능하다. 종전 B61 계열 핵폭탄의 정확도는 100m였다. B61-12는 땅속으로 뚫고 들어가 깊이 100m 이상의 지하벙커를 파괴하며 낙진 피해도 최소화할 수 있다. 그래서 '핵 벙커버스터Nuclear bunker buster'로도 불린다.

• 한국국방연구원(KIDA), 「국군 화생방방호사령부의 역할 제고 방안」. KIDA에서 국회 이철희 의원에게 보고한 내용이다. 중앙일보, 2017. 10. 16 참조.

•• 하버드대 벨퍼센터(Belfer center)가 발행하는 2017년 『국제안보』 봄호에 케어 리버(Keir A. Lieber) 조지타운대 교수가 기고한 논문을 발췌하였다.

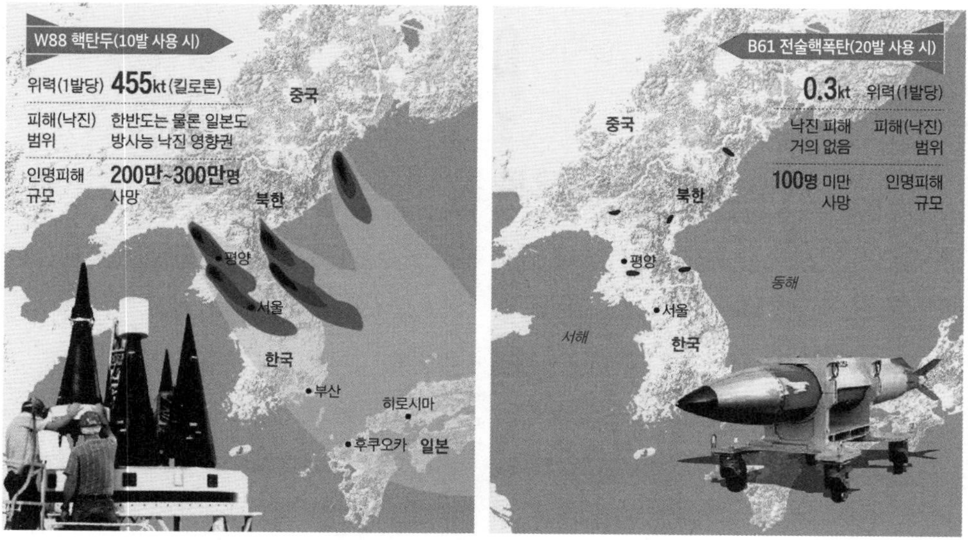

일반 핵무기와 저강도(저출력) 핵무기 비교

출처: 미 하버드대 벨퍼센터, 『국제안보』 2017년 봄호.

따라서 한반도에서의 군사행동 옵션은 채택되기 어렵다. 예를 들어 미국의 '핵 벙커버스터'를 쓸 수 있는 상황은 상대(북한)가 잃을 것이 많거나 특별한 보복 대응 수단이 없을 때 사용될 수 있는 카드라 생각한다. 하지만 북한은 미국과 한국을 70년간 주적으로 삼아 전쟁 준비를 해왔다. 지금 북한은 세계 아홉 번째 핵보유국이고, 다양한 핵 보복력을 이미 구비하고 있다. 미국의 '핵 벙커버스터'는 훌륭한 무기지만, 한반도에서 선제타격용으로 사용하기에는 여러 상황상 제한될 것이다. 지난 1994년 영변 핵시설 정밀폭격을 하지 못한 것이 두고두고 아쉬운 이유다.

03

비전문가의 시선으로 본 대북 제재 소고小考

2021년 1월, 8차 노동당대회에서 북한은 지난 5년간 경제 분야가 실패한 이유를 아래와 같이 적시하면서(김정은 사업총화) 대북 경제제재에 대해 강하게 비판했다.

국가경제발전 5개년 전략수행에 영향을 미친 객관적 요인 분석

① 미국과 적대세력들이 감행한 최악의 야만적인 제재 봉쇄 책동

② 해마다 들이닥친 혹심한 자연재해

③ 2020년 발생한 세계적인 보건 위기COVID-19의 장기화

이 세 가지 사항은 북한의 경제 사업에 심각한 장애가 됐고, 이로 인해 주요 경제 부문에서 계획했던 국가적 투자들과 보장사업들이 제대로 실행되지 못했다.

북한이 최악의 야만적인 제재 봉쇄 책동이라고 비난하는 대북 제재는 여섯 차례의 핵실험과 미사일 시험을 할 때마다 UN · 미국 · 일본 · 한국이 중심이 되어 만든 압박카드이고, 핵 및 대량살상무기 WMD, 경제 분야 전반에 걸쳐 제재 수위를 단계적으로 끌어 올려 지금에 이르고 있다.

대북 경제제재는 북한 비핵화를 위한 최상의 옵션인가?

중국과 러시아는 부정적이다. UN 안보리 승인이 된 제재만 유효하고, 미국, 일본 등 개별 국가의 제재는 불법이라는 입장이다. 미국은 비핵화를 위한 특별한 진전이 없는 한 강력한 제재 카드는 계속돼야 한다는 입장인 것 같다. 바이든 정부의 백악관 대변인은 공식 브리핑에서 "북한의 핵 탄도미사일과 기타 확산 관련 활동이 의심할 여지 없이 국제평화와 세계 안보에 심각한 위협이라는 게 바이든 Biden 대통령의 관점"이며, "미국 국민과 동맹의 안전을 지키기 위해 새로운 전략을 채택할 것"이라고 말했다. 8차 노동당대회에서 북한이 발표한 '핵 억제력 강화'와 '핵능력 고도화'를 위한 로드맵을 중대하게 보고 있다는 뜻으로 해석된다. 미국의 대북 압박 기조가 견고하게 유지될 것으로 전망되는 분위기는 2020년 12월 개최된 전략국제문제연구소CSIS 화상 세미나에서 알렉스 웡Alex Wong 미 국무부 대북정책 특별 부대표의 발표내용에서도 이미 감지됐다.•

• "미 '대북제재 옥죈다' 제재 위반제보에 500만$ 포상금", 파이낸셜뉴스, 2020. 12. 2.

전략국제문제연구소 세미나, 알렉스 웡의 발표(요약)

① 그동안 테러 자금 조달과 대량살상무기 획득, 대북 불법행위 등을 총괄적으로 다룬 '사법정의를 위한 현상금 프로그램(RFJ)' 사이트를 운용했고, 2019년 6월부터 대북 제재 위반사례 제보 시 포상금 지급제도 신설

② 2020년 북한의 불법행위를 특정해서 신고할 수 있는 웹사이트를 개설했으며 자금세탁과 사치품 대북수출, 대량살상무기 확산을 지원하는 사이버 행위 등 대북지원 활동에 관여하는 금융체계를 붕괴시키는 정보를 제공할 경우, 최대 500만 달러의 포상을 제공한다고 명시

③ 웹사이트는 군사 무기와 관련 기타 물품의 선적행위, 북한 노동자 관련 정보, 북한 정부를 지원하기 위한 자금세탁 등 여덟 가지 분야에서 대북제재 회피 행위에 관한 정보 수집

미국 국무부가 공개한 대북제재 위반 제보 포스터

출처: 미국 국무부.

한국 사회에는 두 가지 의견이 팽배하다.

하나는 김정은이 핵을 가지고 있다가는 자신이 진짜 망할 수 있다고 생각할 때만 핵을 포기할 수 있기 때문에 김정은을 그쪽으로 몰고 갈 유일한 수단은 대북 제재뿐이라는 적극적인 대북 제재 지지세력이다.

또 한쪽은 남북 화해 협력을 중요하게 생각하는 세력으로, 단계적 비핵화 합의와 적절한 제재 완화가 병행될 때 한반도 비핵화가 진전될 수 있으며, 궁극적으로 평화를 가져올 수 있다고 주장한다.

현 정부(문재인 정부)는 인도주의적 문제는 대북 제재 대상에서 제외돼야 한다는 입장을 견지하고 있다. 최근 세미나에서 통일부 장관은 "북한의 반발 등 변수가 생기지 않도록 남북 철도나 도로 등 비상업용 공공 인프라 영역이나 금강산 개별관광 등에 대해 국제사회가 제재를 풀어주는 데 공감대를 형성할 수 있기를 기대한다"•라고 말한 바 있다. 한국 정부의 입장이 국제사회의 공감을 얻기는 쉽지 않을 것이다. 또 8차 노동당대회에서 "방역 협력과 인도주의적 협력, 개별관광 등은 북남 관계 개선의 비본질적인 문제"라고 평가절하하고 있는 북한과 하노이회담(2019. 2) 이전 상태로 돌아가기는 아무래도 어려울 것 같다. 김정은은 이미 미국 대통령과 일대일 정상 대화를 세 번이나 한 거물(?)이 됐으며, 미국과 직접 소통하는 창구와 방법을 잘 알고 있어서 더 그럴 것이다.

• 미국 하와이대 한국학연구소 주최 온라인 세미나, 2021. 2.

대북 제재 효과에 대한 상반된 의견들

대북 제재는 강력한 압박수단이다. 북한을 최대한 불편하게 해서 대화 테이블로 나오게 한 다음 비핵화를 위한 담판을 짓겠다는 것이다. 그런데 이것이 제대로 작동되지 않는지 최근 들어 대북 제재 효과에 대해 이런저런 의견이 많다. 국제사회의 대북 제재는 15년 이상의 역사를 가지고 있다. 6번의 핵실험과 미사일 시험발사와 연계돼 2006년 이후 10차례 유엔 안보리 결의안이 가결됐다.

2016년 이전(2270호 이전) 제재 결의안은 대부분 핵 또는 대량살상무기WMD 관련 제재이고, 북한 민간경제에 직접 영향을 미치는 내용은 없었다. 그러나 2016년부터는 초점이 경제 일반을 대상으로 하

UN의 대북(경제)제재 결의안(10)

UN 결의안	1718호 (2006. 10. 14)	1874호 (2009. 6. 12)	2087호 (2013. 1. 12)	2094호 (2013. 3. 7)
관련 사건	1차 핵실험	2차 핵실험	장거리 로켓 발사 (은하 3호 계열)	3차 핵실험

UN 결의안	2270호 (2016. 3. 2)	2321호 (2016. 11. 30)	2356호 (2017. 6. 2)	2371호 (2017. 8. 5)
관련 사건	4차 핵실험	5차 핵실험	무수단 중거리 미사일 발사	ICBM급 미사일 발사

UN 결의안	2375호 (2017. 9. 11)	2397호 (2017. 12. 22)
관련 사건	6차 핵실험	ICBM급 미사일 발사(화성-15형)

기 시작했고, 북한 수출품 제재로 확대되기 시작했다. 본격적인 제재가 시작된 2017년 후반기 3개 유엔 결의안은 원유 공급 동결, 석유 정제품 제한 등 대북 수출입 규제 등 강력한 경제제재 내용을 담고 있다.

대북 제재 유용론 의견에 대해

'대북 제재 유용론'을 주장하는 사람들은 제재가 북한 경제 성장의 발목을 완전히 잡고 있으며, 조금만 더 압박을 계속하면 견딜 수 없는 상태가 될 것이라는 의견이다. 몇 가지 경제지표가 이를 뒷받침하고 있다.

우선 대중국 무역 부문이다. 북한의 대중국 무역의존도는 90% 이상으로 중국과의 교역이 거의 전부라 생각해도 지나치지 않을 것 같다. 다음 표에서 2018년도 중국 수출이 전년 대비 88%까지 급감한 것은 중국의 대북 제재 참여 때문인 것으로 평가된다. 특히 2020년 4월까지의 북중 교역은 코로나로 인한 국경봉쇄 장기화가 더해지면서 전년 대비 90% 이상 감소한 2,400만 달러 수준으로 나타나고 있다. 북한 경제 전반이 매우 어렵고 주민 생활의 고통이 매우 크다는 것을 시사한다. 북한 최고지도자가 이례적으로 일반 주민에게 경제의 곤궁함과 경제 정책 실패를 직접 사과하게 된 근본 이유가 아닌가 생각된다.

북한의 대중국 무역 추이(2016~2020. 4)

(단위: 백만 달러, %)

		2016	2017	2018	2019	2020. 1~2	2020. 3	2020. 4
수출 (A)		2,634.4	1,650.7	194.6	208.5	10.7	0.6	2.2
		(6.1)	(-37.3)	(-88.2)	(7.2)	(-71.7)	(96.2)	(-90.09)
수입 (B)		3,192.0	3.328.0	2.217.1	2,588.7	197.2	18.0	21.8
		(8.3)	(4.3)	(-33.4)	(16.8)	(-23.6)	(-90.89)	(-90.03)

주 1) 2016~2019년의 증감량은 전년 대비, 2020년 월별 데이터 증감량은 전년 같은 기간 대비.

주 2) 김연철(2020. 11), 「포스트 코로나 시대, 남북교류협력 전망」 강의록 참조.

UN 제재로 북한은 수출과 해외 인력 파견이 제약받고, 내수생산을 위한 원·부자재의 공급 제한으로 경제는 최소한의 자급자족으로 유지되고 있다고 평가되며, 2020년까지 4년째 마이너스(-) 성장

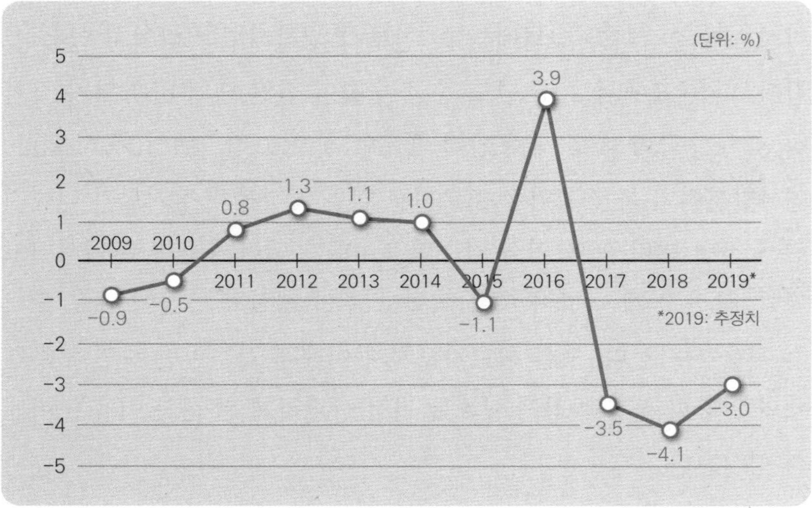

북한 GDP 성장률 추이

출처: 한국은행.

이 예상된다. 일부에서는 1990년대 초와 같은 고난의 행군을 맞이할 수 있다고 전망하기도 한다.

김정은의 국가 주도 대외개방정책의 상징인 외국 자본 유치 및 합작사업 추진은 시작도 하지 못하고 좌초 위기에 빠졌다. 유엔 대북제재 결의안(2375호, 2017. 9. 11)에 의해 북한 내 모든 합작사업 중단 및 금지조치가 적용되고 있다. 외국인 투자금지, 북한과의 금융기관 폐쇄는 물론 무역을 위한 공·사적 금융지원 금지까지 아우르는 포괄적 제재다. 이에 따라 전국 각지에 특수경제지대•를 창설해 외국인 투자유치를 유도하고 특수경제지대 내 발전 경험을 국내에 확산한다는 김정은의 '단번 도약' 전략은 큰 타격을 입은 것으로 평가된다.

2017년 이후 강력한 경제제재는 대외무역 분야에도 직접적인 타격을 준 것으로 확인된다. 무역의 급격한 감소는 북한 경제에 직접적으로 타격을 줘 경제 활력을 약화시키는 주요인으로 작동했고, 외국인 투자금지는 특수경제지대 창설을 통해 외부자본과 기술 유치를 통한 고도 경제 성장(단번 도약)을 실현하려던 북한의 전략에 심대한 차질을 야기했다. 전문가들은 향후 경제개발 5개년 계획 추진 기간 실질적인 어려움에 봉착할 것이며, 자력갱생과 내수 주도형 경제 성장에 머물 수밖에 없을 것으로 전망하고 있다.

• 외국인 투자유치를 통한 경제발전을 모색하기 위해 기존에 만들었던 경제특구 외에 전국 각지에 수십 개의 경제개발구를 창설해 개방을 주도하게 하였다.

장기 제재 대비, 최소한의 생존 동력을 확보한 상태라는 의견에 대해

미국과 비핵화 협상을 시작하면서 북한은 미국의 제재 중 일부가 우선 해제되기를 기대했다. 하지만 하노이 북미정상회담이 노딜로 끝나면서 조기 해제에 대한 기대를 완전히 포기한 것으로 보인다. 북한은 8차 노동당대회에서 국가경제개발 5개년 계획을 발표하고, 국가적 · 계획적 · 과학적 자력갱생 기치를 내걸며 자력갱생과 자급자족 경제를 강조하고 있다. 고강도 대북 제재는 북한 경제에 심각한 타격을 주고 있는 것은 사실이지만, 북한은 이에 맞서 장기간 버틸 수 있는 체제 내구력을 이미 확보했다는 증거들이 여러 경제지표와 활동에서 확인된다.

북한에서 식량문제는 대단히 중요하다. 8차 노동당대회에서도 식량 자급자족이 국가의 중대 목표이며, 이를 위해 종자 혁명과 과학농사, 저(底)수확지에서의 증산, 새 땅 찾기와 간석지 개간 등 농촌정책이 집중 제기됐다. 2019년 기준, 북한의 쌀과 보리 등 식량 작물 생산은 464만 톤으로 전년 대비 1.8% 증가했으며 남한(438만 톤) 대비 26만 톤이 많고, 쌀 생산(224만 톤)은 남한의 3/5 수준으로 2018년보다 4만 톤 증가한 것으로 나타나고 있다.•

우리는 종종 북한을 1990년대 초 고난의 행군 시절(아사자 300만 명 추정)과 비교하는 오류를 범한다. 1990년대 식량 생산량 350만 톤과 비교 시 지금은 100만 톤 이상 더 많이 증산하고 있고, 탈북자 조사 결과 결식 경험자는 5% 미만이라는 점까지 고려한다면, 제재가

• 통계청(2020. 12), 『2020 북한의 주요통계지표』.

북한정보, 북한시장: 함경북도 양강도 최신물가 정보 기준

조사일	2019년 1월	2019년 4월	2020년 2월	2020년 10월
쌀 가격 (1kg당)	5,000원	4,200원 (중국산 수입)	5,670원 (762.7원)	4,541원 (647.52원)

출처: 아시아프레스

장기화된다 하더라도 북한 주민이 먹고사는 문제는 크게 영향을 받지 않을 것으로 짐작된다. 당연히 북한 내 쌀값도 안정적이다.

북한은 필사적인 외화 획득 원천 개발을 위해 전력을 다하고 있다. 우선 대북 제재 대상이 아닌 관광산업 활성화를 위해 외국 관광객 유치를 위한 관광 상품 개발 및 서비스 개선과 적극적인 홍보사업을 추진하고 있고, 김정은의 지휘 아래 전국 곳곳에 대규모 관광단지 개발에 힘을 쏟고 있다. 또 금 채취를 통한 외화 확보를 위해 주민에게 사금 채취를 허용해줄 정도로 역점을 두고 있다. 금은 대북 제재 대상으로 수출이 금지되어 있지만, 밀무역 등으로 손쉽게 거래할 수 있다는 점에서 중점 관심 물품이 됐다. 참고로 한국은 금을 거의 수입에 의존하지만, 북한은 세계적인 금 매장국이다.

주요국 금 매장량 및 생산량

구분	남아공	러시아	미국	캐나다	북한
매장량(톤)	6,000	5,800	3,000	1,000	2,000
생산량(톤)	210	185	210	100	2

출처: 2009년 광물자원공사 자료에서 발췌.

주민 생활의 중심으로 자리 잡은 시장은 전국적으로 500여 개(2019년 기준)가 있는 것으로 추정된다.* 종합시장, 이른바 '장마당'은 북한 내 소비재 거래장터로 2003년 공식 허용된 이후 질적 · 양적으로 급성장을 거듭했다. 2010년까지 200여 개가 개설됐고, 김정은 집권 이후 신규시장 23개와 시장 확장 78곳, 시장 이동 25개가 있었던 것으로 확인된다.** 이런 시장 기능은 코로나19 사태가 종식되고 중국 국경봉쇄가 해제되면 활력을 되찾을 것이고 북한 밑바닥 경제를 견인할 것이다. 북한 당국의 장마당 징세 수입이 연간 5,600만 달러(GDP의 0.19%) 이상이라는 것은 향후 더 큰 성장이 예상되는 대목이다(미 전략국제문제연구소 발표). 이와 함께 2015년 처음 등장한 옥류(2015), 만물상(2016), 은파산(2017), 앞날(2018) 등 온라인 쇼핑몰도 해마다 성장하고 있으며, '만물상'의 경우 2019년 기준 400여 개 기업이 450여 종, 6만여 점의 상품을 판매하고 있고, 모바일 앱 서비스도 제공하는 것으로 알려져 있다.

북한의 시장물가와 환율은 2013년부터 안정세를 보이고, 가장 강력한 대북 제재가 실시된 2017년 이후에도 안정세가 지속되고 있다. 100% 수입에 의존하는 휘발유와 경유는 대북 제재가 본격화된 2017년 큰 폭의 상승세를 보이다가 점차 안정세를 회복했고, 환율도 2013년부터 8천 원대에서 안정적 기조다.

---

* 이종석 · 최은주 편저(2019), 『제제속의 북한경제, 밀어서 잠금해제』, 세종연구소.

** SAIS, 『RFA 주간 프로그램: 하늘에서 본 북한』.

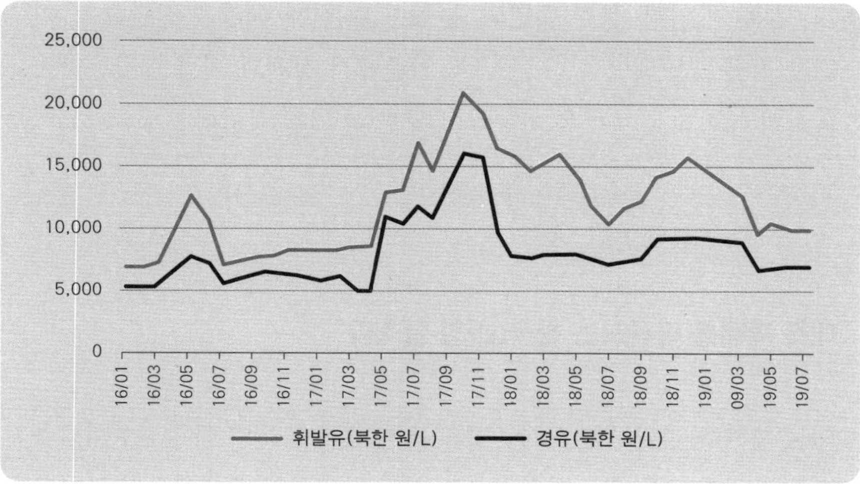

북한의 휘발유와 경유 가격 추이(2016~2019)
출처: 최창호 · 최유정(2019), 『통일정책연구』 28권 2호.

대북 경제제재는 틀림없이 북한 경제를 심각한 어려움에 처하게 만들었다. 반면, 북한은 그러한 제재에 대응해 장기간 버틸 수 있는 체제 내구력을 확보하고, 경제가 붕괴되지 않을 정도의 자체 생존 동력을 이미 확보한 것으로 여러 경제지표와 활동을 통해 확인된다. 과연 일방적인 대북 제재가 언제까지 효과를 발휘할 것인지, 일방적인 대북 제재만으로 비핵화를 달성할 수 있을 것인가에 대한 강한 의문이 드는 이유다.

1인당 국민소득 3만 달러 시대를 살고 있는 우리 국민이 1천 달러 시대였던 1960~1970년대로 돌아가서 살아야 한다면 쉽게 적응하지 못할 것이다. 그러나 지금도 1천 달러 시대(1,287달러, 2019년 기준)를 사는 북한 주민이 체감하는 불편함은 생각보다 크지 않으며, 극복하는 힘 역시 우리와는 다를 것이다.

북한의 입장, 북한 주민의 '눈높이'로 현재 상황을 진단하고, 미래 전략을 고민해야 한다. 우리의 기준에서 정책과 해법을 찾는다면 공허한 메아리로 돌아올 가능성이 훨씬 더 커질 것이다.

대북 제재를 바라보는 한국(인)의 딜레마

대북 제재를 바라보는 시각은 2019년 2월의 하노이 북미정상회담을 전후로 달라진다. 하노이회담 전까지는 강력한 경제제재들이 북한을 더 이상 버티기 힘들게 할 것이라는 강한 믿음이 있었다. 그러나 하노이회담 이후 상황이 급반전되고 있다. 북한은 새로운 자력갱생, 자급자족형 국가 경제개발 5개년 계획을 발표했고 동시에 더 강력한 핵무장국으로 가는 길을 선언했다.

대북 제재는 앞으로도 북한 비핵화를 위한 최상의 옵션이 될 것인가?

한국(인)으로서 갖게 되는 세 가지 딜레마가 있다.

첫째, 대북 제재의 주체는 미국이 이끄는 UN 등 국제사회이고, 한국은 그 일원일 뿐 어떤 독자적 선택이나 행동도 할 수 없다는 것이다. 2006년부터 시작해 15년간 10차례의 UN 결의안이 나오는 동안 우리는 북핵 문제 당사자로서 적극적인 행보를 해왔음에도 여전히 주관자가 아닌 지원자의 역할에 머무르고 있다는 것이다.

둘째, 강력한 제재가 북한 정권을 전방위로 압박해 북한이 어쩔 수 없이 비핵화 협상 테이블로 나오게 될 것이라 생각했는데, 거꾸로 북한 핵무장력이 더욱 강화되고 있다는 점이다. 곤혹스러운 대목이고 대북 제재 효과에 대해 여러 의견이 다양하게 제기되는 이유이기도 하다.

셋째, 현 대북 제재 옵션 이외에 마땅한 대안을 찾기 힘들다는 점이다. 현 정부 일각에서 인도적 지원의 우선 재개 등 남북대화와 협력의 필요성을 적극 제기하고 있지만, 북한의 반응은 본질적인 문제가 아니라고 확실히 선을 그은 상태다. 아마도 메아리 없는 말잔치로 끝날 가능성이 크다. 북한은 벌써 제재의 장기화에 대비한 경제개발 계획과 핵무장 강화계획을 선언하는 등 중 · 장기 전략 노선을 수정했다고 생각한다. 따라서 쉽게 타협하거나 움직이지 않을 것이다.

30여 년간 북핵 문제를 다루면서 형성된 '틀'과 '판'의 딜레마를 해결하기 위해서는 새롭고 전환적인 시선이 필요하다고 생각한다. 당장 무엇인가를 해결해야 한다는 조급증은 오히려 위험할 수 있다. 긴 호흡으로 멀리 내다볼 수 있는 전략적 안목과 인내가 필요할 듯하다.

의지의 싸움, 전략의 싸움이 시작됐다.

북한이 5년, 10년 뒤 더 강력해진 핵무장국이 됐을 때를 대비해 어떻게 할 것인가를 고민해야 한다. 지금의 틀과 판을 벗어나지 못한다면, 또다시 실패할 가능성이 크다.

새로운 길을 찾아야 한다. 아니면 길을 새롭게 만들어야 한다. 그것이 지금의 딜레마를 해결해줄 수 있는 유일한 방법이라고 생각한다.

04

다시 실패하지 않기 위해: 김정은의 생각 읽기

북핵 문제에서 한국의 가장 아픈 부분은 북핵 당사국이면서도 해결의 주체가 아니라 지원 역할이라는 것이며, 미국의 대북 정책에 대한 의견조율과 동참하는 것 이외에 다른 독자적인 대안을 찾기가 어렵다는 것이다.

최근 중국 외교부 자문기구인 상하이 푸단대 국제문제연구원이 내놓은 「2021년 국제전략 보고서: 위기국면과 새로운 국면危局與新局」에 담긴 한국에 대한 혹독한 평가가 눈길을 끈다.

① (중략) 2021년 대선의 해가 시작된 한국은 미중, 북핵 문제에서 무의지 · 무기력 · 역부족의 표류상태다.

② 한국은 한반도 정세를 장악할 능력을 잃었고, 북미 게임에서 비중과 지위가 계속 하락할 뿐 아니라 미중 경쟁에서 양다리 걸치기 책략까지 펼쳐 어려움이 가중되고 있다.

③ 국내문제에서 보수와 진보의 다툼이 사회적 초미의 관심사가 되면서 경제 문제마저 쓸 만한 방안이 없다.

④ 한국의 외교 · 내치 · 경제 모두 북한의 (강경한) 입장 때문에 무한 반복하는 악순환 상태에 접어들었다.

미국 바이든 정부의 북핵 대응 전략은 정교한 외교에 바탕을 둔 실용적 대북정책으로 대변되고 있다. 2021년 5월 21일(미국 시간), 한미정상회담 이후 공동 기자회견에서 조 바이든 미국 대통령은 "(북한) 김정은이 의지를 보이면 북핵 문제와 관련해 만날 수 있다"면서도 "진척이 없는 한 그와 만나지 않을 것"이라고 했다. 그리고 성김 국무부 동아시아 태평양 담당 차관보 대행을 대북 특별대사로 임명했다. 예상대로 트럼프 행정부 시절 톱다운(top-down) 방식에서 벗어나 외교적이고 실무적인 절차가 요구되는 보텀업(bottom-up) 방식으로 북핵 문제에 접근해갈 것이라는 것을 명확히 했다.

북핵 문제 전문가들은 바이든의 북핵 해법은 특별한 것이 없으며, 2009~2016년 오바마 행정부가 실시했던 '전략적 인내'의 부활이라는 의견이 지배적이다. 즉 북한이 비핵화를 향한 '유의미한 양보'를 할 때까지 제재를 유지할 것이고, 외교의 시작을 위해 평양이 먼저 첫걸음을 떼야 한다는 입장을 보이고 있다. 그러나 아마도 북한은 그 첫걸음을 뗄 생각조차 없을 것이며, 뗀다고 하더라도 미국과 한국이 원하는 발걸음은 분명히 아닐 것이다. 결국 미국은 계속 기다리는 것 외에 다른 특별한 해법을 제시하지 못할 것이다.

우리가 유념해야 할 것은 2021년 1월 북한의 8차 노동당대회에서 공개된 '핵 억제력 강화'와 '핵 능력 고도화' 로드맵을 보면, 북한 핵무기는 더욱 심각한 위협으로 변하고 있으며, 이에 따라 완전히 새로운 대응전략이 요구되고 있다는 사실이다.

다시 실패하지 않기 위해 김정은의 생각을 명확히 읽을 수 있어야 한다.

북한과 의지의 싸움 그리고 전략의 싸움이 시작됐다. 새로운 길을 가야 하고, 길이 없으면 새 길을 만들어야 한다. 우선 먼저 한국(인)이 변해야 미국을 설득할 수 있을 것이고, 새로운 북핵 프로세스와 해법을 찾을 수 있을 것이다.

김정은, 하노이회담 이후 새로운 길을 선택하다

김정은의 생각은 하노이 북미정상회담 전후로 완전히 달라졌다는 것을 정확히 인식해야 한다. 김정은의 생각 속도를 따라잡지 못하면 우리는 또다시 실패하는 북핵 게임을 하게 될 것이다.

존 볼턴 전 미국 백악관 국가안보 보좌관은 2018년 북미정상회담 당시 일화를 소개했다. 김정은이 트럼프 대통령의 얼굴을 빤히 쳐다보면서 "나를 어떻게 생각하느냐?"라고 묻자 트럼프는 "매우 스마트하다!"라는 말로 칭찬했고, 트럼프가 한미연합 군사훈련 중단을 약속하자 매우 좋아했다고 한다.

볼턴 전 보좌관은 2019년 하노이 북미정상회담에서 다시 김 위원장을 만났다. 당시 트럼프는 완전한 비핵화 같은 전면 합의를 원했고 김정은은 제한적인 딜, 즉 단계적 비핵화를 주장한 사실을 언급하면서 "김정은은 당시 좌절감을 느꼈을 것"이라고 기술하고 있다.

김정은이 왜 좌절감을 느꼈다고 생각했을까?
김정은의 좌절감은 어떻게 발전했을까?

미국 내셔널지오그래픽은 2021년 2월「북한: 독재자의 마음속에서Inside the Mind of a Dictator」라는 김정은의 심리와 통치방식을 다룬 다큐멘터리를 방영했다. 그 내용의 대강은 우리도 이미 상당 부분 알고 있는 내용이다.

김정은

- 1984년생, 올해 38세로 청소년기에 스위스에서 유학 생활을 하다.
- 2009년 후계자 결정 후 2년간 후계자 수업을 받다.
- 2011년 12월 3대 권력 세습, 세계 최연소 국가지도자가 되다.
- 매우 즉흥적이면서도 자신감과 승부욕이 넘치고, 솔직한 성격을 보유한 인물로 알려져 있다.

다큐에서 눈길이 가는 분석은 여동생 김여정과 함께 '이중독재dual dictatorship' 방식으로 북한 체제를 유지하면서 현대화도 이루어야 하는 딜레마를 안고 있다는 부분이다. 다큐멘터리에서 언급하고 있는 '자신감', '승부욕', '현대화'라는 키워드는 김정은의 성향과 북한 통치 방향을 이해하는 데 매우 유용한 역할을 한다. 김정은은 집권과 동시에 아버지 김정일과는 매우 다른 도전적인 국가운영 드라이브를 걸었다. 아버지 김정일의 노선은 국방공업을 우선적으로 발전시키면서 경공업과 농업을 동시에 발전시키는 '선군 경제 노선'•이었다. 국방공업의 우선적 발전에 의해 군사력 강화와 경제 강국 건설 요구에 맞게 전력공업, 석탄공업, 금속공업, 철도 운수 부문의 발전을 추동한다는 논리였다.••

김정은은 정권 출범 직후인 2013년 3월 '경제 · 핵 개발 병진노선', 즉 국방공업의 중심에 핵과 미사일 같은 첨단 전략무기 개발을 우선시하는 매우 공격적인 전략 노선으로의 변경을 선언한다. 그리고 우리가 생각했던 통상적 생각과 절차를 뛰어넘는 속도로 핵 개발에 올인했다. 불과 집권 6년 동안 네 차례의 핵실험을 하면서 미국 본토를 타격할 수 있는 화성-15호 대륙간탄도미사일ICBM 시험에 성공하고, 2017년 말 "핵무력 완성의 역사적 대업과 로켓 강국의 위업을 실현했다"라고 선포했다. 미 본토를 타격할 수 있는 핵무기를 손에 들고 세계 정치무대에 화려하게 등장한 30대 김정은에게 두려움은 없었고, 모든 것이 자신의 각본대로 움직여지는 '위대한 여정'이 시작됐다고 생각했을 것이다.

그런 면에서 하노이 북미정상회담의 노딜은 김정은에게는 매우

• 2002년 9월 제시된 김정일의 경제 노선으로, 선군시대 요구에 맞게 경제구조를 재건 · 완비하자는 내용으로 구성되어 있다.

•• 리기성(2003), 「위대한 영도자 김정일 동지께서 새롭게 정립하신 선군시대 사회주의 경제 건설노선」, 『경제연구』 제2호(누계 119호), 평양: 과학백과사전출판사, 5-6쪽.

충격이었고 좌절감을 느끼기에 충분했을 것이다. 보통의 경우 좌절감을 겪으면 포기하거나 아니면 주어진 현실과 타협하기 마련이다. 적어도 우리는 그걸 기대했다. 그런데 승부욕이 강한 젊은 김정은은 '더 강력한 핵무장력을 갖춘 북한'을 선택했다.

8차 노동당대회에서 제시된 '신 핵무장 강화 로드맵'에는 이런 김정은의 의지와 두 축의 핵전략 강화 구상이 잘 나타나 있다. 한 축은 ICBM과 SLBM 등 전략핵 능력을 다각화해 미 본토를 직접 타격할 수 있는 핵 능력을 고도화한다는 것이고, 다른 한 축은 전략핵·전술핵 역량을 동시에 갖추는 이중 핵 역량 확보정책이다. 이는 한미 양국에 더욱 복잡해진 북핵 대응전략과 더 많은 대가를 지불해야 하는 선택을 강요하게 될 것이다.

북한, 핵무장 강화의 진짜 이유는 무엇일까?

한국 사회 일각에는 북한 핵에 대한 왜곡된 인식과 오해들이 혼재돼 있다. 예컨대 '핵은 힘이 없는 북한이 택한 최후의 방어수단이다', '통일되면 북한 핵무기는 우리 모두의 것이 된다. 그래서 비핵화는 필요 없다', '북한 핵은 미국을 향한 것이다. 미군 철수만 되면 핵 문제는 저절로 해결된다'라는 의견들이다. 아직은 소수 의견이지만, 대단히 위험한 발상이자 접근이다.

"대국들이 우리 국가와 민족의 이익을 제멋대로 흥정하려 들던 시대를 영원히 끝장내겠다."

김정은이 8차 노동당대회에서 한 발언이다. 그가 말하는 민족의 핵심 이익이란 '북한식의 한반도 조국 통일'을 의미한다. 북한의 핵심 이익이 미국의 간섭으로 아직도 실현되지 못하고 있다는 것이 김정은과 조선노동당의 생각일 것이다. 아래 제시되는 두 사례(공식문건)는 이와 관련된 내용을 잘 설명해주고 있다.

첫째 사례는 8차 노동당대회에서 "군사력(국방력)을 사용해 조국 통일을 추진한다"라는 방침을 노동당 규약에 새롭게 반영했다는 사실이다. 노동당 규약 개정이 북한의 노선변화와 직결된다는 면에서 특별한 주목이 필요하다.

노동신문에 보도된 '통일 노선' 변경에 대하여

'핵무력 등 국방력 강화'를 당면한 노동당의 우선 투쟁과업으로 선정하고, 국방력을 사용해 조국 통일을 추진한다는 방침을 최초로 당 규약에 공식 반영한다.

① 공화국 무력을 정치 사상적으로, 군사 기술적으로 부단히 강화한다는 내용을 보충했다.

② 조국 통일을 위한 투쟁과업 부분에 강력한 국방력으로 근원적인 군사적 위협들을 제압해 조선반도의 안정과 평화적 환경을 수호한다.

③ 강력한 국방력에 의거해 조선반도의 영원한 평화적 안정을 보장하고, 조국 통일의 역사적 위업을 앞당기려는 당의 확고한 입장 반영이다.

우리 시각에서 볼 때는 정당의 당규 개정에 불과하지만, 북한에서는 노동당이 모든 권력의 원천이라는 점에서 헌법 개정 이상의 의미를 지녔다고 볼 수 있다. 실제로 북한 헌법 11조에는 "조선민주주의인민공화국은 조선로동당의 영도 밑에 모든 활동을 진행한다"라고 못 박고 있다. 따라서 핵무력 강화에서 오는 자신감을 군사력에 의한 조국 통일 위업 달성이라는 노선변경으로 연결했다는 점에서 매우 중대한 위협이고, 향후 북한의 행동 변화에 주목할 필요가 있다.

최근 8차 노동당대회 시 개정된 당 규약 개정 내용의 일부가 확인되면서(2021년 6월 초, 한겨레신문 보도) 한국 사회에서 여러 논란이 가열되고 있다. 즉 '민족해방 민주주의 혁명과업 수행' 부분 삭제를 두

2016년 5월 7차 노동당대회 기간 중 개정된 조선노동당 당 규약집
출처: 자유북한방송

고 북한이 무력통일을 포기했다는 주장을 하는가 하면, 일부 '경제건설과 핵무력 건설 병진노선'이 삭제되고 '자력갱생의 기치 밑에 경제건설을 다그치고'가 포함된 것을 두고 북한이 비핵화 정책으로 선회했다는 신호라고 자의적 해석을 하는 주장까지 제기되고 있다. 그러나 틀림없는 것은 북한의 통일노선 그리고 핵 능력 고도화에 대한 기존 방향에 어떠한 의미 있는 변화도 확인되지 않고 있다는 점을 분명하고 냉정하게 인식해야 할 것이다.

둘째는 김정은의 비핵화 전제조건에서 확인할 수 있다. 비핵화 조건에 대한 북한의 유일한 공식문서는 아직까지 2016년 북한 외무성이 발표한 '조선반도 비핵화 5개 조건'이다. 외무성은 국무위원회 직속 기관 중 하나이며, 특히 내각 총리의 명령을 받지 않고 국무위원장에게 직접 보고하는 특수한 관계임을 고려할 때, 다음 5개 조건은 김정은 국무위원장의 생각이라고 볼 수 있을 것이다.

① 남한 내 미국의 핵무기 모두 공개
② 남한 내 모든 핵무기 및 기지 철폐와 검증
③ 미국의 핵 타격수단을 한반도에 전개하지 않는다는 보장
④ 북한에 대한 핵 위협이나 핵 불사용 확약
⑤ 핵 사용권을 가진 미군 철수 선포

이 5개 조건이 크게 주목받지 못한 이유는 2018년 3월 김정은이 제안한 ① 미국의 대북 적대시 정책 철회 ② 체제 보장이라는 두 가지 전제조건 때문이었다. 일부에서는 외무성 제안보다 훨씬 진전

된 안이라는 의견과 단지 전략 목적상 함축해 표현한 것일 뿐이라는 등 의견이 분분했다. 분명한 것은 다음 공식 발표가 나오기 전까지는 '조선반도 비핵화 5개 조건'을 북한의 공식적인 의견으로 보는 것이 타당하다. 여기에도 마지막 조건으로 '미군 철수 선포'가 포함되어 있다는 점에 유념해야 한다.

북한 핵무장의 진짜 이유는 '미군 철수' 그리고 '조선반도 통일' 방식과 깊이 연관돼 있다. 북한 '필망론必亡論'과 함께 때만 되면 나타나는 북한 동정론 그리고 북핵 방어용 옹호 주장들은 한국의 지나친 자신감이거나 왜곡된 상황인식 때문이다.

김정은의 예상 전략 세 가지와 한국에 던지는 경고

UN 창설 이후 가장 강력한 경제제재와 코로나19라는 유례없는 최악의 환경에서 북한의 공격적인 핵 능력 강화전략은 단순한 '엄포'일까, 아니면 '자신감'일까? 시간만이 그 답을 알려줄 것이다. 현재 상황에서 김정은이 구사할 전략(플랜)은 크게 세 가지로 정리해볼 수 있다. 전술한 분석 내용을 기반으로 도출한 것이어서 자세한 설명은 줄이고 '한국에 던지는 경고' 측면에 분석의 초점을 두었다.

첫째, 장기 경제제재가 예상되는 상황에서 북한은 '자력갱생' 경제 살리기에 정책 우선권을 둘 것이며, 이런 과정에서 중국 경도 현상은 심화될 것이다. 북한은 제재의 장기화를 염두에 두고 2021년 8차 노동당대회에서 국가경제개발 5개년 계획을 발표하면서 '자력갱생'과 '자급자족' 경제를 강조하고 있다. 2017년부터 더욱 강화된 경제제재는 북한 경제에 심각한 타격을 주고 있는 것은 틀림없지만, 장기간 버틸 수 있는 최소한의 내구력을 이미 확보했다는 증거가 여러 경제지표와 활동에서 확인되고 있다

중국은 북한의 든든한 후원자면서 지원자다. 또 정전협정 당사국(미국, 중국, 북한)으로서 한반도 문제에 대해 일정한 역할 지분을 갖고 있다. 우리가 주목할 부분은 경제 분야에서 북한의 중국 의존 심화 현상이다. 북중 무역이 지금도 95% 이상 차지하고 있고, 향후 제재 장기화 또는 코로나19 같은 자연재해 영향이 커질수록 중국 경도 현상은 위험 수준을 넘을 것으로 예측된다. 중국의 엄청난 돈과 기술이 직간접적으로 북한을 경제적으로 예속화할 가능성을 배제할 수 없다. 예를 들어 향후 북한의 경제 회생을 위한 역점사업을 보면, 대규모 투자와 기술이 선행될 때 가능한 것이다. 당연히 중국은 절대적으로 필요한 협력 상대국이 될 수밖에 없을 것이다. 엄청난 자금과 기술 투자에 따른 북한의 중국 의존 및 경도 현상은 한국과 직접적인 상관관계가 있다. 중국의 기술과 돈에 예속된 북한에 한국은 예전처럼 꼭 필요한 존재가 아닐 수 있기 때문이다.

북한 경제의 중국 예속화 현상을 차단하기 위한 특별한 주목이 필요하다. 한국 입장에서 대규모 특수지대 투자나 에너지 사업 같은 기간산업에 통 큰 투자 길을 열기 위한 새로운 고민과 노력이 무엇보다 중요하다고 생각한다. 북한은 8차 당대회에서 한국의 인도적 지

원 협력, 방역 협력, 개별관광 요구를 비본질적인 문제라고 아예 무시해버렸다. 어쩌면 이미 대학생이 되어버린 북한 경제를 계속 초등학생처럼 생각하고, 쌀과 옥수수 등 인도적 지원을 하겠다는 통상적 제안은 진짜 북한이 원하는 본질적인 문제가 아닐 수 있다. 시간이 흐를수록 더욱 그럴 것이다. 앞으로 한국 무시하기는 남북 경협 분야까지 확산될 가능성이 크다고 생각한다. 이런 변화에 대비한 선제적 대안 마련과 전환적 접근 자세가 무엇보다 필요한 시점이다.

둘째, 북한은 새로운 핵 능력 강화 로드맵 완성까지 '시간 벌기 전략'을 구사할 것이며, 지난 30년간 한미 정부를 상대로 펼친 노하우를 토대로 더욱 진화할 것이다.

새로운 핵 능력 강화 로드맵은 ICBM의 대기권 재진입 기술, 명중률 향상 등 기술적 진화가 필요하다. 또 SLBM 능력 구축을 위해서는 북극성 계열 미사일 능력 향상과 대형 잠수함 및 핵잠수함 건조 사업이 계획대로 추진돼야 한다. 장기제재와 어려운 북한 경제에서 예산과 기술 확보, 각종 무기 시험 및 전력화는 사실 대단한 도전이고, 물리적인 시간이 요구될 것이다. 지난 30년 동안 우리에게 익숙한 시간 벌기 전략이 예상되는 대목이다. 도발과 위기 조성 그리고 대화와 위장협력 등 익숙한 절차들이 반복될 가능성이 매우 크다. 김정은과 75년 동안 집권당이었던 조선노동당의 전쟁 기획자들과 소위 엘리트들은 다음과 같은 세 가지 믿음을 갖고 있다고 생각한다.

① 미국은 한반도에서 먼저 전쟁을 시작하지도, 전쟁을 원하지도 않는다. 1978년 창설된 한미연합사령관은 1950년 UN 안보리 결

의안 84호에 근거해 창설된 유엔군 사령관을 겸하고 있다. 현재 UN사의 주요 기능은 한반도 정전 관리이며, 미국과 한국, 북한 3개국 모두 UN의 정식 회원국이다. UN 헌장(2조 4항)에는 자위권 차원 또는 집단 안전보장을 위한 강제조치 외에는 무력 사용을 금지하고 있다. 한미상호방위조약(2조)에도 외부로부터 무력 공격에 의해 위협을 받을 때만 상호 협의하 군사적 조치를 할 수 있도록 명시하고 있다.

1953년 한국전쟁 휴전 당시, 김일성은 북한주둔 중국군 120만 명의 한반도 완전 철수를 요구한다(1958년 10월 완료). 전쟁 후 남북의 첨예한 대치 국면에서 한미연합군의 공격을 조금이라도 걱정했다면 김일성이 중국군 완전 철수 카드를 시행할 수 있었겠는가? 김정은 역시 자신이 먼저 선제공격하지 않는 한 전쟁은 절대 일어나지 않을 것이라고 확신하고 있을 것이다.

② 한미연합 지휘체제라는 군사구조의 '틀' 속에서 한국군 단독 전쟁 또는 독단적 (선제) 공격 같은 군사행동은 절대 할 수 없다. 한국군 작전통제권은 1950년 한국전쟁 시 UN군 사령관에게, 그리고 1978년부터 한미연합사령관에게 이관된 이후 70여 년이 흐르고 있다. 현 군사구조의 틀 속에서 전쟁을 하기 위해서는 한미 양국 대통령의 합의가 있을 때 가능하다. 한반도 전시 전구작전 일체는 미군사령관의 지휘를 받게 되어있다. 1994년 영변 핵시설 핀셋 공격을 준비할 때, 한국의 전쟁 불가 입장은 매우 단호했다. 오직 '전쟁 예방'을 최고의 목표로 하는 한국과 미국이 있었기에 북한 핵 개발 프로그램을 30년 이상 끌고 올 수 있었다고 생각한다. 참으로 아이러니한 일이다.

③ 한국의 5년제 단임 대통령 중심제는 시간 벌기를 위한 최상의 정치구조다. 장기적인 핵 대응전략과 정부 간 어떤 핵 관련 정책 연속성도 없다는 것은 북한이 너무도 잘 알고 있을 것이다. 통상 신정부 출범 1년 차 전후로 북한은 중 · 대형 도발을 감행한다. 위기가 고조되면, 새 정부는 위기 진화와 긴장 해소를 위해 남북대화, 북미 접촉 권고, UN 제재 요구 등 통상적인 채찍과 당근 전략을 찾는다. 이러한 처방은 표심으로 연결되고, 여기에 보수와 진보의 끝없는 다툼은 안보 이슈를 뒷전으로 밀친다. 아래 그림은 신정부 1년 차에 중요한 북한 도발 사례를 정리한 내용이다. 북한의 정교하고 일관된 정책의 단면을 확인할 수 있다.

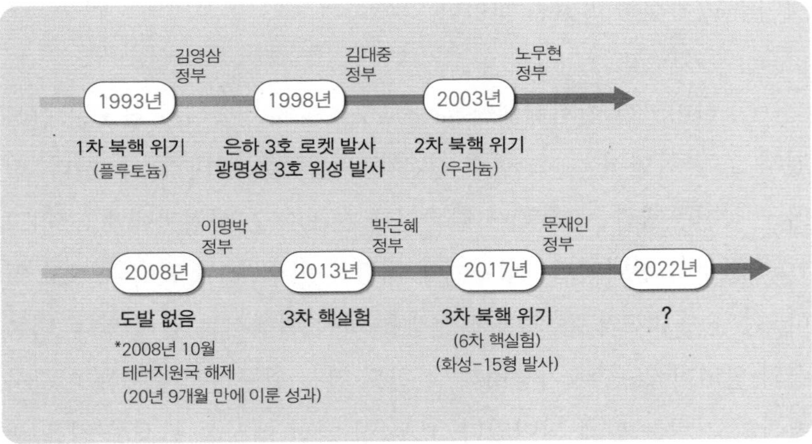

역대 정부(집권 1년 차) 핵 관련 도발 분석표

셋째, 북한은 강력하고 새로운 핵무장 카드를 준비해 주도권을 갖고 미국과 빅딜을 하려 할 것이다. 큰 거래 조건은 미군 철수 및 대규모 경제 지원이 될 것이다. 북한의 핵능력 강화 로드맵이 완료되면, 북한은 하노이회담 때와는 본질적으로 달라진 핵 협상 카드를 갖게 된다. 미 본토를 타격할 수 있는 ICBM 고도화, SLBM으로 장착된 대형잠수함 및 핵잠수함의 작전지역 확장, 전술핵무기를 선제 사용해 전장의 열세를 반전시키는 능력까지 다양한 옵션으로 무장될 것이다.

미국과의 빅딜은 핵 개발 동결을 전제로 한 핵 보유 지위국 확보, 미 본토 타격 가능 핵전력 우선 폐기, 핵 군축협상 제기 등 다양한 옵션이 가능하다. 북한이 요구하는 방식은 비핵화 조치별 상응 조치(대가)를 받는 단계별 비핵화 방식이 될 것이다. 2019년 하노이회담 때 영변 핵시설을 포기하는 대가로 경제제재 해제를 요구했던 상황은 역전되고 주도권을 쥔 북한에게 아주 큰 대가를 지불해야 하는 상황이 올 수도 있다.

한국에 최악의 끔찍한 상황은 아무런 사전 준비 없이 미군 철수 등 현재의 군사적 틀이 급변하는 경우다. 이런 경우 핵무기와 미사일 위협은 완전히 사라지지 않고 그대로 남게 될 가능성이 크다.

핵무기 위협에 무방비로 노출된 대한민국. 북한 주도의 통일, 북한에 예속된 경제 통합 등 한국은 새로운 한반도 지배구조의 '틀'을 강요받게 될지도 모른다. 물론 그럴 리는 없겠지만, 대비하고 또 대비하지 않으면 그럴 수도 있다. 국제질서의 틀은 힘의 논리와 국가이익이 최우선시된다.

북핵 2라운드가 시작됐다. 축구로 치면 후반전이 시작된 것이다. 상대는 전략 핵능력 고도화와 전략핵과 전술핵이라는 이중 핵 역량 확보라는 강력한 카드로 무장해 출전한다. 그것도 전략을 감추지 않고 모두 공개한 상황이다.

한국의 대응 카드는 무엇인가?

장기적인 안목과 전략적 접근이 필요하다. 시간이 필요하기 때문이다. 실패한 30년의 핵 대응 모델과 틀을 계속 고집한다면 우리는 분명히 질 것이고, 우리의 운명은 바람 앞의 촛불 신세가 될 것이다.

북한이 새로운 핵무장 로드맵을 진행하지 못하도록 해야 한다.
북한이 언제든지 공격받을 수 있다는 두려움을 갖게 해야 한다.

이런 전략과 정책은 이제 한국 스스로 찾고 만들어야 한다. 우리가 주인이다. 미국은 지금의 틀을 바꾸기를 원하지 않을 것이다.

THE SOLUTION

4부 해법

새로운 선택:
중·장기 북핵 대응 전략

대한민국 정부 수립 100주년이 되는 2048년!
우리는 어떤 모습이어야 하는가? 30년도 채 남지 않았다.

냉전시대의 유산遺産 … 분단 70년, 북핵 30년의 틀을
이제는 바꿔야 한다.
사실상의 핵보유국 북한을 이겨야 한다.

세계 6위의 군사 강국, 세계 10대 경제 강국이 된
대한민국의 미래를 위한 선택은 …
한국인이 스스로 주체가 되는 시대를 만들어야 한다.
김정은이 정말 두려워하는 한국군대를 만들어야 한다.

긴 호흡으로, 전환적 시각으로, 전략적 안목으로
새로운 위대한 여정을 시작하자.

01

외통수에 빠진 한국, 최악의 시나리오!

'외통수'란 장기나 체스게임의 용어로, 어떤 수를 써도 왕이 꼼짝없이 죽게 되는 위기다. 통상 궁지에 몰린 상황을 표현할 때 쓰인다.

북핵 관련, 한국의 입장이 참 곤란하다. 외통수에 걸린 형국이다. 문제는 지금의 외통수가 장기간 더 지속될 수 있고, 지금보다 더 상황이 악화될 수도 있다는 것이다. 위기(위험) 신호가 곳곳에서 감지된다.

앞으로가 더 큰 문제다, 깊어지는 고민들!

북핵은 남북 당사자 문제가 아닌 국제 문제가 된 지 오래다. 미국과 중국, 일본이 직접 관련국이고, UN은 여섯 차례의 북핵 실험, 미사일 시험발사와 연계해 2006년 이후 10번의 유엔 안보리 결의안을 가결한 바 있다. 적어도 15년 이상 북핵 문제에 직접 관여하고 있다는 의미다. 더 큰 문제는 미래 국제질서의 재편 움직임과 변화의 진폭이 예사롭지 않다는 점이다. 국제적 이슈가 된 북핵 문제도 당연히 직간접적인 영향을 받을 수밖에 없을 것이다.

북핵 문제에 대한 국제협력과 공조共助가 예전과 같지 않을 수 있다

코로나19 팬데믹이 만들고 있는 숫자는 거의 공포다. 2021년 2월 22일자 뉴욕타임스는 미국의 코로나 사망자가 50만 명을 넘어섰다고 보도했다. 1, 2차 세계대전과 베트남전쟁의 전사자를 합친 것보다 더 많은 미국인이 목숨을 잃은 것이다. 미국 모든 연방기관에는 희생자 50만 명의 '침통한 이정표'를 기리기 위해 닷새 동안 조기가 게양되기도 했다. 2020년 3월 11일, 세계보건기구WHO가 공식적으로 팬데믹을 선언한 이후 불과 13개월 만에 전 세계 누적 확진자 수는 1억 4,300만 명, 사망자는 300만 명 이상(2021. 4. 23 기준)으로 지금 이 순간에도 계속 그 숫자가 늘고 있다.

전문가들은 포스트 코로나 시대는 뉴 노멀New Normal이 될 것이고, 불확실성Uncertainty, 불안정성Instability, 불평등성Inequality이 지배할 것이라 이구동성으로 말하고 있다. 특히 국제 협력체제의 위기, 자국우선주의의 팽배, 미중 갈등의 심화 등에 대해 각별히 경고하고 있다. 포스트 코로나 시대에 세계는 자국 우선주의와 경제 살리기에 올인할 것이고, 북핵 문제는 자연스럽게 국제적 관심의 우선순위에서 밀려날 가능성이 크다. 미중 간 신냉전 체제 심화는 과거 미국과 구소련의 대립 구도로 회귀할 가능성 또한 크다. 15년간 10번의 UN 안보리 결의안을 가결시켰던 국제적 협력과 공조 시스템은 더 이상 유효하지 않을 수도 있다.

북한이 스스로 폐쇄했던 중국 국경을 재개방한 뒤에 UN 창설 이후 가장 강력한 대북한 수출입 규제 조치를 담은 UN 안보리 결의안 2371호, 2375호, 2397호(2017년 후반기 결의)가 어느 정도 지켜질지는 사실 미지수다. 향후 UN 경제제재 효과와 새로운 북핵 해법을 찾는 결정적인 바로미터가 될 것으로 생각한다. 국제질서 재편과 급변 가능성은 한국에 새로운 도전과 기민한 대응을 요구하고 있다.

미국의 북핵 문제 주도력主導力이 약화될 위험이 있다

미국이 북핵 문제를 주도한 30년, 미국은 북한을 상대로 다양한 당근과 채찍 전략을 구사했다. 외교적 해결을 전제로 한 수많은 협상, 군사적 압박 그리고 강력한 경제제재 카드까지 북한을 충분히 압박하고 공격했다. 그러나 결과는 실패한 것으로 평가된다.

문제는 지금부터다. 북의 핵무장력은 더욱 강화될 것이고, 미국과 미국의 동맹국 모두에게 더 큰 위협이 될 것임이 명확한데, 북한이 스스로 변화하거나 변화시킬 수 있다는 기대와 희망이 점점 엷어지고 있다. 북한이 기존에 취해온 강경 입장과 패턴을 무한 반복하는 악순환을 거듭할 경우, 한국은 물론 미국이 꺼내들 수 있는 수(카드)가 마땅치 않다는 것이다. 미국이 지난 30년 견지했던 대북협상 방식을 분석해보면, 앞으로의 미래가 얼마나 어려울 것인가를 이해할 수 있다.

① **1차 북핵 위기(1993~1994): 북미 양자회담**
제네바합의(1994. 10. 9)에서 북한에 경수로 제공과 중유 제공(40억 달러 규모, 북한 외화의 10% 규모) 합의, 북한은 경수로 완공까지 6~11년간 핵 개발 시간 확보.

② **2차 북핵 위기(2002~2003): 6자회담(미국 · 중국 · 러시아 · 일본 · 한국 · 북한)**
2003년부터 2007년까지 여섯 차례 회담 진행, 2. 13 합의와 10. 3 합의 도출. 2009년 2차 핵실험으로 완전 파기(1차 핵실험은 2006년)

③ **3차 북핵 위기(2017): 북미 양자 정상회담**
2018년 싱가포르회담에서 4개 조항 합의문 도출, 하노이회담 노딜 이후 모두 원위치

세 차례 북핵 위기 해결을 위한 협상 국면에서 북한은 위기를 먼저 조성한 후 협상과 함께 최대의 대가를 챙기고, 최종 파기하는 일관된 패턴으로 위장된 평화 행보를 보이면서 그들이 계획한 핵 개발 시간표대로 멈춤 없이 걸어갔다. 특히 주목할 것은 미국은 대통령이라는 강력한 카드까지 내걸고 북한과 일대일 비핵화 담판을 했지만 실패했다는 것이다. 앞으로 미국 대통령이 직접 관여하는 협상이나 약속이 아니면, 북한과의 합의와 거래는 힘들어질 것이 명확하다. 이런 현상은 결국 미국의 북핵 주도력 약화로 이어질 수 있다.

미국은 첨단무기를 사용한 군사행동 또는 핵 시설 등에 대한 선제타격, 외과 수술식 공격 등과 같은 군사행동 역시 매우 제한될 것이다. 미국이 불량국가로 지목하고 있는 이란, 시리아 등과 북한은

이동식 발사대에 실린 북한 미사일 모습
출처: 연합뉴스.

여러 면에서 근본적으로 다르다. 북한은 한국전쟁 이후 70여 년 동안 대미전쟁을 상정하여 군사력을 키워왔고, 특히 지금은 핵 개발국이 아닌 사실상의 핵보유국이 되어 있다. 여차하면 미 본토를 직접 타격할 수 있는 ICBM 능력까지 갖추고 있다. 그런 만큼 북한 땅에 미국의 군사력을 직접 투사한다는 것은 너무 많은 위험을 감수해야 한다.

이런 전략 환경에서 미국이 선제 군사행동을 수행한다면, 동맹국 한국의 수도 서울의 965만 시민(2021년 기준)과 한국에 체류 중인 미국인 15만 7천여 명(법무부, 2019년 기준)의 생명과 재산은 대량 피해 위험에 그대로 노출될 것이다. 시간이 흐를수록 미국의 선택폭은 더욱 제한되고, 북한은 유리해질 것이다. 이는 세계 최고의 군사 강국 미국의 북핵 주도력 약화로 이어질 수밖에 없다.

한국으로서는 이래저래 큰 부담이고, 완전히 새로운 대응책을 준비해야 할 것이다.

중국과 북한은 운명적 관계, 코로나19 팬데믹 이후 더 긴밀한 북중 연대가 예상된다

▷ 북한에게 중국은 어떤 나라인가?

8차 노동당대회에서 김정은은 북중관계를 '운명적'이라 표현했다. 한때 최악으로 치닫던 양국 관계가 새로운 해빙 시대를 맞고 있다는 상징적 표현으로 받아들여진다. 8차 노동당대회에서 나온 김정은의 조중(북중) 관계 발언 내용이다.

> 오랜 력사적 뿌리를 가진 특수한 조중 관계 (중략) 공동의 위업을 위한 투쟁에서 떼려야 뗄 수 없는 하나의 운명 (중략) 5차례의 조중 수뇌회담을 통해 조중 관계를 새롭게 강화 발전시켜나갈 수 있는 확고한 담보를 마련했다.

▷ 한국에게 중국은 어떤 나라인가?

1950년 한국전쟁에서 적으로 만난 두 나라는 1992년 8월 24일, 오랜 적대관계를 청산하고 정식 국교를 수립한다. 올해가 한중 수교 29주년째 되는 해다. 양국 교류는 정치, 경제, 문화 등 다방면에서 엄청난 시너지를 발휘하면서 발전했다. 특히 경제 분야는 질과 양 둘 다 비약적으로 성장해 2003년 이후에는 미국을 제치고 한국의 최대 수출국이 됐고, 2013년 이후부터는 중국으로부터 최대 수입 대상국이 됐다. 한중 관계는 '불안정한 전략적 동반자 관계'라는 표현이 적절할 듯싶다. '불안정'이라는 의미에는 한반도 안보 문제, 특히 '북한 비핵화' 문제가 깊게 함의돼 있다고 생각한다. 중국은 '북한 비핵화'

를 위해 가장 결정적으로 영향력을 행사할 수 있는 나라다. 중국이 강력한 경제제재와 압박을 북한에 행사해줄 수만 있다면, 새로운 북핵 문제의 전환점을 만들 수 있을 것이다.

그러나 우리는 항상 다음 질문을 만난다, '중국이 과연 그럴까? 중국은 북한과 한국을 어떻게 생각하고 있을까?'

북핵 문제 해법을 찾는 데 있어 중국은 과거나 현재보다 미래에 더욱 큰 영향력을 행사하게 될 것이다. 북중 관계를 정확하고 냉정하게 인식하는 것은 대단히 중요하다고 생각한다. 필자 입장에서 바라본 네 가지 관점을 정리해봤다.

첫째, 북한과 중국은 피를 나눈 혈맹이자, 군사동맹국이다. 북한과 중국은 어려운 혁명의 시대를 함께해온 동지적 관계다. 일찍이 중국 본토의 공산혁명(국공내전)과 한국전쟁을 함께한 역사가 있으며, 현재도 군사동맹 관계를 유지하고 있다. 양국 간에는 '조중 우호협력 및 상호 원조조약'(1961. 7. 11)이 체결돼 있다. 북중 동맹의 핵심은 "모든 힘을 다해 지체 없이 군사적 및 기타 원조를 제공한다"라는 전쟁 발발 시 자동개입 조항을 포함하고 있다.

> (제2조) 체약 쌍방은 체약 쌍방 중 어느 일방에 대한 어떠한 국가로부터의 침략이라도 이를 방지하기 위하여 모든 조치를 공동으로 취할 의무를 지닌다. 체약 일방이 어떠한 한 개의 국가 또는 몇 개 국가들의 연합으로부터 무력 침공을 당함으로써 전쟁 상태에 처하게 되는 경우에, 체약 상대방은 모든 힘을

다하여 지체 없이 군사적 및 기타 원조를 제공한다.

둘째, 중국은 한반도의 전략적 가치를 알고 있다. 중국은 북한을 절대 버릴 수 없을 것이다. 북중 관계는 한때 최악이었다. 2015년경에는 북중 동맹 조약이 사문화되면서 군사동맹이 깨진 것으로 알려지기도 했다. 지금도 중국의 일부 외교 · 군사 전문가들 사이에서는 유엔의 핵확산방지조약을 어기고 핵무기를 개발하는 북한을 도와줄 의무가 없다며 동맹 조약 폐기를 주장하는 의견도 있다. 실제 이런 기류의 영향으로 북한 핵실험 및 미사일 시험에 대해 2006년 이후 10번의 대북 제재(특히 2017년 후반기 3차례의 강력한 경제제재) 안보리 결의안이 통과될 수 있었다. 그러나 중국은 북한과 갈등이 생기면 냉각기를 가지면서도 핵심 이익이 문제가 되면 그때마다 북한을 끌어안았다. 2018년 5차례 북중정상회담이 그 대표적 사례다. 중국이 보는 한반도의 국가전략상 가치에 대해 오랫동안 중국 주재 외교관을 지낸 분의 다음 글은 시사하는 바 크다.

"중국에게 한반도는 인후咽喉·목구멍다. 한반도 서해안에 미사일을 배치하면 중국 북해함대와 동해함대를 묶어둘 수 있으며 중국 수도권과 경제중심지 장강 델타를 타격할 수 있다. 반대로 중국이 진해, 거문도, 제주도를 얻으면 대한해협을 통제하면서 서해 입구를 틀어막을 수 있다. 중국의 일관된 목표는 한반도 전체를 영향력 아래 두는 것이다. 중국이 북한을 말썽거리로 여기면서도 보호하는 것은 해양세력(미국, 일본)과 충돌 시, 수도권 안보의 버퍼존Buffer Zone이면서 미국에 절대 넘겨줄 수 없는 요충이기 때문이다."

– "한미동맹 vs. 북중동맹", 『신동아』 2019. 7.

셋째, 미중 신냉전 시대 … 미국과 중국의 패권 경쟁은 이미 시작됐고 앞으로 더 가속화될 전망이다. 이는 대북 경제제재에 대한 한국과 미국, 중국의 공조 체제를 약화시킬 수 있다. 중국경제는 40년 전 세계 경제에서 차지하는 비중이 불과 1.7%에 불과했으나, 지금은 16.3%가 될 정도로 고속 성장했다. 미국의 24.4%에 비교할 때, 중국경제는 미국경제의 67% 수준까지 급성장한 것으로 평가되고 있다. 미국과 중국은 명실상부 세계 1, 2위의 경제 대국이다. 따라서 북한 경제제재는 중국의 동참을 이끌어내지 못하면 절대 성공할 수 없다. 미중 관계가 악화될수록 대북 경제제재의 규제력과 이행 의지는 약해질 수밖에 없을 것이다. 반대로 북중 관계는 더욱 긴밀한 연대와 유대 강화로 이어질 가능성이 크다. 여기에 한국의 딜레마가 존재한다.

넷째, 중국과 북한은 접경국가다. 약 1,400km에 이르는 긴 북중 국경에서 이루어지는 공식 · 비공식 무역 거래를 일일이 감시 및 감독하는 것은 불가능하다. 북한의 풀뿌리 인민 경제에서 발전한 '시장(장마당)'은 북한 주민 생활의 중심으로 자리 잡고 있다. 1980년대 말부터 1990년대 초, 배급제가 중단되면서 생존을 위한 식량 획득 수단으로 시작된 풀뿌리 물물교환 형식의 인민 경제활동은 김정은 시대 들어 시장 500여 개에 경제인구 110만 명 이상이 활동하는 규모•

• 이종석 · 최은주 편저(2019), 『제제속의 북한경제, 밀어서 잠금해제』, 세종연구소.

로 성장했다. 일부 통계는 주민 경제활동과 물자유통의 40~90% 정도가 소위 장마당 경로로 이루어진다는 보고도 있다. 이 시장에 공급되는 거대한 물량들은 어디서 올 것인가? 당연히 압록강과 두만강을 넘어 중국에서 들어온다.

북중 국경선(1,400km)에는 16개의 '커우안(세관)'이라는 국경 통과 지점이 설치돼 있다. 우리가 잘 알고 있는 단둥 세관은 그중 하나이며, 북중 교역의 70%를 차지한다. 커우안은 두 나라의 인적 · 물적 공식 교역 통로로 해마다 200만 명 이상의 중국인 관광객이 이곳을 통과하고 있다고 한다. 만약 이들이 자생적인 비공식 민간 영역의 물류 체인 역할을 수행하고 있다고 생각해보자. 아무리 강력한 경제제재도 무용지물이 될 수밖에 없을 것이다. 어쩌면 대북 제재는 시작부터 서양 속담의 '호두에서 레몬즙을 짜내는 격'이라고 평가한 일부

북중 공식 무역통로 카우안

출처: 연합뉴스.

학자 얘기처럼 근본적인 한계를 가지고 출발했는지도 모른다.

북중 관계를 냉정한 시선으로, 전략적 안목으로 볼 필요가 있다. 북핵 해법은 이미 고차 방정식이 됐고, 단 한 번의 잘못된 선택이 국가의 미래 명운을 좌우할 수도 있는 중요한 시기다.

미래, 한국이 만날 수 있는 최악의 시나리오에 대해: 애치슨 라인의 망령亡靈을 소환한다

'삶은 개구리 증후군Boiled Frog Syndrome'이라는 말이 있다. 펄펄 끓는 물속에 들어간 개구리는 곧바로 뛰쳐나와 목숨을 건지지만, 서서히 뜨거워지는 물속의 개구리는 위기인지 모르다가 결국 죽게 된다는 말이다.

북핵 문제에서 한국 사회는 삶은 개구리가 되어가고 있다고 말한다면 지나친 표현일까? 북핵 문제가 국제사회의 이슈가 된 1989년부터 한국 당국자들은 '핵 문제는 어떻게 되겠지', '지원하고 교류하다 보면 포기하지 않을까?'라는 희망과 선의의 정책을 개발하는 데 익숙해져 있다.

전문가들은 핵 개발에는 엄청난 돈과 고도의 기술이 필요하기 때문에 북한은 핵 개발을 중단할 수밖에 없다는 '북한 경시론'과 '북한 필망론'을 한결같이 주장해오고 있다. 한국 언론 역시 북한이 미사일만 발사하면, 대외 긴장 조성용이라든지 미국에 대한 관심 끌기라는 등 정치적 해석에 주력하는 분위기다.

이렇게 보낸 30년 성적표는 다음과 같다.

한국
북핵 비핵화 30년 정책은
모두 실패, 외통수에 빠지다!

북한
국가 핵무력 완성, 미 본토 타격 가능한
13,000km ICBM 능력 확보!

문제는 지금부터다.

미래 북핵 문제의 해법이 잘 보이지 않는다는 것이다. 더 위험한 것은 한국 사회가 위기를 위기로 인식하지 않고, 서서히 뜨거워진 물 속에 완전히 적응돼 삶은 개구리가 되어가는 것조차 인식하지 못한다는 것이다.

2019년 하노이 노딜 이후 북한은 새길을 선택했다. 전략핵 능력을 더욱 고도화하고, 전략핵과 전술핵이라는 이중 핵 역량을 확보해 더 ① 강력하고 완전한 핵보유국이 되는 것과 장기 경제제재를 고려한 '자력갱생', '자급자족'으로 대표되는 ② 경제개발을 정면 돌파해 나가겠다는 것이다.

그런데 한국과 미국의 맞대응 전략이 마땅치 않다.

한국은 지금 외통수다. 특별히 택할 수 있는 옵션이 없다. 북한은 철저히 통미봉남, 즉 한국 무시하기에 들어갔고, 장기간 지속될 모양새다. 미국의 바이든 정부는 북핵에 대해 정교한 외교, 실용적 대북정책 등 최대한의 유연한 접근을 말하고 있지만, 제한된 협상 전략 그리고 군사력 사용 옵션의 제한 등으로 시간이 갈수록 북핵 주도력은 약화될 수밖에 없을 것이다.

군사용어로 이런 상황을 한마디로 정의한다면 '완전한 돈좌頓挫 상황'이다. 기세가 꺾이고, 계획이 모두 틀어져버린다는 의미다. 이것이 바로 북한이 의도하는 전략적 상황 구도를 만드는 것, 즉 시간 벌기 전략이다. 여기서부터 최악의 시나리오가 시작된다.

역사가 전하는 교훈: '애치슨 라인'의 망령을 소환한다

위기의 역사에서 교훈을 얻지 못하면, 위기는 반복된다.

1950년 1월 12일, 미 국무장관 애치슨Acheson, 1893~1971은 '아시아에서의 위기'라는 제목으로 미 기자협회에서 연설한다. 핵심 내용은 소련의 스탈린과 중국 마오쩌둥의 공산화를 저지하기 위해 태평양에서의 미국 방위선을 알류산열도－일본－오키나와－필리핀을 연결하는 선으로 한다는 것이다. 한국과 대만을 제외한 일명 '애치슨 라인Acheson line'이다.

왜, 애치슨 국무장관은 한국을 제외했을까?

미국은 한국의 지정학적 · 전략적 중요성에 대해 당시 큰 의미를 두지 않았다. 일본을 중심으로 한 극동 정책 추진으로 충분히 공산화

1950년 1월 발표된 미국의 애치슨 라인

를 저지할 수 있다고 판단했다. 1950년대 전후 애치슨 라인 선포 등 몇 가지 미국의 정책적 오판은 한국전쟁을 발발하게 하는 주요 원인을 제공했다.

그 첫째는 한반도 주둔 5만여 명 규모의 미 지상군 완전 철수였다(1949. 6. 30 일부 완료). 1945년 8월 15일 해방과 동시에 남한에 진주한 미 24군단은 3년간의 군정 통치를 마치고 한국 정부 수립을 지원한다(1948. 8. 15). 이후 지상군 5만여 명이 한반도에서 단계적으로 철수를 시작하고, 군사고문단과 기술 요원 1천여 명만 잔류하게 된다. 모든 것이 완벽하지 않은 가운데 미국과 국제사회가 합의한 일정에 따른 무책임한 정책 추진이었다. 당시의 남북 경제력과 군사력은 월등히 북한이 우수한 상태였다. 그러던 중 1년 후 한국전쟁이 발발

한다.

또 하나의 원인은 아직 체계가 잡히지 않은 10만도 안 되는 한국군대였다. 미군은 군정 통치하에서 1948년 한국군대를 창설한다. 당시 한국군은 장비도 물자도 훈련도 제대로 되지 않은, 말 그대로 형편없는 군대 자체였다. 거기에 군 내부의 심각한 좌파 공산주의 활동은 이념적 혼란과 함께 대대적인 숙군작업까지 해야 하는 상황이었다. 이렇게 미국은 힘없는 한국군대의 틀만 만들어놓고 떠났다.

역사가 전하는 교훈: 미래를 향한 특별한 방향과 메시지를 생각한다

21세기 오늘의 모습을 보자! 한반도에 새로운 애치슨 라인이 그려질 염려는 없는가? 애치슨을 소환할 3박자의 조건이 딱 갖춰져가는 느낌이다.

① 북핵의 고도화, 미 본토 타격 능력 구비
② 한국의 대미 관계 소원
③ 정부의 친중 행보 지속

다가올(이미 시작된?) 미중 신냉전 시대, 인도–호주–일본–미국을 중심으로 하는 미국의 인도-태평양 전략의 큰 그림 속에서 한국의 역할은 무엇이어야 할까?

북한 핵무장의 목표가 ① 미군 철수 ② 한반도에서 미국의 영향력 완전 제거 ③ 북한이 희망하는 방식으로 조국통일을 실현하는 것이라는 분명한 사실 앞에서 북한 핵무장력 강화에 의해 미래 한반도에서 그려질 최악의 시나리오를 다시 한번 상기하게 된다.

과거의 역사에서 교훈을 얻지 못하면, 위기는 반드시 다시 찾아온다.

02

핵무장된 북한, 새로운 북핵 대응 전략에 대한 고민

2017년 11월 29일, 김정은이 발표한 '국가 핵무력 완성 선언'은 북핵 문제의 중요한 변곡점이다. 미래의 역사가는 2017년을 한반도 역사의 매우 중요한 분수령이자 전환점이었다고 분명하게 평가할 것이다.

2017년 이전은 북한이 핵무기를 개발한 시기로 볼 수 있다. 북핵 개발과 이를 저지하기 위한 한미의 대응이 혼재되고 충돌했던 30년, 어렵고 힘들었던 역사의 여정으로 평가할 수 있다. 여섯 차례 핵실험과 다양한 미사일 시험, 북미 양자회담, 6자회담, 군사적 제재 검토, 대북 경제제재 등은 이미 지나간 시대 매우 익숙했던 비핵화 여정 속의 핵심 키워드로 기억될 뿐이다.

2017년 이후는 '핵무장 국가, 북한'을 상대해야 하는 완전히 다른 시대가 됐다. 북한은 우리가 인정하든 그렇지 않든 사실상 핵무장국이 됐다고 보는 것이 타당하다. 더 나아가 북한 김정은 정권은 8차 노동당대회에서 중·장기 핵무장 강화 프로그램을 공개 선언하고 완전한 핵무장국을 향한 또 다른 길로 들어섰다.

2017년 전후의 북한은 틀림없이 달라졌고, 북한 핵무기는 사실상 국제사회에서 매우 값비싼 지위를 획득했다. 다음 글은 이런 현실을 냉정히 기술하고 있다.

거의 30년 동안 북한 정권은 경이적인 결단력, 외교적 교활함, 그리고 기발한 생존술을 과시했다. 북한 정권은 심대한 타격을 입었지만, 그럼에도 미국을 비롯한 역내 주요 국가들을 대화 테이블로 불러내고, 국제사회로부터 수십억 달러의 돈을 뜯어냈다. 무수한 도전과제에 부딪히면서도 여전히 '사실상' 핵보유국의 반열에 올라 걸핏하면 (남한을) 자신들을 감싸는 대변인 노릇을 하도록 이른바 '남한 길들이기'에 나서는 동시에, 미국 대통령과의 세 차례 정상회담으로 부여된 국제적 정당성을 확보하는 데 성공했다. 북미정상회담 그리고 남북 및 북중 지도자들과의 회담에서 북한은 감히 무시해서는 안 되고 존중해야 하는 핵보유국의 반열에 올랐다.•

북한 그리고 북핵 상황은 분명히 새로운 국면으로 접어들었는데, 한국과 한국인 상당수는 이 엄연한 변화를 애써 외면하는 듯하

• 에반스 리비어(2021. 3), 「가장 힘든 한해: 북한은 현재의 고난에서 살아남을 것인가?」, 『한국국가전략』 제6권 1호, 제9회 KRINS-Brookings 공동 국제회의 주제발표.

다. 아직도 30년간 실패한 정책을 만지작거리고 있다. 협상과 인도적 지원, 종전선언, 평화회담 등 아직도 북핵 문제가 시작된 1990년대 초반을 생각하며 30년 전과 똑같이 세계의 슈퍼파워, 혈맹이자 빅 브라더 미국이 잘 보살펴주고 끝까지 해결해줄 것이라고 믿고 있다. 지난 30년간 미국이 주도한 북한의 비핵화 노력이 모두 실패했는데도 대단한 믿음과 신뢰를 보인다.

핵무장된 북한, 로켓 강국 북한이라는 명확한 미래 위협 앞에서 우리는 확실한 태세 전환을 요구받고 있다. 앞으로가 문제다. 미래의 북핵과 한반도 운명을 바라보는 새로운 전략적 시선과 전환적 접근법이 필요하다.

핵무장국 북한 앞에 선 한국의 딜레마

북한 핵무장에 대해 한국인이 가지고 있는 불편한 질문들을 진술해 본다.

① 30년간 북핵 문제 해결에 실패한 미국을 계속 믿어야 하는가?

② 한국인의 운명이 걸린 이 엄청난 사안에 한국 정부와 한국 군사 당국자들은 도대체 무엇을 했는가?

③ 미래 '북한 비핵화'는 달성될 수 있는 것인가? 핵무장국 북한을 상대할 향후 계획은 무엇인가?

한국의 가장 큰 딜레마는 이 세 가지 질문에 대답할 수 없다는 것이다.

어떤 저명하신 전문가께서 때만 되면 터뜨려주는 '북한 필망론'이 현실화되지 않는 한, 큰 변화 없이 북핵 상황을 지금처럼 끌고 간다면 미국과 한국 공히 뾰족한 돌파구(전문가들은 '레버리지'로 표현함)를 찾기 힘들 것이라는 게 필자의 생각이다.

한미 양국은 기존의 북한 비핵화 '틀' 속에서 지난 30년처럼 허망한 도돌이표 정책을 반복할 가능성이 매우 크다. 더 큰 염려와 걱정은 한국이 북핵에 대비해 아무런 준비도 행동도 하지 않는다면, 미래 한반도는 엄청난 위험에 봉착할 수 있다는 두려움이 마음속에 존재하고 있다는 것이다.

한국은 30년 전(1990년대 초반) 북핵 문제를 끝낼 절호의 기회에 어떤 행동도 하지 않았다. 1994년 미국의 영변 폭격계획을 적극 지지 및 지원했다면 오늘날 심각한 북핵 위협에 직면하지 않았을 것이다. 지난 30년처럼 지금 아무 행동도 하지 않는다면 10년, 20년 뒤 북핵은 더 큰 괴물로 변할 것이며, 한국은 핵을 가진 북한에 적어도 예속 또는 종속의 길을 걷게 될 수 있다.

최악의 시나리오로 북미가 단계적 비핵화에 극적으로 합의하고, 미 본토 타격 전력과 주한미군 철수를 맞교환하는 상황이 생길지도 모른다. 한반도 통일의 향방이 그 두려움의 끝에 있다.

또 다른 딜레마는 대한민국 군대에 관련된 것이다.

한국군의 역사는 1945년 광복과 함께 시작된 3년간의 미 군정 시대軍政時代부터 비롯된다. 당시 미군정사령관 존 하지John Hodge 중장은 1948년 대한민국 정부 수립과 함께 채 10만도 안 되는 미미한 병력의 한국군대를 창설했다. 70여 년이 흐른 지금, 미국 군사력 평가기관인 GFP가 발표한 한국과 북한의 2021년 군사력 순위를 보면 다음과 같다.

한국: 세계 6위

정규군 60만 명(7위)과 예비군 310만 명(1위) 등 370만 명의 병력과 전투기 등 항공전력 1,581대(5위), 해군 군함 234척(13위), 탱크 2,600대(12위) 등을 운용 중이라고 평가했다.

북한: 세계 28위

정규군 130만 명과 60만 명의 예비군, 전투기 458대, 잠수함 36척 등 병력 규모와 탱크, 로켓 발사기, 자주포, 잠수함, 호위함, 초계함, 전투기 보유 대수에서 높은 평가를 받았다.

남북의 국방예산을 비교해보면 다음과 같다.

2020년 한국은 480억 달러(약 53조 원, 세계 8위), 북한은 35억 달러(4조 원, 세계 59위)다. 남북의 국방비 역전 현상은 1976년부터 시작됐고, 2010년 이미 32배 차이가 발생했으며, 이런 현상은 45년 이상 지속되고 있다. 특히 향후 경제전망 및 규모, 북한에 대한 고강도 경제제재 등을 고려할 때, 남북한의 군사력 격차는 더 벌어질 것으로 예상된다.

한편, 세계 6위의 군사 강국 대한민국 군대. 세계 10위권의 국방예산을 매년 투자하는 한국군이지만 북핵 개발과정과 핵무장국 북한 앞에서 다음 두 개의 깊은 고민과 딜레마를 안고 있다.

첫째, 핵무기로 무장한 북한의 절묘하고도 영악한 행보로, 엄청난 돈을 쏟아부은 남한의 압도적인 재래식 군사력 우세가 빛바랜 훈장이 됐다는 것이다.

북한은 2016년 7차 노동당대회에서 핵무력 확장과 선택적 군사력 강화 정책을 공식적으로 채택했다. 북한 핵무기는 최고의 성과이자 승리의 원천이기에 질량적으로 더욱 발전시키고, 재래식 전력은 남한과 더 이상 경쟁이 불가능하기 때문에 선택적으로 강화한다는 전략적 전환이다. 핵 및 대량살상무기 등 비대칭 전력을 게임체인저, 즉 새로운 승리 전략으로 택한 북한을 어떻게 상대할지가 한국군의 깊은 고민이 됐다.

둘째, 70년간 세계 6위의 강력한 군사력을 한국 독자적으로 투사하거나 사용할 수 없는 구조적 문제를 해결하지 못하고 있고, 이는 적(김정은)이 두려워하지 않는 한국군을 만든 주요 원인이 됐다는 것이다.

70여 년간 한국 방위의 틀로 자리 잡은 한미연합 지휘체제는 한반도에서 '전쟁 재발' 방지라는 임무를 성공적으로 수행하고 있다. 적어도 1980년대까지는 최고의 방위체제이자 지휘구조였다. 그러나 1990년대를 넘어 2000년대부터는 스토리가 달라진다. 한국 공군은 F-35A 스텔스 전투기를 비롯해 F-15K, KF-16 등 북한보다 한 세대 이상 앞서는 기종을 보유하고 있다. '피스 아이Peace Eye'로 불리는 E-737 항공통제기, 공중급유기 KC-330 등을 토대로 감시정찰, 원거리 정밀타격, 작전 범위 등에서 엄청난 질적 성장을 했다. 그러나 이런 우세한 공격적 무장만으로는 김정은에게 큰 위협이 되지 못한다. 이유는 한국군 장군이 공격 명령을 바로 내릴 수 없기 때문이다. 현 '작계 5015' 계획에 따르면, 한국군의 우세한 공격 전력은 전쟁이 발발한 후 한참 뒤에나 본격적으로 사용될 수 있을 것이다.

한미연합 방위체제하에서는 지금처럼 '방어'와 '억제' 기조가 지속될 수밖에 없다. 한미연합사령관(UN군 사령관 겸직)의 임무가 '전쟁 예방'과 한반도에서의 안정된 '정전停戰 체제 관리'이기 때문이다. 한미연합사령관은 한국군의 작전계획, 연합훈련을 포함해 군사력 건설 전반에까지 직간접적인 영향력을 발휘한다. 그것은 법과 제도로 보장돼 있다. 1994년 한국군이 평시 작통권을 환수하면서, 한국 합참은 전시 대비를 위해 필수적이라 생각되는 6개 조항을 평시(정전 시)에도 관리할 수 있도록 연합사령관에게 위임했다. 일명 '연합권한 위임사항CODA: Combined Delegated Authority'이다.

연합권한 위임사항CODA 6개 조항

① 전쟁 억제, 방어 및 정전협정 준수를 위한 연합 위기관리
② 연합 작전계획 수립
③ 연합 합동교리 발전
④ 연합 합동훈련 및 연습의 계획과 실시
⑤ 연합 정보관리
⑥ C4I 상호 운용성

이에 따라 한반도 전구 작전 승리를 위해 작전계획 수립, 연합훈

련 등 핵심 분야는 평시부터 연합사령관이 직접 관장하고 있다. 실질적으로 세계 6위의 한국군 군사력에 대한 전 · 평시 명령 발령권자는 미국 4성 장군 출신의 한미연합사령관인 셈이다.

북한이 핵을 개발하는 30년 동안 세계 6위의 한국군은 아이러니하게도 '방어 사상에 젖은 군대'라는 오명을 얻게 됐다.

- 70여 년간 수많은 도발에 제대로 응징 한번 못 해본 군대
- 한미연합 방위체제하에 독자적 선제 군사행동(선제타격)을 절대 할 수 없는 시스템적으로 제한된 군대
- 로켓 강국, 핵무장국 북한군을 앞에 두고 대규모 미 본토 증원전력에 크게 의존하며 몇십 년째 전면전 작전계획 연습만 하는 군대
- 북한 핵 및 미사일이라는 명백한 적의 위협을 놓고도 적을 적이라 부르지 못하는 홍길동 같은 군대(지나치게 정권과 북한 눈치 보기 비판용어임)

새로운 선택: 미래 북핵 대응전략에 대한 고민

현재의 북핵 문제를 남과 북의 축구 A매치에 비유해보자.

한국과 북한 축구 대표팀이 총력전으로 3전 2선승제 경기를 한다. 한국이 승리하면 '북한 비핵화', 북한이 이기면 '미군 철수'여서 결코 물러설 수 없는 빅매치다. 한국 팀 감독은 오래전 영입된 미국인이다.

30년 만에 벌어진 남북 축구 1차전은 한국의 완패로 끝났다.

미국인 감독은 북한 축구 전략을 제대로 이해하지 못했다. 북한은 이른바 막무가내식 축구로, 악조건 속에서 훈련해 오기와 배짱도 있고 기동력도 우세했다. 한국이 패배한 첫째 요인은 미국인 감독이 선호하는 수비 위주의 방어전략 때문이라는 것이 중론이다. 우세한 공격력과 좋은 기량의 선수를 제대로 활용하지 못했고, 북한 팀이 지치거나 자책골이라도 넣기를 마냥 기다리는 듯 시종 맥 빠진 경기였다.

1차전 패배의 후폭풍으로, 감독 경질론이 강하게 제기되고 있다. 현 감독 체제하에서는 2차전 역시 수비 위주로, 잘해야 비기거나 지는 게임이 될 수밖에 없다는 것이다. 미국인 감독이야 지면 미련 없이 한국을 떠나면 되지만, 우리는 북한에 2차전까지 내주면 국가의 자존심과 명예 그리고 운명까지 많은 것을 한꺼번에 잃을 수 있다.

2차전은 반드시 이겨야 한다. 벼랑 끝 승부, 2차전 필승을 위해 결단이 필요한 시간이다.

필승전략 네 가지

필승전략 #1: 미국인 감독 대신 한국인 감독으로 전격 교체해보자!

한국의 운명은 한국인 스스로 결정할 수 있어야 한다.

한미 간 북핵 문제의 주도와 지원 관계는 1993년 1차 북핵 위기부터 현재의 미국 주도, 한국 지원이라는 틀로 바뀌게 됐다. 미국 주도-한국 지원이라는 현행 틀에 의해 추진된 30년 비핵화 성적표는 매우 초라하다. 모든 정책은 실패했고, 이후 성공 가능성도 안개 속이다. 거기에 통미봉남이라는 북한의 한국 '무시하기'는 노골적이다. 한국은 북핵 직접 당사자로서 더 이상 미국 의존 또는 관찰자 입장이 되어서는 안 되고 주도적 역할을 자임해야 한다. 일부에서는 북핵이 이미 미 본토를 타격하는 수준까지 발전했고, 김정은은 미국과 직접 대화 또는 거래를 원하기 때문에 한국 주도의 북핵 대응은 성공할 가능성이 없다고 주장한다.

그러나 시선을 돌려보면, 미국이 전면에 나서지 않는다고 북한이 세계 1위 군사 강국 미국을 직접 조준해서 망하는 길로 가지는 않을 것이다. 미국은 여차하면 북한을 정밀타격할 수 있는 초군사력을 보유하고 있기 때문이다. 미국은 이제 철저히 북한 무시하기 전략을 채택하고 한국을 지원하는 역할을 선택해야 한다.

한국이 30년 만에 북핵 문제의 주도적 역할을 위해 전면에 다시 등장한다면, 처음에는 당연히 큰 혼선이 따를 것이다. 그러나 미국의 지원만 있다면, 새로운 질서는 안착될 수 있다. 한국은 지금 북한을 상대할 만한, 사실 북한과 비교되지 않는 하드파워(경제, 군사력)를 갖추고 있기 때문이다. 전후 냉전체제 속에서 만들어진 대한민국 안보의 틀, 75년이 지난 21세기까지도 고집하는 이유는 '두려움인가? 무능인가?' 강대국에 국가안보의 전권을 위임하고 100년을 보낸 나라는 역사상 유례가 없을 것이다.

필승전략 #2: 작전 뒤집기, 공격 축구로 완전히 팀 컬러를 바꿔보자!

한국군이 독자적 지휘구조를 구축하는 것이 새 핵심전략이다. 우리 군을 언제든 공격할 수 있는 군대로 '확' 바꿔야 한다.

한미연합사 중심 지휘 구조하에서는 한국군이 독자적으로 북한을 공격하거나 위기를 조장하는 것은 엄격히 제한된다. 북한이 한국은 절대 선제공격하지 못한다는 믿음을 갖는 것은 이 때문이다. 한국군은 또 북핵 대응 30년간 어떤 결정이나 선택도 할 수 없는 태생적 한계를 가지고 있다. 이런 환경은 역설적으로 북한이 모든 난관을 극복하며 핵 개발을 계속할 수 있었던 여건을 보장해준 꼴이 됐다.

한국군이 독자적 지휘구조를 구축한다는 의미는 전시 작전통제권(일명 전작권) 환수와 한국군이 직접 한반도 전구작전을 계획하고 시행한다는 의미가 동시에 내재해 있다. 즉 1994년 이미 평시 작통권을 환수했기 때문에 한국군 사령관이 한반도 전쟁, 위기관리 전반에 대한 전 · 평시 모든 권한을 직접 관장하고 지휘하게 된다.

전작권 환수는 앞서 제기된 한국 주도, 미국 지원이라는 새로운 북핵 틀을 만드는 데도 결정적 영향력을 발휘하게 될 것이다. 또 김정은에게 언제든지 선제타격(공격) 받을 수 있다는 두려움을 동시에 주게 될 것이다.

필승전략 #3: 출중한 역량을 갖춘 미국인 전 감독이 한국 팀을 떠나게 해서는 절대 안 된다. 좋은 조건(총감독 또는 기술 고문 등)으로 재계약해야 한다.

한국 주도, 새로운 군사적 '틀'로의 전환에는 미국의 계속적인 지원과 지지가 전제돼야 한다. 특히 미국의 핵 확장 억제력(핵우산) 제공과 유사시 첨단장비의 한반도 전개 보장은 핵심 키워드다.

전작권 전환은 한미동맹의 큰 틀 속에서 이루어지는 지휘구조 변경에 관한 문제다. 일부에서 전작권 전환이 미군 철수라고 주장하는 것은 100% 잘못된 것이다. 또 핵으로 무장된 북한을 한국의 우세한 재래식 군사력만으로 대응 가능하다고 주장하는 것도 잘못된 생각일 것이다. 한국이 핵무장을 하지 않는 한, 미국의 핵우산 및 핵 확장억제력 보장은 필수다. 따라서 북핵 문제에 대해 한미 간 공동 협력 및 공조는 현재와 미래, 어떠한 상황 변화에서도 지속 보장돼야 한다.

필승전략 #4: 우수선수 발굴, 신기술 도입 등 중 · 장기적 관점에서 한국팀을 완전히 새롭게 구성하고 훈련해야 한다.

2차전, 3차전까지 승리를 거머쥘 시간은 아직 길게 남아있다. 반드시 승리하면 된다.

한국 안보의 최대 약점은 장기 비전과 전략 없이 단기적 성과에 집착하는 경향이 강하다는 것이다. 5년 단임제 대통령 중심 정치체제는 단기적 성과물과 표심을 의식한 안보 행보에 주력하게 만들었다. 1990년대 이후 6번의 역대 정부는 정상회담, 남북경협, 인도주의적 지원 등을 안보의 모든 것, 비핵화의 중요 성과물인 것처럼 과대 포장해 국민에게 전달했다. 안보의 착시현상을 만든 것이다. 북한 조선노동당이 70여 년간 집권 유일 정당으로 북핵 개발을 주도하는 동안 1990년대 이후 6번의 정권교체와 5년 단위 보수 · 진보 정당의 서로 다른 안보 색깔은 극단적 정책 대립과 폐기만을 반복했다. 30년간 어떤 북핵 대응전략을 제시하지도 성공하지도 못했다. 공전空轉하는 전작권 전환 및 환수 문제가 대표적 사례다. 장기 비전과 전략 부재는 한국 안보, 한국군의 틀과 구조를 20세기 냉전 시대에 머물게 했다. 격년제로 발간되는 국방백서에도 핵무장된 북한에 대한 장기적 대책은 없고 재래식 군사력 순위 28위 북한과 싸울 계획만 지면을 채우고 있다. 북한 비핵화, 북핵 대응은 장기적 안목과 긴 호흡의 행보가 필요하다.

경제 분야의 예를 들어보자.

지난 30년간 추진됐던 현 대북 경제제재는 절반의 성공으로 끝날 가능성이 크다. 만약 특별한 돌파구를 찾지 못한 채 한국과 미국이 앞으로도 경제제재 일변도의 정책을 고집한다면 북한의 어려움은 틀림없이 가중될 것이다. 그러나 북한이 절대 망하거나 비핵화를 전제로 한 협상 테이블에 등장할 가능성은 희박하다고 본다. 북한은 지금 식량 위기는 이미 벗어났고, 생필품의 국산화율도 높아졌기 때문이다. 인도적 지원이나 생필품 중심의 지원이라는 과거 대북 지원 패턴을 반복하는 한국 정부의 제안이 더 이상 먹히지 않는 이유이기도 하다.

세상의 변화와 함께 북한도 속도의 문제일 뿐 틀림없이 변할 수밖에 없다. 따라서 중 · 장기적인 새로운 북한 경제 지원 및 협력 전략이 필요하다. 한미 간 새로운 협상 전략을 마련하고, 과감하게 대북 경제제재를 해제하는 쪽에 초점을 맞춰야 한다. 지금까지의 패턴과는 완전히 다른 대규모의 통 큰 지원과 종합 경제 지원 패키지를 준비해보는 것도 좋을 듯하다. 앞으로 북한은 이런 대규모 투자와 물량 공세에만 관심을 가질 수밖에 없고, 북한 경제의 중국 경도 현상을 막을 수 있다. 특히 기간산업과 IT, 북한 젊은이들이 선호할 프로젝트를 집중 공략하는 것이 필요할 것이다. 장기적으로 북한 주민과의 소통과 새로운 인민(시민) 의식을 잉태하는 데 더 큰 기여를 하게 될 것이다.

세계 경제 대국 10위권을 달성한 한국 경제인들의 능력과 역량은 대단하다. 남북 간 경협합의와 정부의 대북 경제 정책 가이드라인만 견고하게 정립되면, 상상하는 속도보다 더 빠르게 대북 경제 지원이 가속화될 수 있으리라고 생각한다. 북한 경제의 남한 의존도를 높이는 것은 북한 비핵화의 새로운 접근법이 틀림없을 것이다.

한편, 군사 분야의 경우 중 · 장기적 접근 전략의 핵심은 북한 핵과 미사일이 한반도 미래의 가장 큰 위협이 됐다는 전제하에 출발해야 한다. 사실 핵무기만 없었다면 지금의 북한을 군사적으로 압도했을 것이다. 그러나 이제 북핵은 명실상부 군사적 측면뿐 아니라 한반도의 미래 운명을 결정할 수 있는 게임체인저가 됐다. 모든 군사 분야의 대응 방향은 북한 핵과 미사일이 가져올 수 있는 미래 위험을 대비하고 차단하는 데 모아져야 할 것이다. 어떤 것이 한국에 그리고 한국인의 미래에 더 유리할 것인가에 대한 전략적 선택이 요구된다.

필자가 제안하는 미래 핵심 주제어는 ① 완전한 전시 작전통제권〔戰作權〕 조기 환수 ② 한국형 3축 체계 발전, 압도적 군사력 건설, 공격형 군대로의 변신 ③ 한미동맹, 미래 전략적 동반자 관계로 더욱 발전 ④ 한 · 미 · 일 3국 북핵 대응 공동 군사협력 강화 등이다. 이에 대해 지금부터 좀 더 깊이 있는 논의와 제안을 하고자 한다.

변화된 시대 흐름에 맞춰 새 판과 새 틀을 짜야 한다. 두려움에 맞서는 용기와 도전이 필요하다.

03

완전한 전시 작전통제권 조기 환수에 대하여

전시 작전통제권戰作權, Wartime Operational Control Authority은 말 그대로 한반도 유사시 한국군의 작전을 통제할 수 있는 권리다.

전시 작전통제권은 당연히 한국이 가져야 하나, 현재는 한미연합사령관에게 위임돼 행사되고 있다. 1950년 7월 14일, 당시 이승만 대통령이 "현 적대 상태가 지속되는 동안 한국군의 육 · 해 · 공군 전체에 대한 지휘권을 유엔군 사령관인 맥아더 장군에게 위임"한 것이 1978년 한미연합사령부 창설과 함께 한미연합사령관에게 그대로 이관돼 현재에 이르고 있다.

전작권 문제는 1950년 한국전쟁이 남긴 냉전 시대의 유산이며, 70여 년이 흐른 지금까지 해결하지 못한 장기 미제 과제다. 1980년대 말부터 작전통제권 환수 관련 논의가 본격적으로 시작됐다. 노태우 대통령이 선거 공약으로 처음 제시했고, 한미 양국은 2년간의 협상 끝에 1990년 11월 "평시 작전통제권은 1993년까지, 전시 작전통제권은 1995년까지 전환한다"(한미군사위원회 결정)라는 최종 합의에 도달했다.

1994년 12월 1일, 평시 작전통제권이 44년 만에 이양됐으나, 계획된 전시 작전통제권은 환수하지 못했다. 가장 큰 방해물이자 훼방꾼은 1993~1994년 발생한 북핵 위기 상황(1차)과 전쟁위기설이었다.

전시 작전통제권을 계획대로 환수했다면 어떻게 됐을까?

한국군 독자 지휘체제 구축을 통해 한국 방위의 한국화와 북핵 문제를 한국 주도하에 해결할 수 있었을까? 아니면 한반도 위기 상황이 더 커지고, 미국을 다시 찾았을까? 필자의 생각은 전자다. 전·평시 작전통제권의 완전한 환수 또는 1994년 6월에 검토됐던 영변 핵시설에 대한 군사적 타격 중 어느 하나라도 제대로 시행됐다면 핵무장된 북한을 지금 마주하고 있지 않을 것이다.

30년이 흐른 지금, 우리는 똑같은 사안에 대해 선택을 요구받고 있다. '이대로 갈 것인가? 아니면 새 길new course을 갈 것인가?' 우리의 선택은 또 30년이 흐른 뒤, 후손들의 냉정한 평가를 받게 될 것이다.

전시 작전통제권(이하 전작권) 환수의 역사 개관

전작권 환수는 한국 방위의 70년 골격과 국민의 생존 그리고 미래 한반도 운명까지 바꿀 수 있는 한국 현대사의 가장 중대한 선택이 될 것이다.

한국 방위에는 두 가지 큰 틀이 존재한다. 첫째는 1953년 체결된 한미상호방위조약에 근거한 한미 군사동맹의 틀이다. 둘째는 1978년 유엔사를 대체하면서 창설된 한미연합군사령부를 중심으로 한 연합방위체제다. 전작권 전환이란 둘째에 해당하는 것으로 한미 군사동맹의 틀 속에서 전작권을 행사해온 연합사의 미래 방향(폐지, 변경, 유지 등)을 정하는 문제다. 좀 더 구체적으로 표현하면 연합사를 폐지하고 한국 단독의 지휘체제로 갈 것인가? 아니면 미국이 주도하는 현 연합사 지휘체제를 한국 주도로 바꿀 것인가의 문제다. 일부에서 "전작권이 전환되면 연합사가 폐지되고, 연합사가 폐지되면 미군 철수와 한미동맹의 와해로 이어지며, 결국 적화 통일된다"라는 주장은 잘못된 인식이고, 지나친 과잉해석이다.

전작권 환수 문제가 본격 토의되기 시작된 1990년대 초부터 지금까지 30여 년간 한국은 어떠한 결단도 하지 못하고, 오락가락 갈지之 자 행보를 보였다. 주된 이유는 북한 리스크, 미국의 정책변화, 한반도 주변 정세변화, 소위 진보 · 보수의 진영 논리, 찬반 양론으로 갈라진 국민 여론 등 여러 가지다. 연기와 전환이 반복된 이유에 대해 역대 정부를 중심으로 정리해봤다.

▷ 노태우 대통령(1988~1993): 전작권 환수에 대해 최초로 한미 합의를 이끌다

노태우 대통령의 국정 목표는 '민족자존'이었다. 한미 현안으로 ① 전작권 환수 ② 용산기지 이전 ③ 유엔사 군사정전위 수석대표의 한국 장성 임명 등 세 가지를 내걸었다. 특히 전작권 환수는 대통령 선거 공약과제로, 2년간의 합의 끝에 1993년 '평시 작통권 환수', 1995년 '전시 작통권 환수'라는 역사적인 합의를 이끌어냈다. 대통령의 자주국방 의지, 1990년대 최대 위협세력이던 소련의 붕괴 그리고 9.11테러 이후 국제 테러리즘에 대비해서 해외 주둔 미군기지 전면 재검토에 들어간 미국의 정책변화는 전작권 전환의 속도를 더할 수 있었다.

▷ 김영삼 대통령(1993~1998): 모든 것을 뒤로 미루다

1994년 12월 1일, 평시 작통권 전환 신고를 받는 자리에서 "6.25 한국전쟁의 비극 속에서 유엔군에 넘겨준 (평시)작전권을 44년 만에 환수하는 것은 자주국방의 기틀을 확고히 하는 역사적인 사실"이라고 말했다. 그러나 거기까지였다. 1994년 1차 북핵 위기와 한반도 전쟁위기설이 나오자 전작권 환수 문제를 무기한 연기한다. 역사는 전작권 전환도, 영변 폭격 계획도 반대한 대통령으로 기록하고 있다. 사실 이때 북한은 최악의 시기였다. 소련 붕괴와 동구권의 붕괴, 그리고 북한 내부적으로는 고난의 행군 기간이었으며, 설상가상 김일성이 사망(1994)했다. 결단이 필요한 시기였으나, 결단하지 않았다. 한반도의 운명을 바꿀 수 있었던 절호의 기회는 그렇게 지나갔다.

▷ 노무현 대통령(2003~2008): 전작권은 나라의 주권을 바로 세우는 일이다

"전작권 환수는 나라의 주권을 바로 세우는 일입니다. 국군 통수권에 관한, 헌법정신에 맞지 않는 비정상적인 상태를 바로 잡는 일입니다. 또 달라진 우리 군의 위상에 걸맞은 겁니다."

– 노무현 대통령 경축사, 2006. 8. 15

한미는 1년여의 논의 끝에 전작권 전환 시기를 2012년 4월 17일로 합의한다. 2006년 합의안의 주 내용은 한국군이 한반도 전쟁을 주도하는, 한측 주도–미측 지원 방식의 전작권 전환이다. 연합사를 폐지하고, 한국 합동군사령부KIFC와 미국 한국사령부USKORCOM를 각각 창설한 후, USKORCOM이 KIFC를 지원하는 방식이다. 미국과 원활한 지원체제를 구축하기 위해 별도의 기능별 군사협조기구를 두는 '병렬형 지휘구조'를 만드는 것이었다. 한국군 독자 지휘체제를 유지하면서도 미군의 지원을 확실하게 보장받을 수 있었다는 측면에서 바람직한 구조라 생각된다.

▷ 이명박 대통령(2008~2013): 전작권 환수 시기를 3년 8개월 연기하다

북핵 개발과 미사일 위협, 천안함 폭침(2010) 등 계속되는 북한발 안보 불안과 2012년을 전후해서 한국의 대선과 정권 이양이 겹친다는 이유로(예비역 장군단 중심으로 전작권 환수 반대 1천만 명 서명운동도 있었음) 전작권 환수 일정을 연기하기로 한다. 이명박 대통령과 오바마 대통령은 2015년 12월 1일로 연기를 합의한다.

▷ 박근혜 대통령(2013~2017): 시한에서 '조건에 의한 전작권 환수'로 바꾸다

2011년 말 김정은의 등장과 2013년 3차 핵실험을 이유로 미국 측에 재연기를 제안하고, 2014년 특정 시기가 아니라 조건 충족 시에 환수한다는, 소위 '조건에 기초한 전작권 환수계획COPT: Conditions-based OPCON Transition Plan'에 합의한다.

당시 전작권 전환을 위해 한미 간 합의된 세 가지 조건은 다음과 같다.

① 조건 #1: 연합방위 주도를 위해 필요한 한국군의 핵심 군사 능력 확보
② 조건 #2: 동맹의 포괄적인 북한 핵, 미사일 위협 대응능력 확보
③ 조건 #3: 전작권 전환에 부합하는 한반도 및 역내 안보환경 여건

구체적인 전환 시기는 세 가지 조건에 대한 평가와 양국 국방장관의 건의를 기초로 양국 정상이 결정하는 것으로 했다. 또 한미 양국군이 연합해 작전하는 통합형 지휘체계로 변경했다. 기존 연합사를 해체하되, 연합사령부로 미래사령부를 별도 창설, 한국 합참의장이 미래사령부 사령관직을 겸직하고, 한미연합 참모단을 구성하는 안이었다.

▷ 문재인 대통령(2017~2022): '조건에 의한 전작권 환수'를 '조속한 추진'으로 한미 간 합의하고, 추진 작업을 적극 독려하다

최초 '대통령 임기 내(2022. 5) 전환'이 공약사항이었으나, 2017

년 한미정상회담 시 '조건에 기초한 전작권 환수'를 조속히 추진하는 것으로 합의가 이루어졌다.

2018~2019년 'COPT 수정 1호', '전작권 전환 이후 연합방위 지침' 등 4건의 전략문서에 서명한다. 주요 내용은 다음과 같다.

① 미래연합사는 현 연합사와 유사한 구조를 유지한다(현 연합사 유지).
② 사령관은 한국군 4성 장군, 부사령관에 미군 4성 장군을 임명한다.
③ 미국은 대한반도 확장억제를 지속 제공한다.
④ 연합사 본부는 평택 험프리스 기지로 이전한다.

이 환수계획은 한국군 4성 장군이 지휘한다는 것만 차이가 있을 뿐 사실은 현재 연합사 체제와 기본적으로 동일한 구조를 갖게 되는 형태다. 군사주권의 완전한 달성, 한국군 독자 지휘체제 구축 등 전작권 환수를 추진하는 이유를 전혀 충족시키지 못하는 중대한 결함을 가지고 있다. 다행인지 불행인지 코로나19로 정상적인 조건 평가 절차를 밟지 못하고 있을 뿐 아니라 미국의 전환 반대 입장 고려 시 임기 내 전환은 사실상 물 건너간 듯하다.

> "현 작전 상태가 계속되는 동안의 지휘권 일체를 이양하게 된 것을 기쁘게 여기며 … 한국군은 귀하의 휘하에서 복무하는 것을 영광으로 생각할 것이며 …"
>
> – 이승만 대통령이 맥아더 장군에게 군을 지휘해 달라는 편지내용 중에서

"the most remarkable concession of sovereignty in the entire world" (지구상에서 가장 놀라운 형태로 주권을 양보한 사례)

– 리처드 스틸웰 전 주한미군 사령관, 한국전쟁 시 현역 대령으로 복무

1950년 7월 위대한 대한민국의 작전통제권은 이렇게 유엔군에 넘어갔다. 70여 년이 지난 지금 가난했던 대한민국, 미약했던 국군은 세계 10위의 경제 대국, 세계 6위의 군사 강국이 됐다. 그러나 전작권은 아직도 환수되지 못하고 있다.

오락가락 30년, 전작권 환수 추진과정에 대한 비판

30년 전인 1990년 초 한미 간에 합의된 전작권 전환 및 환수가 무한공전空轉 – '연기延期 또 연기', '시간에서 조건條件으로' 그리고 환수방식의 변경(병렬형, 통합형, 현 체제유지 등)으로 계속 바뀌고 있다.

무엇이 문제인가?

북한 변수, 미국의 정책변화, 한국 내 사정, 한반도 주변 안보환경 등 여러 이유가 당연히 존재할 것이다. 그러나 역시 가장 중요한 것은 한국(인)의 의지가 결집되지 못하고 있다는 것이 핵심요인이라 생각된다. 2020년 9월, 전작권 전환의 지체 사유를 논의하는 국회 대정부 질의 간에 당시 국회 국방위원장이 매우 중요한 발언을 한다.

"전작권 환수는 조건 충족이 아니라 정치적 결단으로 가능하다."

이 말에는 두 가지 큰 시사점이 있다고 생각한다. 첫째는 전작권 환수를 최종 결정할 수 있는 주체는 '조건'도, '미국'도 아닌 '한국 국민'이라는 사실을 강조하고 있는 말이고, 또 다른 의미는 역설적이지만 국민의 합의 없이는 국가의 운명과 국민의 생존이 걸린 매우 중대한 안보 사안이기에 대통령도 함부로 '정치적 결단'을 할 수 없다는 뜻을 동시에 포함하고 있다.

전작권 환수와 국민적 합의 … 한국사회의 현실은 '전작권 전환 시기상조론'과 '군사주권 조기 회복론'이 지금도 팽팽히 맞서는 형국이다. 이렇게 된 가장 주된 이유는 국민적 합의를 이끌어내기 위한 역대 정부의 노력이 매우 미온적이었고, 제한적이었으며, 어떤 정부는 당대에 논의 자체를 원하지 않았기 때문이다. 실제로 대다수 국민은 물론 외부 안보 관련자들도 전작권 준비가 종합적으로 어떻게 진행되는지 알 수 없는 상황이다. 지금도 전작권 환수조건 세 가지만 개념 차원에서 언론에 공개돼 있고, 조건별 세부 과제는 비밀로 관리되고 있다. 물론 국가안보 관련 사항이라 전면 공개는 곤란하겠지만, 큰 틀에서는 적절한 시기마다 국민에게 설명함으로써 국민의 공감을 얻는 노력이 선행될 때, 추진 동력을 얻을 수 있다고 생각한다.

지난 30년간 전작권 환수 진행에 노정된 여러 문제 중에서 반드시 짚고 넘어갈 필요가 있다고 생각되는 4개의 핵심 화두에 대해 필자의 관점에서 비판하고자 한다. 이는 전작권 환수 문제에 대한 독자들의 이해와 공감력을 높이는 데 기여할 수 있을 것으로 기대한다.

비판 #1: 전작권을 환수하는 근본 대의大義가 오락가락했다.

국가를 구성하는 3대 요소는 국민, 영토, 주권이고, 전작권 환수는 군사주권을 회복하는 것이다. 전작권 환수란 한국군의 독자 지휘체제를 구축하는 것이다. 즉 한국 대 미국이 대등한 입장에서 군사주권을 갖게 되고, 한미동맹의 틀 속에서 한반도 작전을 효율적으로 수행하기 위해 한국이 전체적으로 전구 작전을 주도하며, 미국이 이를 지원하는 정상적인 역할 구도를 만드는 것이 완전한 전작권 환수의 최종 목표이자 대의大義다.

이런 대의가 무너진 것은 2014년 박근혜 정부의 '조건에 기초한 전작권 환수 계획' 합의안에서부터 나타나기 시작된다. 사실 그 이전까지는 한국이 전체적으로 작전을 주도하고, 미국은 지원 역할을 수행하는 독립적인 병렬형 지휘구조를 전작권 환수의 기본 틀로 유지하고 있었는데, 박근혜 정부의 합의안에서 갑자기 한국 합참이 주도하는 새로운 미래사령부 설치와 한미연합 참모단 구성안으로 바뀐다. 이는 기존 연합사는 해체하지만, 한미 양국군이 연합작전을 수행하는 통합형 지휘구조를 의미한다.

문재인 정부의 전작권 환수방식은 한발 더 나아가 현 연합사 체제를 그대로 유지한 가운데 사령관만 미국에서 한국 4성 장군으로 바꾼다는 내용으로, 이는 독자적인 한국군 지휘체제 구축이라는 전작권 전환의 대의에서 벗어난 매우 중대한 결함을 갖게 된다. 물론 현 체제를 바꿔보겠다는 의지와 노력은 긍정적으로 이해할 수 있지만, 이런 반쪽짜리(불완전한) 전작권 환수가 이루어진다면 국군통수권자의 지휘권은 여전히 한미연합 지휘 형태로 행사된다는 점에서 계속적인 논란이 될 수밖에 없을 것이다.

일부에서는 70년간 유지된 한미연합 방위지휘체제는 지구상에서 가장 효율적인 제도이고, 전작권을 미국에 위임한 것은 연합방위의 한 방법으로, 현대국가에서 통상적으로 채택하는 방식이라고 주장하는 사람들이 많다. 또 나토군의 지휘체제를 종종 그 실례로 사용하곤 한다. 그러나 나토 국가의 경우는 우리와 조금 다른 것이 자국 군대의 10% 정도만 나토에 파견하고, 이를 미국 사령관이 전시에 지휘 통제하는 시스템이다. 나머지 90%는 자국 대통령들이 행사한다. 대부분의 군사력을 타국 군에 70년 이상 위임해놓은 경우는 역사적으로 한국뿐일 것이다.•

비판 #2: '조건에 의한 전작권 환수'에서 말하는 '조건'을 충족하기는 사실 쉽지 않을 것 같다.

박근혜 정부에서 한미 합의로 만들어진 그리고 지금도 계속 유효한 전작권 환수 3대 조건을 중심으로 하나하나 분석해보자. 물론 필자의 개인적인 관점이다.

• 권영근(2017. 3. 18), "차기 대통령이 곧바로 전작권 전환을 추진해야 하는 이유", 한국국방개혁연구소 Issue/Focus 칼럼.

첫 번째 조건인 '연합방위 주도를 위해 필요한 한국군의 핵심 군사 능력 확보'는 3단계 검증을 통해 미래 연합사의 임무 수행 능력을 점검하도록 되어 있다.

① 1단계: IOCInitial Operational Capability(기본 운용 능력) 검증
미래 연합사의 최소한의 임무수행 능력 검증

② 2단계: FOCFull Operational Capability(완전 운용 능력) 검증
미래 연합사의 충분한 임무수행 능력 검증

③ 3단계: FMCFull Mission Capability(완전 임무수행 운용 능력) 검증
미래 연합사의 완전한 임무수행 능력 검증

최근 뉴스 보도에 "전작권 전환 검증 또 불발, 문 정부에서 전환 사실상 무산"이라는 내용이 있었다. 실제로 1단계 평가는 2019년 마쳤으나, 코로나19로 2단계, 3단계 평가를 수행하지 못했고, 2단계 평가는 빨라야 2021년 말이 될 것이라는 내용이었다. 그러나 필자가 생각할 때는 벌써 꽤 오랫동안 한국군이 전작권 환수 준비를 해왔고, 실제로 한국군의 우수한 능력을 고려할 때, 연합방위 주도를 위한 핵심 군사 능력 확보는 시간 문제일 뿐 결국 충족될 것으로 생각한다.

문제의 핵심은 전환 조건 2번과 3번을 만족시킬 수 있는가다.

전환 조건 2번인 '북한의 핵 및 미사일 대응능력 확보'의 경우, 사실 필자뿐 아니라 국민이 대부분 조건 충족의 최종 상태를 잘 모른다. 이미 앞에서 확인했지만, 북한은 핵 개발국에서 핵보유국으로 그리고 2021년 이후는 더 강력한 핵무장의 길로 들어섰다. 한국이 첨단 전략자산을 확보하고, 한국형 미사일방어체계KAMD를 구축하는

등 많은 노력을 기울이고 있지만, 진화하는 북핵 및 미사일을 따라잡아 대응능력을 완벽히 구축하는 것은 단기간에 끝날 수 있는 일이 아닌 듯하다. 아마도 자체 핵무장 또는 북한 비핵화가 전격적으로 합의되지 않는다면 여간해서는 만족시키기 어려운 조건이다.

전환 조건 3번인 '한반도 및 역내 안보환경 안정'이라는 조건은 더욱 어두운 그림자다. 미중의 신냉전 구도와 체제 경쟁이 본격적으로 가속화될 것이다. 미래 한반도 주변 안보정세는 한마디로 불확실성이 깊게 자리 잡은 모양새다. 실제로 미국 · 일본 · 호주 · 인도 4개국이 참여하는, 대중국 견제를 위한 아시아의 나토 '반중 쿼드Quad'가 2021년 3월 첫 정상회의를 시작으로 본격 가동되기 시작했고, 미국이 중심이 된 '인도-태평양 전략'과 중국의 '일대일로一帶一路 전략'의 충돌이 가져올 미래는 예측하기 어렵다. 소위 전략적 모호성(?)을 견지하고 있는 한국에게는 매우 곤혹스러운 상황이 될 것이다. 이래저래 한반도 주변 역내 미래 환경은 더욱 복잡해질 듯하다.

결론적으로 전작권 환수(전환) 조건을 완벽히 만족시킨다는 것은 결코 쉽지 않다. 엄격히 조건 만족만을 고집한다면 전작권 환수는 요원할 수밖에 없을 것이다.

비판 #3: 미국의 전작권 전환 정책 방향은 그때그때 달라졌다.

전작권 전환 관련 미국의 정책은 그때그때 달랐다. 앞으로도 언제든지 변할 수 있다는 의미다. 노무현 정부 시절 한미연합사령관(2006~2008)을 지낸 버웰 벨Burwell B(axter) Bell 전 사령관이 2021년 2월 10일자 VOA에서 밝힌 개인 성명서가 화제다.

> "북한이 핵무기로 무장하고 있는 한, 전시작전통제권(전작권) 전환을 추진하면 안 된다. 전작권 전환이 강행되면 뒷일을 보장하지 못한다. 오랜 동맹에 균열이 생기면 한국은 북한에 복속될 위험이 커진다."

대단히 충격적인 주장으로, 전작권 전환이 이루어지면 미국이 동맹파트너 역할에 전념하지 않을 수 있고, (중국의 대북 군사적 지원이 보장된) 북한이 한국군을 격퇴할 가능성이 크다는 내용이다.

그런데 2006년 5월 3일, 당시 한미연합사령관으로서 버웰 벨 장군은 똑같은 화두에 대해 완전히 다른 반대 의견을 피력한 바 있다.

> "독자적인 작전통제권 행사와 관련한 대한민국의 열망은 미국 입장에서 보면 자연스러운 것이며 타당성이 있다고 생각한다. 미국은 전작권 전환 방안을 강구할 준비가 되어 있었다. 전작권 전환에 관한 럼스펠드 국방장관의 이전 발언을 상기시킨다면, '미국은 한국이 적합하다고 생각하는 속도'로 전환을 추진할 것이다."

2006년과 2021년 벨 사령관의 인식이 '왜 이렇게 180도 바뀐 것일까?' 사실 2006년 한반도 상황은 매우 위험했다. 2002~2003년, 북한이 우라늄 농축 사실을 인정하면서 2차 북핵 위기가 발생했고, 특히 2006년 10월 9일 1차 북한 핵실험이라는 대형 사건이 있었다. 이런 상황에서도 그는 전작권 전환을 매우 긍정적으로 평가하고 빠른 전환 시행을 강조했던 인물이다.

우리가 유념해야 할 중요한 사실은 전작권 전환에 대한 미국 입장은 국가전략과 국방정책 방향 그리고 전략적 이익에 따라 언제든지 달라질 수 있다는 것이다. 전작권 전환에 대해 미국과 한국이 새 합의를 이뤘을 때의 상황을 개관해보면 아래와 같으며, 시사하는 의미가 크다.

▷ 노태우 대통령 시절(1988~1993)

미국이 전략적 중심을 소련과 동구권 몰락과 함께 유럽과 중동지역으로 전환한 시기였다. 이때 소위 '미국의 스윙전략The Swing Strategy'에 따라 중동 또는 지중해에서 분쟁 발생 시 주한미군을 포함한 아시아 주둔 미군을 전환하는 계획을 발전시키고 있었으며, 한편에서는 냉전 종식과 함께 '넌-워너Nun-Wanner 수정법안'에 따라 미국의 재정적자를 과감히 줄이기 위한 해외 주둔 미군의 병력 감축이 동시에 진행되고 있던 시대였다. 이 시기와 맞물려 최초의 전작권 전환 관련 한미 합의안(1993년 평시 작통권 전환, 1995년 전시 작통권 전환)이 만들어지게 되었다. 미국의 당시 정책 방향은 빠른 전작권 전환이었다.

▷ 노무현 대통령 시절(2003~2008)

2006년 전작권 전환 한미 합의안(2012년 4월 17일 전환)은 미국이 이라크 전쟁(2003~2011)과 아프가니스탄 전쟁(2001~2014)을 동시에 수행하면서 안보제공의 한계를 실감해 해외 주둔 미군 재배치GPR를 추진한 움직임과 맞물려 있다. 당시 럼스펠드(부시) 독트린에 의해 대테러전이 강화되면서 붙박이 주한미군을 좀 더 융통성 있게 활용하고 싶은 계산이 작동됐을 것이고, 실제 주한미군도 감축됐다. 한미 양국은 전략적 전환 계획STP을 수립하고, 최초로 기본운용능력 검증(2009)을 수행하게 됐다.

▷ 박근혜 정부 시절(2013~2017)

'조건에 의한 전작권 전환'이 나온 시기는 미국 오바마 행정부의 2011년 '아시아 중심전략Pivot to Asia' 정책 천명과 연관돼 있다. 미국이 전략적 중심을 아시아 · 태평양지역으로 돌린 것이다. 즉 '아태지역 재균형 정책'이다. 이런 미국의 정책변화 속에서 기존에 추진해오던 '시기'의 한정이 아니라 '조건'이 등장하게 됐고, 새로운 합의안이 도출되었다. 중국의 급부상과 북한 핵 위협의 현실화를 고려해 한미는 '조건에 기초한 전작권 전환'으로, 지휘구조는 합참 내 미래사령부Future Command를 두되, 한미연합 참모단을 구성해 기존의 연합지휘구조를 유지하는 것으로 최종합의하게 되었다. 이때 정해진 '조건'이 지금까지 유효하다.

문재인 정부로 들어오면서 중국의 지역 패권 부상과 미 본토에 대한 북한 핵 위협이 계속 증가하는 가운데 한국 대통령의 선거 공약사항인 '임기 내 전환(2022)' 의지를 실천하는 차원에서 한미 양국은 '조건에 의한 전작권 전환'이라는 기본 원칙은 유지한 가운데, 조건 만족 시 단일 연합지휘 구조로 '미래 연합사령부Future Combined Forces Command'를 두고(현 연합사 체제 유지), 한국군 4성 장군을 연합사령관으로 두는 절충안을 확정하게 됐다. 그런데 최근 들어 전작권 전환 관련 미국의 발언들이 벨 전 연합사령관만큼이나 강력하고 직설적으로 계속되고 있다.

마이클 오핸런Michael O'Hanlon 브루킹스연구소 선임연구원은 기고문(2020. 1. 23)에서 다음과 같은 꽤 수위 높은 주장을 펼쳤다.

> "문재인 대통령이 임기 내인 2022년까지 전환을 목표로 추진하고 있으나, 전환 조건을 만족시키는 어떤 지표도 확인할 수 없다. 그러나 북한이 핵능력을 고도화해 한반도를 넘어 투사능력을 갖추기 시작했다는 사실과 중국과 북한이 주요 동맹이라는 점, 미 본토까지 위험에 빠뜨릴 수 있는 잠재적 미중 전쟁 가능성이 있다. 전작권 전환 논의 자체를 중단해야 한다."

미 중앙정보국 북한 분석관을 지낸 브루스 클링너Bruce Klingner 헤리티지재단 선임연구원은 2020년 1월 27일자 VOA와의 인터뷰에서 다음과 같이 말했다.

> "오핸런 선임연구원이 제시한 근거들은 공감하지만, 전작권 전환 논의 자체를 중단해야 한다는 주장에는 동의하지 못한다. 영원히 없을 것이라는 공식적인 표명은 한국 정부와의 관계를 악화시킬 뿐 아니라 동맹 자체를 의문시하는 한국 내 여론 형성에 부정적 영향을 미칠 수 있다. 한국군은 지휘, 통

제, 통신, 정보, 감시, 정찰 등을 효율적으로 수행하기 위한 체계인 C4ISR 능력에 상당한 결점을 드러내고 있다. 조건이 충족되지 않는 한 전작권 전환은 어렵다."

전체적으로 공식 · 비공식 계통의 공통적인 목소리는 전작권 전환 '조건'이 충족되지 못했기 때문에 '조건' 만족 시까지 전환은 불가不可하다는 분위기다. 사실 현 정부 임기 내 전작권이 환수될 일은 없을 듯하다. 더 우울한 것은 앞으로의 전망도 그렇게 밝지 않다는 것이다.

30여 년간 진행된 전작권 환수(전환)를 위한 한미 간 합의 과정을 보면, 두 가지 결론에 도달할 수 있다.

첫째, 미국은 전작권 전환 문제를 미국의 국가전략과 국방정책 그리고 전략적 이익에 따라 철저히 검토하고 있으며, 미국 조야 및 한미동맹 관련 연구 집단 그리고 예비역 그룹에서 동일한 목소리를 내고 있다는 사실이다.

둘째, 전작권 환수를 최종 결정하는 주체는 '조건'이 아니라 '한국 국민'이라는 사실이다. 미국은 문재인 정부의 '임기 내 전환(2022)' 같은 시한부 결정을 상당한 부담으로 받아들이고 있을 것이다. 그래서 벨 전 연합사령관이나 많은 전문가가 강한 톤으로 반대 입장을 내놓고 있다고 생각한다. 아마도 혹시나 강행될 수 있는 정치적 결단 등과 같은 예기치 않은 사태를 사전 염려하는 듯한 행보로도 볼 수 있다. 한국 국민 대다수가 '무조건 환수'를 결정하면, 이를 기반으로 한국 대통령은 즉시 '정치적 결단'을 할 수 있기 때문이다. 미국으로서는 한국 정치권 반응, 국민 여론 등이 매우 중요한 이유이기도 하다.

비판 #4: 역대 한국 정부의 다음 정부로 미루기 패턴은 전작권 환수의 추동력을 약화시켰다.

전작권 환수 30년 한국 정치사를 들여다보면, 역대 정부들의 환수 의지를 의심할 만한 일정한 패턴을 확인할 수 있다. 해당 정부 집권 시기에 어떠한 결정도 하지 않고, 슬쩍 다음 정부로 책임을 떠넘기는 경향을 보이고 있다는 것이다. 물론 전작권 환수 작업이 매주 중대하고, 시간도 많이 걸리고, 고려할 것도 많을 수밖에 없다. 그러나 일관된 다음 정부로 미루기 패턴은 군사주권 회복이라는 국가적 사업의 추진 동력을 결과적으로 약화시켰다고 볼 수 있다. 결국 30년이 흐른 지금, 역대 정부들의 책임 회피는 국민을 더 불확실한 위험 속으로 빠뜨렸다고 생각한다. 만약 1990년대 계획대로 전 · 평시 전작권을 동시에 환수했더라면, 북핵 문제는 다른 양상을 만들 수 있었을 것이고, 핵보유국 북한을 대면하는 일은 절대 없었을 거라고 확신한다. 소위 보수나 진보라는 정치 진영 논리나 이념의 잣대를 떠나 진지한 성찰이 필요한 부분이다.

노태우 정부(1988~1993)

- 1993년 평시 작통권 환수, 1995년 전작권 환수 합의
- 평시 작통권만 환수, 전작권 환수는 다음 정부로 미룸

김영삼 정부(1993~1998)
- 1995년 전작권 환수 합의 내용을 다음 정부로 무기한 연기

김대중 정부(1998~2003)
- 전작권 환수 논의 없음

노무현 정부(2003~2008)
- 다음 정부인 2012년 4월 17일을 환수일로 확정(최초의 시한 확정)

이명박 정부(2008~2013)
- 다음 정부인 2015년 12월 1일로 환수 일정을 3년 6개월 미룸

박근혜 정부(2013~2017)
- '조건에 의한 전작권 환수'로 추진 방식 변경, 다음 정부로 미룸

문재인 정부(2017~2022)
- '임기 내 환수(2022)' 추진 공약

문재인 정부 들어 '임기 내 환수(2022)' 목표를 내걸고 추진하고 있으나 쉽지 않을 듯하다. 실제로 2021년 5월 한미정상회담에서, 1979년 제정됐던 한미 미사일 지침의 완전 폐지에 합의함으로써 소위 미사일 주권을 회복하는 큰 성과를 달성했지만, 회담 결과 어디에도 전작권 전환 및 환수에 대한 구체적 언급이나 미래 방향에 대한 검토는 찾아볼 수 없었다. 결국 미국의 강한 반대 기류 속에서 '조건'이라는 함정에 걸려있는 모양새이고, 이는 앞으로도 상당 기간 지속될 형국이다.

만약 이대로 해결되지 못한다면, 다음 정부 및 대통령은 전작권

전환에 대한 국민적 합의를 도출할 수 있어야 한다. 국민적 합의를 기초로 전작권 환수 문제를 주도적으로 끌고 갈 수 있어야 하고, 결정적 시기에는 '정치적 결단'까지 할 수 있어야 한다고 생각한다.

북핵 앞에서: 완전한 전작권 전환 조기 환수에 대하여

가까운 미래, 10년 뒤 그리고 20년 뒤… 변하지 않을 유일한 상수常數는 핵보유국 북한과 북핵 능력 고도화일 것이다.

필자는 2부 '북핵 위협, 진짜 위기는 아직 오지 않았다'에서, 4차 그리고 5차 북핵 위기가 발생할 것을 경고한 바 있다.

브루스 부에노 데 메스키타Bruce Bueno de Mesquita 미국 뉴욕대 석좌교수가 2010년 저서 『프리딕셔니어 미래를 계산하다*The Predictioneer's Game*』에서 김정일과 북핵을 예측한 내용이 있어 소개한다. 그의 게임 이론에 기초한 10여 년 전의 예측이지만, 지금도 계속 유효하다고 생각한다.

"핵무기 생산능력을 없앤다면 김정일은 더 이상 국제사회, 특히 미국이 약속을 어기더라도 실효성 있는 위협 수단을 갖지 못하게 된다. 그런 상황에서는 국제사회가 약속을 어길 것이 뻔하므로 그는 절대로 핵 프로그램을 폐기하지 않을 것이다. (중략) 돈과 안전보장은 핵 프로그램 중단의 대가이지 해체의 대가가 아니다."

메스키타 교수는 또 선출자이론Selectorate Theory을 북한 정권에 적용하며 김정은은 자신의 정치적 생존을 더욱 높여줄 핵 도발을 멈출 이유가 전혀 없다고 다시 한번 강조하기도 했다.

많은 사람은 북핵 때문에 전작권 전환 절대 불가론을 주장한다. 전작권을 전환하면 전쟁 억제 곤란, 핵우산 담보 곤란 그리고 동맹의 균열까지 감수해야 한다고 이야기한다.

과연 그럴까?

30년간 검토된 전작권 전환은 한미동맹의 군사 지휘구조 변화일 뿐 주한미군 철수를 고려한 어떤 합의안도 없었다. 특히 2018년 한미 합의안의 경우에는 연합사 체제 자체도 전혀 변함이 없다. 단지 중요한 변화는 한국군 장성이 사령관이 되고, 미군 장성이 부사령관이 된다는 것뿐이다. 한반도 전쟁 억제를 보장하는 미국의 역할변화를 명시한 조항은 어디에도 없다.

핵우산의 경우를 보자. 만약 미국이 비핵 동맹국 한국을 핵 위협에서 보호해주지 못한다면, 전 세계 비확산체제는 위기에 봉착할 것이다. 비확산체제는 핵보유국이 우방국에 제공하는 확장억제(핵우산) 공약과 불가분의 관계에 있다. 만약 미국의 핵우산 제공이 곤란하다면, 우리는 생존을 위해 핵무장을 해야 할 것이다. 그러나 세계는 이를 절대 허용하지 않을 것이다.

또 북한 핵 위협은 한국군 단독의 문제가 아니라 미국 및 일본 등 동아시아 지역 전체의 공통적 위협이 되고 있다. 한국에 핵우산을 제공하지 않는다는 것은 특히 북핵 위협의 직접적 당사자인 일본으로서는 상상할 수 없는 일일 것이다. 북핵 위협 대응은 전작권 환수를 하지 못하는 결정적 변수나 조건이 아니라 전작권 전환 유무와 관계없이 한·미·일이 공동으로 대응할 아태지역과 미국 본토에 대한 북한의 핵 선제타격을 막아야 하는 공통의 핵심 안보 과제로 이해돼야 한다.

전작권이 전환(환수)된다면 한미동맹의 균열을 필연적으로 가져올 것이라고 한다. 그러면 반대로 다음과 같은 질문을 해보자.

'미국 정부는 최근 전작권 전환에 대해 왜 '조건' 충족만을 강조하며, 소극적인 입장을 견지하고 있을까?'

미중 체제 경쟁 등 유동적인 미래 안보환경하 한반도에서 군사적 주도권을 놓고 싶지 않다는 고려가 클 것이다. 또 국지적 충돌 등 각종 위기 단계에서 한국군에 대한 통제가 약해지지 않을까 하는 우려도 있을 것이다. 미중 신냉전 시대, 한반도는 미국에 일종의 전초기지前硝基地 같은 중요한 지역이다. 대중 봉쇄전략인 '쿼드Quad' 체제하에서 한반도는 소위 대륙세력의 해양 진출을 막는 방파제 역할뿐 아니라 중국 봉쇄의 최첨단이 될 수밖에 없다. 전작권 전환과 동맹 균열과는 인과관계가 전혀 없다. 오히려 미국과 상호 대등하게 전략적 이익 공유에 대해 논의할 수 있는 유리한 환경을 맞고 있는지도 모른다.

현재의 한미연합 방위체제 틀 속에서 핵무장 된 북한을 상대하는 것은 한반도 전쟁 예방과 평화를 담보하기에는 훨씬 유리할 것이다. 그러나 그것은 영원하지 않을 수 있으며, 현실에 안주하는 것은 '위험한 평화'가 될 수 있다.

한국이 아무런 준비(전작권 환수 등)도 하지 않는다면 가까운 미래에 만날 수 있는 몇 가지 위험이 있다.

첫째 위험은 북한의 핵무장 강화 속도와 규모가 예사롭지 않다는 것이다. 4차 · 5차 북핵 위기는 예상보다 더 빨리 다가올 수 있다. 김정은은 가까운 미래에 미국과 실제로 일대일 대결 구도를 만들어 갈 수도 있다.

두 번째 위험은 이제까지와 똑같이 미국 주도 – 한국 지원이라는 비핵화 틀, 한미연합 지휘체제 속에서 어떤 결정도 내릴 수 없는 한국군대에 대해 북한의 통미봉남, 즉 한국 무시하기는 아주 당연한 것으로 굳어질 수 있다. 특히 한국이 믿고 있는 경제 · 기술적 북한 지원 프로그램도 옛날처럼 더 이상 꼭 필요하지 않기 때문에(세계의 공장이 된 중국의 급성장에 기인) 그럴 개연성은 더욱 크다. 이럴 경우 한국은 북핵 문제에서 무의지 · 무기력증에 빠지게 되고, 그저 미국만 바라볼 수밖에 없는 상황에 처하게 될 수도 있다.

세 번째 위험은 북핵 능력이 레드라인을 넘었을 때, 북미 간에는 전격적인 빅딜이 이루어질 수 있고, 어느 날 갑자기 주한미군이 떠날 수 있다. 북한의 ICBM과 SLBM이 미 본토를 타격할 수 있는 능력을 확보했다고 판단될 때(레드라인 도달) 미국의 정책과 여론은 일순간에 달라질 수 있다. 미국은 독립 이후 250여 년 동안 '국민의 안전'을 지키는 것을 가장 큰 국가 목표로 생각하고 있다.

한반도에서의 위험한 평화, 한국이 만날 최악의 미래 시나리오는 우리가 아무런 준비도 없이 현실에 안주했을 때 찾아올 것이다. … 미래 어느 날 갑자기 미군이 철수하고, 중 · 단거리 핵미사일과 전술핵무기에 무방비로 노출될 때, 한미연합 방위체제 속에서 80년, 90년을 보낸 한국, 한국군대는 고통스러운 굴욕을 당할지도 모른다.

다음의 또 다른 스토리는 우리에게 색다른 시선으로 미래를 볼 것을 경고한다.

▷ 맥그리거 전 트럼프 행정부 국방장관 선임보좌관의 한국 방위에 대한 인식

트럼프 전 미 대통령은 임기 말 재선을 염두에 두고, 더글러스 맥그리거Douglas McGregor를 국방장관 선임보좌관으로 임명했다. 트럼프가 재선됐다면 한국 방위에서 그의 인식은 실제로 영향을 미쳤을 것이다. 그의 주장의 일면들을 제시해본다.

- 한국의 운명은 한국이 결정해야 한다.
- 한국 주도의 통일을 전제로 주한미군 철수까지 검토해야 한다.
- 미국은 북핵 문제 해결을 위한 주도권과 전시 작통권도 한국에 넘겨야 한다.
- 북한이 한국과 전쟁하면 도저히 이길 수 없으니, 미 지상군은 한국에 주둔할 필요가 없다.
- 한국은 훌륭한 성공 스토리를 갖고 있는 나라이며, 미국은 한반도 문제를 해결할 능력이 없다.•

결론적으로 강력한 핵무장국 북한에 대한 한국의 분명한 대응은 완전한 전시 작전통제권(전작권)을 가능한 한 빨리 조기에 환수하는 것이다.

'완전한'이라는 의미는 한국의 독자적인 작전수행 체계를 말한다. 한국 주도-미국 지원의 한국 방위체제를 새롭게 구축하는 것이다. 미국으로부터 핵우산만 보장된다면 한국의 힘으로 전쟁 억제력을 발휘할 수 있고, 한국군을 공격형 부대로 바꿀 수 있다. 이는 김정은에게 실질적 위협이 될 것이며, 핵무기 개발의 속도를 저지할 수 있을 것이다. 한국군은 미래에 대비한 군사력 건설과 한국형 전구 작전계획을 스스로 만들고 수행할 수 있게 된다. 지금 문재인 정부에서 논의되고 있는 '조건에 의한 전작권 환수'와 기존 연합사 체제 유지하에 한국군 장성을 사령관에 임명하는 졸속안은 오히려 철회돼야 한다. 2006년 합의된(노무현 정부 시절) 병렬형 지휘구조 형태가 가장 이상적이다. 2006년의 정신으로 회귀해야 한다. 그것이 미래의 한국, 한국군이 살 길이다.

'조기 환수'라는 의미는 빠르면 빠를수록 좋다는 의미다. 다음 정부는 시한을 정해놓고 전작권을 환수해야 한다. 그래도 완벽한 한국형 군대 및 독자적 작전 수행 체제를 갖추기까지는 5~10년 이상 소요될 것이다.

• 폭스 뉴스 대담, VOA(미국의 소리) 인터뷰, AXIOS 보도 내용 중심으로 필자가 정리한 내용임.

국군의 제2 창군은 전작권이 환수되는 날이다.

대한민국 수립 100년째 되는 2048년 국군의 날, 우리 국민이 진정 자랑스러워할 수 있는 한국군이 되어야 한다.

지금 준비하고, 지금 행동하지 않으면 안 된다. 미래를 볼 수 있는 지혜로운 지도자, 위험을 감수할 수 있는 용기 있는 지도자가 출현하기를 기대해본다.

04

한국형 3축 체계 구축에 대해

어느 날 서울 도심 한가운데서 익숙하지 않은 요란한 공습 사이렌 소리를 듣게 되고, TV 자막에 '북한 미사일 발사', '핵무기 탑재 미확인', 그리고 "실제 상황" … "실제 상황"이라는 방송 진행자의 다급한 목소리를 듣게 된다면 어떻게 할 것인가?

'한국형 3축 체계 구축'(핵 · 대량살상무기 대응)은 유사시 북한의 핵과 미사일 공격에 대비하기 위한 국가적 방위 시스템을 구축하는 프로젝트를 말한다.

1축은 킬 체인Kill-Chain이다. '전략 표적 타격'으로도 불린다. 발사 징후가 포착된 전략 표적, 즉 북한 핵 및 미사일에 대해 선제적으로 먼저 타격하는 체제다. 30분 안에 표적을 타격하는 것을 목표로 한다. 쉽게 말해 북한이 핵이나 미사일을 발사하기 전, 먼저 쏘지 못하게 목표물을 타격하는 전술이다.

2축은 한국형 미사일방어체계KAMD: Korea Air and Missile Defense로 날아오는 미사일을 잡는 것이다. 일명 '한국형 미사일 방어'로도 불린다. 킬 체인으로 제압하지 못한 적의 탄도미사일이나 항공기를 공중에서 요격하는 방어체계다. 발사된 미사일이 우리 땅에 도착하기 전에 공중에서 요격해서 무력화하는 전술이라고 보면 되겠다. 우리가 잘 알고 있는 '패트리엇 미사일'과 '사드 미사일' 등이 미사일 방어 무기들이다.

3축은 대량응징보복KMPR: Korea Massive Punishment and Retaliation, 일명 '압도적 대응'으로 불리기도 한다. 적이 미사일 공격을 할 경우, 우리도 대규모 미사일 발사로 보복한다는 한국군의 군사전략이다. 즉 2격the second strike으로 상대국에 똑같이 보복함으로써 '공포의 균형'을 맞추겠다는 것이다.

'한국형 3축 체계'는 2019년 남북 그리고 북미정상회담 등 화해 분위기 속에서 북한을 지나치게 자극한다고 하여 '핵 및 대량살상무기WMD 대응'으로 이름을 바꾸고, 전략 표적 타격(1축), 한국형 미사일 방어(2축), 압도적 대응(3축)이라는 새로운 명칭을 사용하게 된다.

필자의 생각은 한국형 체계K-System라는 의미가 시스템 전반을 지배하고 있다는 측면과 '3축'이 주는 어감이 적에게 더 위협적이고 군사적 용어이며, 국민이 더 확실하게 이해할 수 있다고 보고, 이 책에서는 '한국형 3축 체계'라는 용어를 그대로 사용하기로 했다. 아마 큰 혼란은 없을 것이라 생각한다.

100여 기 이상의 적 미사일이 동시에 날아오는 절체절명의 상황에서 '한국형 3축 체계'는 북한 핵 및 미사일을 막아주는 구세주가 될 수 있을까?

북한 핵 및 미사일을 총괄하는 부대는 전략군사령부로 알려지고 있다. 이 부대는 2014년 북한 미사일부대를 지휘 통제하기 위해 창설됐고, 현재 13개 여단(종전 9개에서 13개로 증편)에 스커드 · 노동 · 무수단 등 다양한 사거리의 미사일로 편제되어 있다(『2020 국방백서』). 특히 1천여 기의 탄도미사일은 차량 및 궤도형 이동식 발사대(TEL)에 장착돼 작전이 운용되고 있으며, 100여 기 이상의 미사일을 동시에 발사할 수 있는 플랫폼을 이미 구축하고 있는 것으로 평가된다.

핵 및 미사일로 무장된 북한을 막을 수 있는 유일한 해법은 현재로서는 한국형 3축 체계 구축뿐이다. 그러나 이것은 완성형이 아니라 2017년부터 본격적으로 예산이 투입되어 구축을 시작한 현재 진행형 프로젝트로서 아직까지 많은 논란이 있는 것도 사실이다. 하지만 더욱 강력하고 위협적으로 변해가는 북한의 핵 및 미사일에 대응하기 위한 억제력으로, 강력한 공격형 방어수단 및 시스템으로 만들어야 한다는 국민적 공감은 이미 형성돼 있다고 본다. 더 최적화된 시스템을 만들기 위해 한국 정치, 한국군대, 한국 국민의 의지와 지혜가 필요한 시기라 생각한다.

지금부터 한국형 3축 체계 구축에 대한 핵심 논쟁들을 분야별(총괄 부분, Kill Chain, KAMD, KMPR 순)로 정리해보고자 한다. 우리 국민의 더 큰 관심과 지지 속에 한국형 3축 체계 구축사업이 꼭 성공할 수 있는 토양이 만들어지기를 기대하고, 이 책이 작으나마 그 역할을 해주기를 희망해본다.

한국형 3축 체계 구축 배경과 이에 대한 핵심 논쟁

왜, 한국형K인가? 미국 미사일방어체계MD에 편입되는 것이 오히려 더 효과적이지 않은가?

한국형 3축 체계 구축에는 항상 미국 미사일방어체계(이하 MD) 편입 논란이 뒤따른다. 일부에서는 한국이 현실적으로 핵무장이 제한되고, 정보자산의 부족, 국산 장비의 성능 및 향후 관리비용 등을 종합적으로 고려하면, 오히려 미국의 MD에 편입되는 것이 더 효과적이라는 주장들이 제기되고 있다.

한국의 MD 편입 논란은 2000년대 초까지 거슬러 올라간다. 당시 조지 부시George W. Bush 행정부가 미국 본토와 동맹국에 미사일 방어 구축을 추진하자, 러시아 등은 '미소 간 탄도탄 요격미사일 협정 위반'이라며 강력 반발하게 된다. 김대중 정부는 미국과 러시아, 중국 간 갈등이 격화하자, 논란 끝에 "미국의 미사일방어체계 구축에 반대하지도 참여하지도 않겠다"라고 밝힌다. 이런 MD에 대한 중립적 전략은 당시 중국과 러시아의 거센 반발 말고도 사실 북한이 극심한 경제난으로 전쟁을 수행할 능력이 거의 고갈됐다는 분석과 미사일방어체계에 대한 군사적 효용성에 대한 부정적 의견 등 여러 현실 요인이 고려된 선택이었다. 이후 한국의 MD 불참은 정권교체와 무관하게 공식적인 한국 정부 입장이 됐다. 이것이 '한국형K'의 출발 배경이다.

아직도 사실 MD에 편입돼야 한다는 의견들이 많다. 필자는 개인적으로 MD 편입 논란에 대해 반대하는 입장이다. 그 이유는 강력한 주변국의 반대, 국민 여론의 극심한 분열(사드 배치 시 과거의 혼란 등) 등 선명하게 예상되는 국정 혼란을 자초할 필요가 없을 뿐 아니라 이미 K-시스템이 많은 부분 성공적으로 진행되고 있기 때문이다. 특히 향후 전작권 환수 등을 고려한다면, 어려움은 있겠지만 독자적 K-시스템을 구축하는 것이 장기적으로 한국 방위에 더 큰 도움이 될 것으로 기대한다. 그러나 반드시 유념해야 할 부분은 한국형 시스템을 독자적으로 구축한다는 것, 즉 자주적인 눈과 방패를 만든다는 것은 그럴듯해 보이지만 결코 쉽지 않은 도전이다. 따라서 긴밀한 한미동맹의 틀 속에서 MD에 준하는 정보자산 공유를 위한 별도 협의체, 기술동맹 또는 한 · 미 · 일 공동 북핵 대응 군사협력방안 마련 등 한국형 3축 체계와 미국과 일본의 MD가 한반도와 태평양지역 일대 공동의 적인 북한 핵과 미사일을 잡기 위한 최적 시스템으로 자리 잡기 위한 다양한 노력을 배가해야 할 것이다.

왜 한국형 3축 체계 구축사업은 더 빨리 진행되지 못했는가?

2000년대 초반 IMF 타개와 더불어 노무현 정부에서 전작권 환수를 합의하게 되자, 한국군은 미국이 제시한 작전 수행 능력 확보를 위해 군 지휘와 정보, 타격 체계를 발전시켜야 하는 상황에 놓이게 된다. 자연스럽게 킬 체인 구축사업은 우선적인 국방 핵심 사업으로 자리 잡게 됐고, 2010년까지만 하더라도 2015년쯤이면 킬 체인 조기 구축이 가능할 것이라는 의견이 지배적이었다.

하지만 이명박 정부 들어 천안함 피격사건, 연평도 포격전 등 북한발 위기가 고조되면서 기존에 추진하고 있던 킬 체인 구축 같은 장기 사업들이 자연스럽게 뒤로 밀리고, 북한발 도발 대응이라는 단기 사업에 집중하게 된다. 대표적인 것이 서북 도서 사령부 창설 등이다. 이는 결국 군사력 건설사업의 투자 우선순위 변경, 예산 변경 등으로 이어지면서, 킬 체인의 핵심 사업인 무인기 사업 등이 잇따라 연기되고, 정보체계 구축사업 자체를 불투명하게 만들었다.

박근혜 정부가 들어선 이후 전작권 전환 연기 요청을 하게 되고, '시한부 환수'에서 '조건부 전작권 환수'로 바뀌게 되었으며, 대략적인 환수 시점을 킬 체인이 구축되는 시기로 목표를 잡게 된다. 그리고 중단됐던 무인기 사업 등이 재개됐지만, 강력한 추진 동력은 2000년대 초반과 같지 않았다. 2016년 북한의 4차, 5차 핵실험을 확인하고 나서야 비로소 북한 핵 및 미사일 위협에 집중 대비하기 위한 지금의 '한국형 3축 체계 구축' 개념이 완성되었다.

우리가 반드시 주목할 것은 장기적 비전과 목표를 상실한 잃어버린 10년(2006~2016)이다.

한국의 역대 정부는 북한의 핵무장 의도와 징후가 분명했음에도 이에 주목하지 못하고, 미국에 지나친 의존적 자세를 계속 유지한 채 북한의 과학기술 수준과 경제력을 지나치게 경시하는 정책적 판단의 '우遇'를 범했다는 것이다. 다음 그림에서 보는 것처럼 2006년은 중대한 북한의 핵전략 변화를 읽을 수 있었던 티핑포인트tipping point였다. 1차 북핵 위기(1993~1994), 2차 북핵 위기(2002~2003)에 이어 1차 핵실험(2006), 그리고 2000년대 전후 북한의 중 · 장거리 미사일 개발시험 등을 종합분석해보면 북한의 핵무장 의도는 명확했다.

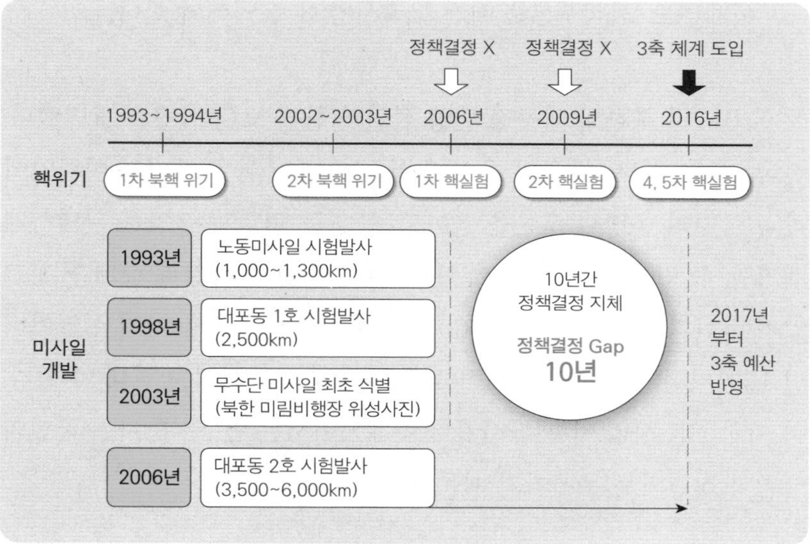

한국형 3축 체계 구축까지의 정책결정 과정(도)

그러나 우리 정부와 군사 당국은 어떠한 장기적 정세분석 및 정책 판단도 없이 단기적 국지 도발 대비에 우선 매진하는 모양새를 취했다. 2009년 대포동 2호 장거리 미사일(6,700km)이 일본 본토를 넘는 대형 사건이 일어났을 때 정책 전환 및 변화를 가져올 수 있는 결정적 기회였지만, 일본이 본격적인 미사일방어체계를 구축하게 되는 터닝포인트로 삼은 것과는 대조적으로 한국은 미국이 신경 쓸 일로 간단히 치부해버렸다. 북한 핵 및 미사일에 대한 안이한 정세 판단, 북한에 대한 경시 풍조, 지나친 미국 의존성은 2016년 '한국형 3축 체계' 개념이 완성되기까지 가장 중요했던 10여 년을 '정책결정 공백기'로 만들었다. 아쉬움과 안타까움이 크다.

이제라도 '한국형 3축 체계 구축사업'에 올인해야 한다.

2017년 북한의 핵무장 완성 선언과 함께 모든 상황은 급변했다. 한국 정부와 군사 당국의 우선 관심은 미래 북한 핵무기와 미사일이 한국 국민의 운명과 생존을 옭아맬 수 있는 위험과 불안을 완벽하게 제거할 수 있어야 하고, 이에 대해 확실한 장기 비전과 설계를 갖고 있어야 한다. 그리고 지난 2000년대 정책결정 공백을 가져온 잃어버린 10년처럼 단기적인 일시적 상황 변화에 흔들려서는 절대 안 된다. 더 이상 '3K 사업'이 흔들리거나 지체되어서는 안 된다. 이는 국민의 생존과 직결되는 문제이기 때문이다.

한국형 3축 체계 구축사업은 2020년대 중 · 후반까지 총 47개 무기 체계(57개 사업)에 57조 4,795억 원을 투입하는 초대형 중 · 장기 프로젝트로 계획돼 있다. 2017년부터 본격적인 예산이 투입됐고, 2021년 국방예산을 보면 엄청난 규모가 투입되고 있다는 것을 알 수 있다.

- 핵 · WMD 위협 대응전력 확보에 5조 8,070억 원: F-35A, 군 정찰위성, 장보고-Ⅲ Batch-Ⅱ, 광개토-Ⅲ Batch-Ⅱ, 패트리엇 성능 개량, 장거리 지대공 유도무기, 탄도탄 조기경보레이더-Ⅱ 등
- 감시정찰 · 지휘통제 기반전력 구축에 3,911억 원: Link-16 성능개량, 지상전술 C4I 체계 2차 성능개량 등
- 연합방위 주도를 위한 한국군 핵심 군사 능력 지속 보강에 2조 2,269억 원: 전술 정보 통신체계 TICN, 피아식별장비 성능개량 등
- 국방개혁에 따른 군 구조 개편 추진 보장 6조 4,726억 원: 한국형 전투기 KF-X, K-2전차, 한국형 기동헬기, 울산급 Batch-Ⅱ 등

킬 체인Kill-Chain 구축과 핵심 논쟁들

▷ 스커드 · 노동 · 무수단 미사일에 더해 핵탄두 탑재, 전술핵무기 사용 위협까지. 막무가내 북한! 이에 맞서야 하는 한국! 과연 승부는?

팽배한 남북 간 국가적 승부를 결정할 대표 병기는 역시 미사일인 것 같다.

북한 미사일을 남한의 미사일로 요격하는 미사일방어체계는 쉽게 비유하면 날아오는 총알을 공중에서 총알로 맞혀서 막는 것이다. 당연히 기술적으로 매우 어려울 뿐만 아니라 천문학적인 비용이 소

모될 수밖에 없다. 오히려 상대가 방아쇠를 당기려 할 때, 먼저 총알을 쏴서 제압하는 것이 훨씬 더 확실하고 저렴할 수 있다. 이것이 바로 킬 체인Kill-Chain이다.

현재 추진 중인 한국형 킬 체인 완성 목표는 2020년대 중반이다. 기본적인 작전개념은 적 미사일의 이상 징후를 탐지한 후 30분 내에 핵무기나 미사일 등 식별된 표적을 선제타격하는 것이다.

① 한미 정찰위성과 정찰기 등 감시 정찰자산으로 1분 내 위험 탐지

② 1분 내 식별

③ 식별된 정보를 가지고 3분 내 타격 명령

④ 25분 내 목표물(타깃) 타격 완료

한국형 킬 체인 개념도

출처: 연합뉴스.

▷ 한국형 킬 체인 구축사업은 잘 진행되고 있는가?

전문가들의 일치된 평가는 타격 수단인 주먹은 어느 정도 갖춰져 있는데, 눈과 신경 체계 그리고 머리에 해당하는 기능에 대해서는 '글쎄요?'라는 반응이다.

'눈'은 정보자산으로 킬 체인의 가장 중요한 부분이다. 표적을 탐지 · 식별하고, 필요할 때 교전 결과까지 평가할 수 있다. 한국군 정보자산은 현재로선 부족한 상태이고, 미국 정보자산의 도움을 받아야 한반도 전역에 대한 감시가 가능한 것으로 평가되고 있다. 한국의 정보 감시수단 획득사업인 425 사업(군사용 정보 · 정찰 인공위성 5대 도입사업) 등이 종료되는 2020년대 중반쯤 되면, 한반도 전역을 1시간 미만 단위로 한국이 독자적으로 감시 정찰할 수 있는 수준이 될 것으로 기대하고 있다.

'신경 체계'의 핵심은 한국군의 합동지휘통제체계KJCCS: Korea Joint Command & Communication System를 중심으로 한 C4I 시스템이다. 문재인 정부가 들어서면서 제시된 '임기 내 전작권 전환(2022)' 방침에 따라 C4I 시스템도 같은 기간 내에 큰 발전이 있었던 것으로 평가된다. 즉 KJCCS 성능개량 및 안정화 작업의 성공적 완료, 전시 지휘소(B1 벙커) 시설 리모델링, C4I 연합 · 합동 상하제대 통합 훈련 등을 통해 완성도를 지속 개선한 것으로 알려지고 있다. 예를 들어 EMP 전자기파 방호시설까지 완비된 B1 전쟁지휘소에서 대통령과 합참의장은 KJCCS에 연동된 해군전술지휘통제시스템KNTDS을 통해 해군 이지스함과 그린파인 레이더에서 보내오는 북한 탄도미사일 추적시스템, 서해 NLL 인근 북한 함정의 움직임을 손바닥 보듯이 실시간으로 체크하면서 필요한 결심이 가능하다. 앞으로 주한미군과 미군의 연합 정보자산과의 연동, 미래 한미정보협력 비전 발전(전작권 전환 이후 대비) 등이 미래에 추진해야 할 주요 도전 과제가 될 것이다.

'머리'는 결심하고 명령을 내리는 단계다. 다양한 센서에서 수집된 정보를 가지고 지휘관은 결심하게 되고, 신속히 (타격) 명령을 하달한다. 그 주체는 물론 사람이다. 전작권 환수 시 또는 한국형 3축 체계를 한국군 단독으로 운용하게 될 가까운 미래를 생각한다면, 미래 인재양성 및 교육시스템 구축은 매우 중요한 프로젝트가 될 것이다. 핵무기와 한반도 전구 작전, 한미 군사력과 정치적 역학관계, 한반도 주변국 정세, 국제법까지 꿰뚫고 있는 미래 합참의장이 전장의 최종 승리자가 될 수 있을 것이다. 그런 합참의장을 만드는 교육이 시급하다. 그러나 아쉽게 2021년 초 발간된 『2020 국방백서』 어디를 찾아봐도 북한 핵과 관련된 교육 관련 언급은 찾을 수 없다. 이는 큰 문제라고 생각한다.

'주먹'은 표적을 탐지 · 식별한 뒤 공격할 수 있는 타격수단을 말한다. 한국군 단독으로 작계 5015에서 기선정된 700~800개의 전략 표적을 동시 타격할 수 있는 능력은 현재 제한되는 것으로 평가되고 있다. 특히 육군 지대지 미사일을 킬 체인 전력으로 사용하는 것은 적절하지 않다는 의견이 많다. 군사 당국에서 공개하는 타격수단인 사거리 300km급 현무-2 탄도미사일이나 사거리 1천 km 이상의 현무-3 순항미사일 등은 발사 후 목표를 수정하는 기능이 아직 포함돼 있지 않아서 북한 미사일이 이동식 발사대에 장착된 이동표적이라는 측면에서 효과성이 떨어진다는 의견이 많다. 오히려 공군 전폭기에서 투하하는 JDAM 정밀유도폭탄이나 SLAM-ER 미사일, 타우러스 순항미사일 등이 킬 체인에 적합하다고 볼 수 있다. 미군도 킬 체인의 주력 타격수단은 공군과 해군 항공대의 전투기, 폭격기와 육군의 공격헬기 등이 사용되고 있다. 킬 체인의 성공은 시간대별로 그 위치와 중요성이 변화하는 표적을 정보자산이 얼마나 빠르게 찾아내고, 정확한 타격수단으로 공격할 수 있느냐가 중요하다.

▷ 한국 공군은 한국형 킬 체인의 주도 세력이고, 향후 성공의 핵심 키를 갖고 있다고 본다. 공군은 어떤 청사진과 계획을 갖고 있는가?

한국 공군은 한반도 전쟁 발발 시 개전 초반에 북한 공군을 궤멸시키고 제공권을 장악하는 것과 북한에 산재된 700~800개의 전략표적을 우선 무력화시키는 전략적 임무를 띠고 있다. 가장 큰 위협이 되는 북한의 이동식 탄도탄 미사일을 탐지 및 추적, 타격하는 것이다.

'작전계획 5015'에서는 한미연합 공군이 이를 담당하게 되어 있다. 공중임무 명령서인 Pre-ATO에 따라 한미 공군 전력을 총동원해 북한 핵심표적 700~800개를 정밀타격한다. 1차적으로 공격 편대군을 조직해 적의 지휘부나 전략무기 저장소 등을 타격하고, 2차적으로 긴급 차단 작전을 통해 북한의 이동식 탄도미사일 발사대 등 이동식 표적을 탐지 및 타격하게 된다.

▷ 그렇다면 미군 없이 우리 공군은 독자적으로 Pre-ATO 작전을 수행할 수 있는가? 현재 한국 공군의 능력은?

전문가들의 일반적 평가는 우리 군이 독자적으로 북한 공군을 궤멸시키고 제공권을 장악하는 단계까지는 도달한 것으로 보는 견해가 지배적이다. 실제 북한 공군은 1960년대와 그 이전에 생산된 미그기 중심이고, 신형 MIG-29 계열기도 40여 기 미만으로 1980년대에 생산돼 전혀 성능개선이 이루어지지 않은 상태로 평가되고 있다. 따라서 한국 공군의 5세대급 스텔스 F-35A는 물론, 주력기인 4세대급 F-15, F-16 같은 전투기에 상대가 되지 않을 것이고, 개전 3일 만에 제공권 장악은 무난할 것으로 보는 것이 타당할 것이다.

하지만 계획된 700~800여 개의 전략 표적에 대한 동시 타격 능력은 아직 부족하다는 평가다. 무엇보다 북한의 이동식 탄도미사일 발사대에 대한 탐지 및 추적 능력이 취약한 것이 가장 큰 문제로 지적되고 있다. 한국 공군은 현재 북한 전략 표적에 대한 위치정보는 물론 이동식 발사대에 대한 정보를 여전히 주한미군에 의존하고 있고, 동시 출격시킬 수 있는 전술기 숫자도 제한돼 다수의 타격 임무를 육군 미사일사령부의 탄도 및 순항미사일에 의존하는 상태다.

▷ 독자적인 작전 능력을 언제 확보할 수 있는가?

대대적인 공군 전력증강 사업은 청신호를 보내고 있다. 현재 추진 중인 425 사업과 F-35A 배치사업, KF-16 개량사업이 2020년대 중반이면 종료돼 독자적인 공격 체계를 완성할 수 있다는 반가운 전망이다.•

425 사업은 킬 체인을 위해 5대의 군사용 정찰위성을 획득하는 사업으로 4기의 SAR 합성 개구 레이더 정찰위성과 1기의 EQ 정찰 광학위성이 확보되면 2시간 단위로 한반도 정찰을 보장할 수 있을 것으로 평가되고 있다. 향후 국가정보원이 운용하는 아리랑 시리즈 전자광학위성과 SAR위성 2~3기가 추가되고, 미군의 정찰위성이 지원되면 전체적으로 1시간 미만 단위로 한반도 전역 정찰이 가능하다는 것이 전문가들의 의견이다. 2020년대 중반이 되면, 말 그대로 기존 운용 중인 감시망과 연계돼 입체적인 북한 정찰과 감시가 가능하고, 휴전선에서부터 북한 전역까지 미사일의 움직임, 이동식 탄도탄 발사대의 세부 움직임까지 포착 가능할 것으로 기대된다.

F-35A 배치사업은 최신 스텔스 전투기 60대를 구매하는 사업으로 2025년 완료 예정이다. F-35A 한국군 도입과 관련해 2019년 북한 언론매체들은 "일명 보이지 않는 살인무기로 불리는 F-35A를 수입하는 것은 주변 나라에 대한 군사적 우위를 보장하며, 특히 한반도 유사시 북침의 대문을 열기 위한 무기"라고 강도 높게 맹비난한 바 있다. F-35A 전력화는 단순 5세대 스텔스 전투기를 넘어 스텔스 정찰기를 확보하는 것과 같다는 말이 있다. 기체에 장착되는 AN/ASQ-239 ESM 장비를 통해 360° 전체 각도에서 북한군의 레이더 작동 상황, 지대공 미사일 운용 현황, 심지어 적의 데이터 링크 운용 상황까지 파악 가능한 것으로 알려져 있다. 스텔스 기능이 있어 전쟁

● ADBC 편집부(2019), 「한국 공군은 어떻게 싸울 것인가?」, 『밀리터리 리뷰 이지 1902』, 에이디비씨(ADBC).

개시 전 북한 영공에 체공하면서 리얼타임으로 북한군의 준비상황과 이동상황을 탐지할 수 있어 한국군이 선제타격할 것인가 여부를 정하는 최고의 결정적 정보를 제공받을 수 있다. 즉 리얼타임 정찰과 함께 동 시간대 지휘소 및 지휘부 타격이 가능하므로 북한이 충분히 살인무기라고 두려워할 만한 최신예 병기임에 틀림없다.

KF-16 개량사업은 노후 기체의 성능개량을 통해 4.5세대 전투기를 만드는 사업이다. F-35A 같은 스텔스 기능만 없을 뿐 다른 기능은 동일한 것으로 알려져 있다. F-35A와 큰 차이 없는 대공 및 대지상 탐지 능력, 전자전 능력을 갖게 된다. 이 사업이 중요한 이유는 북한 종심 깊게 광역정찰과 이동식 발사대까지 식별 능력을 갖춘 한국군 전투기가 F-15K(59대)뿐이었지만 이제는 F-35A(60대), KF-16(134대)까지 확대됨으로써 실질적인 전투기 증가와 함께 명실상부한 공중 지배력을 완전히 장악할 수 있게 된다.

그리고 또 하나 KFX 국산 전투기 사업이다. 2021년 4월 초, 최초의 국산 전투기인 한국형 4 · 5세대 전투기 '보라매'가 모습을 드러냈다. 길이 16.9m, 높이 4.7m, 폭 11.2m인 전투기 수직 꼬리 날개에는 시제 1호기를 뜻하는 'KF-21 001'이 적혀 있었다. "21세기 한반도를 수호할 국산 전투기"라는 뜻이다. 2001년 김대중 대통령이 공군사관학교 졸업식에서 국산 전투기 개발을 선언한 지 20년 만이고, 2015년 KFX 사업에 착수한 지 5년여 만의 성과다. 전투기의 눈이라 하는 에이사 레이더 등 핵심 장비를 국산화했고, 개발비용의 65%를 국산품으로 이용하는 것이 목표인데 실질적인 단계적 · 진화적 성능

개량을 통해 5~6세대 전투기를 독자 개발할 발판을 다졌다는 평가다. 보라매 개발 및 양산에는 2032년까지 총 18조 원대의 막대한 자금(개발비용 8조 8천억 원)이 투입되는 만큼 미래 항공우주산업의 핵심 자산으로 보존될 수 있도록 하는 것도 중요하다. 이번 시제기 '보라매' 출고를 시작으로 공군은 오는 2028년까지 40대, 2032년까지 모두 120대를 실전 배치할 계획을 갖고 있다.

공군이 독자적인 작전 수행능력을 확보한다는 것은 한국군에 매우 큰 의미를 주고 있다. 즉 한국형 킬 체인 구축 외에 전작권 전환 조건을 만족시킬 수 있고, 미래 예측되는 중국, 러시아, 일본 등의 불특정한 위협에 대비할 수 있는 전략공군으로 활용할 수 있다는 의미까지 함의하고 있다. 계획된 모든 사업이 정상 추진될 수 있기를 기대하고 지지를 보낸다.

한국형 킬 체인 구축 과정에는 수많은 도전 과제가 존재하고 있다. 특히 북한의 의도적인 시스템 무력화 또는 회피 노력은 집요하게 전개될 것이고 지금도 진행 중이다. 다음에 소개할 몇 가지 주요 논쟁은 한국형 킬 체인 구축 간 군사 당국이 더 깊은 고민과 완전한 시스템을 만들어주기를 바라는 국민의 염려와 응원을 담았다.

첫째, 북한은 2016년 3월 24일 고체 로켓 시험에 이미 성공했다. 조선중앙통신은 김정은이 "대출력 고체 로켓 발동기 지상분출과 계단 분리 시험"을 지도했다는 내용과 "시험 결과 놀라울 정도로 예측값과 측정값이 일치했다"라고 주장하면서 다음 사진을 공개했다.

북한의 대출력 고체로켓 실험장면
출처: 조선중앙통신.

대출력 고체 로켓 발동기 분사 시험에 성공했다는 의미는 액체 연료 대신 고체연료를 사용하는 미사일을 가지게 됐고, 스커드 및 노동미사일의 경우 미사일 발사 준비 시간을 1/3 범위로 축소(연료 주입-발사: 30~40분 소요 / 고체연료 사용 시: 10~15분 소요)시키고, 액체연료를 주입할 필요가 없어지면서 미사일 발사 징후 노출의 큰 원인을 근원적으로 제거했다는 것이다. 이런 사실은 30분 내 타격이 목표인 킬체인 작전개념 실효성을 근본적으로 약화시킬 수 있다는 주장들이 제기되고 있다.

둘째, 북한은 미사일 대부분을 고정시설이나 지하 사이로가 아닌 차량 및 궤도형 이동식 발사대TEL에 장착하고 발사지역도 임의의 도로, 야지 등을 사용하는 새로운 작전 운용 플랫폼을 구축했다.

이는 한국군 정보자산의 탐지 및 식별을 더욱 어렵게 하고, 한국군의 지대지 미사일(현무 등)이 이동표적에 대해 효과적인 타격수단이 될 수 있는지에 대한 논란과 의문을 제기하고 있다.

셋째, 디코이, 즉 더미dummy와 위장 전술은 정보 네트워크화된 현대전에서 매우 효과적인 전술로 평가되고 있다. 북한은 오랫동안 전쟁을 준비해왔고 전 국토를 요새화했다는 측면에서 디코이 같은 위장 전술은 향후 킬 체인 작전 간 매우 중대한 장애 요소가 될 수 있다. 이에 대한 대비도 필수일 것이다. 실제로 걸프전에서 미군 전투기가 더미를 잘못 오인해 공격한 수많은 공중공격 실패 사례가 있었고, 유고 전쟁에서 78일간 나토군의 일방적인 공습에도 세르비아군 기갑과 항공기는 큰 피해가 없었다는 전후 분석 자료는 공중공격과 더미 효과에 대한 의미 있는 교훈을 주고 있다.

넷째, 북한의 잠수함과 SLBM 위협에 대비한 '바닷속 킬 체인' 구축이 필요하다. 북한의 대형 잠수함 건조와 4세대 또는 5세대 SLBM 탑재 능력은 이미 위협 수준을 넘어섰고, 김정은이 공개 시기만을 전략적으로 저울질하고 있다는 것이 일반적인 평가다. '바닷속 킬 체인' 구축이 현실적으로 매우 급한 과제가 됐다. 해군력 건설에 대한 필자의 생각은 경항공모함의 전력화, 핵잠수함 건설, 대양 원양 해군 건설 등과 같은 거창한 구호에 대해 근본적으로 회의적이다. 실제로 우리 해군이 미군과 연합 작전이 아니라면 대양으로 나갈 바다 공간도 그리고 원양 작전 소요도 없을 듯하다. 무엇보다 중요한 것은 북한 위협, 경제 규모, 국력 등을 종합적으로 고려할 때 잠수함을 근간으로 하는 해상 차단 및 보복전력을 구축하는 것이라고 생각한다. 북한 잠수함 및 SLBM을 조기 탐지하고 제거할 수 있는 '바닷속 킬 체인' 구축과 잠수함 전력 중 일부를 보복전력으로 활용할 수 있는 한국형 SLBM 플랫폼을 조기 구축하는 것이 최우선 과제라 생각한다.

다섯째, 전자전 기술과 레이저 기술, 무인 기술 등 급속히 변하는 최신 과학기술을 우선 도입해 킬 체인의 취약성 보완과 완전성 확보를 위한 노력을 지속 전개해야 한다. 미국의 'EC-130H 원격지원 전자 전기' 같은 차세대 전자전 기술을 조기 도입한다면 북한의 이동식 탄도미사일 부대의 통신 도청과 위치 파악, 통신망 재밍 그리고 무선 통신망 차단을 통해 발사 자체를 하지 못하게 할 수도 있다. 신기술은 북한 핵 및 미사일 위협을 사전 차단할 수 있는 능력 확장과 전혀 예기치 않은 돌파구를 제공할 수 있다. 이에 대한 특별한 관심이 요구된다.

한국형 킬 체인 시스템 구축은 북한 핵에 대한 강한 억지력이 될 수 있다.

북한이 미사일을 쏜다고 해도 성공 가능성이 희박하다고 판단한다면, 절대 선제공격하지 못할 것이다. 김정은의 섣부른 오판은 즉각 되치기 선제타격을 받을 수 있다는 두려움을 주는 것이 무엇보다 중요하다.

한국형 미사일방어체계KAMD 구축과 핵심 논쟁들

미국 미사일방어체계MD란 미국과 구소련의 핵무기 경쟁 속에서 1950년대에 이미 출현한 개념이다. 미사일이 표적에 도달하기 전에 요격시키기 위해 미사일 탐지자산과 요격용 무기로 구성된다. 초기에는 핵을 탑재한 ICBM 요격이 목적이었지만, 개념이 확장돼 단거리 전술 탄도미사일을 포함한 모든 사거리의 미사일을 방어하는 개념으로 확대 사용되고 있다.

미사일방어체계 구축 또는 개발 중인 나라

① 미국, 러시아, 중국, 프랑스, 이탈리아, 인도, 이스라엘, 일본 등 8개국

② 유럽은 미국의 미사일방어체계MD 전적으로 수용

③ 한국은 한국형 미사일방어체계KAMD 독자 구축 중

우리에게 유명한 '스타워즈Star Wars'는 1983년 로널드 레이건 대통령이 제안한 미사일방어 프로그램으로 인공위성에 레이저 무기를 장착해 적의 ICBM을 우주 공간에서 요격하는 개념인데, 막대한 예산과 비난 여론에 중도 폐기됐다. 현재 미국 미사일방어체계는 2005년 조지 부시 대통령 재임 시 발표한 것으로 중국의 군사 대국화와 아시아 패권의 싹을 자르고, 소위 불량국가(이란, 시리아, 북한)의 예측 불가능한 자살 공격에 대비한다는 개념을 포함하고 있다. 부시의 MD는 미 본토뿐 아니라 해외 주둔 미군 및 동맹국 보호까지를 포괄하고 있으며, 탄도미사일 비행 과정을 단계별로 세분화해 비행 특성에 따라 차별화된 요격미사일(패트리엇, ELINT, THAAD 등)을 발사해서

적 탄도미사일을 무력화시키는 전략이다.

KAMDKorea Air and Missile Defense는 한국의 공중미사일방어체계를 가리킨다. 적국이 발사한 미사일을 조기에 추적해 공중에서 파괴하는 방어 개념이다.

한국 미사일방어체계KAMD를 개관하면

2003년 노무현 대통령은 주변국과 문제를 야기하지 않는 범주에서 KAMD 사업을 추진한다고 최초로 공식 발표하면서 PAC-2(패트리엇 미사일) 미사일 구매를 결정한다. 당시만 해도 북한이 핵무기 개발에 성공할 것이라 확신하기 힘들었고, 직접적인 위협으로 대두된 북한 단거리 탄도탄SRBM인 스커드 미사일에 대한 제한된 위협만 상정하고 KAMD를 최초 설계하게 됐다.

미국 MD가 10~10,000km의 넓은 범위를 아우르는 다층 방어체계라면, 한국의 KAMD는 고도 10~30km 종말단계 하층 방어체계다.

종말단계 하층 방어의 의미는 미사일이 대기권 내부로 진입한 이후 떨어지는 종말단계에 요격체계를 집중적으로 운용하는 것을 말한다. 최근 들어 요격범위와 능력이 점점 확대되고 있어 고도 50km 내외의 탄도탄 및 위협체에 대한 미사일방어체계라고 이해하면 타당할 듯하다. 이미 발사된 미사일을 조기에 추적 · 요격하기 위해 KAMD는 요격고도가 20km 이하인 패트리엇 미사일(PAC-2 · 3)과 M-SAM(천궁-2), 요격고도가 40~60km인 장거리 대공미사일(L-SAM)을 작전 배치하게 된다.

M-SAM(천궁-2)은 국내 개발이 완료돼 2020년 군에 인도된 상태이고, 북한의 탄도탄 발사 및 항공기 공격에 동시 대응 가능하고, 20km 이하 고도에서 마하 5 이상의 미사일 요격이 가능한 것으로 알려지고 있다(방사청 발표 내용).

L-SAM(가칭 철매-3)은 2013년부터 국내에서 개발 중인 고고도

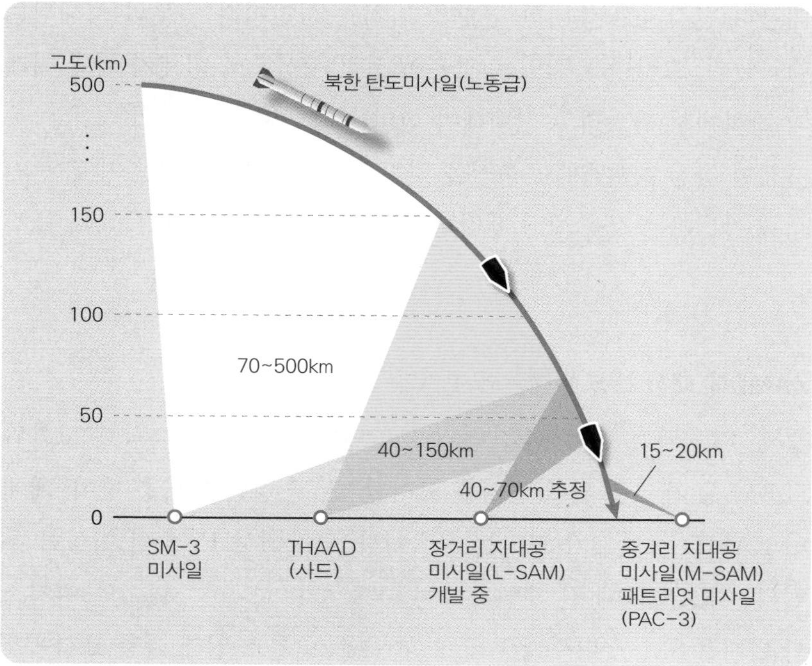

한국형 미사일방어체계, 하층방어 시스템 개념도

지대공 미사일로 요격고도가 미국 사드급(40~150km)에 준하는 성능을 발휘할 수 있도록 개발 중이고, 2023년경(?)이면 개발 완료될 것으로 기대되고 있다. L-SAM이 최종 작전 배치되면, 15~30km에 머물고 있는 하층 방어체계를 고고도 요격체계, 즉 고도 40~70km(혹은 100km)까지 KAMD의 요격 범위 확대가 가능할 것으로 기대되고 있다.

KAMD의 효용성에 대해서는 다양한 논쟁이 지속되고 있으며, 앞으로도 계속될 것이다. KAMD 무용론, 돈 먹는 하마, 국내 개발의 문제점, 미국 MD와의 충돌 문제 등 화두도 다양하다. 국익과 안보상 대단히 민감하고 중대한 영향을 미치는 사안이라 충분히 이해되는 대목이다. 그러나 틀림없는 것은 냉정한 시선으로 현재가 아닌 미래의 관점에서 판단하고 선택해야 한다는 것이다. 한국군의 미래는 독자적인 작전수행체계 구축임을 잊지 말아야 한다. 위기는 새로운 기회를 만든다는 것을 항상 생각하자.

KAMD에 대한 핵심 논쟁은 무엇인가?

첫째, 지속되는 미국 MD 편입 논란이다. 북한의 핵능력 고도화와 SLBM 등 새로운 위협 증가를 고려할 때, '종말단계 하층 방어' 체계인 KAMD는 한계가 있다는 지적이다. 일각에서 15조 원 이상이 투입되는 KAMD나 킬 체인보다는 사드(요격고도: 40~150km)와 이지스함 발사용 SM-3 미사일(요격고도: 70~500km)을 도입해 다층 요격체계를 구축하는 것이 낫다는 주장이 많다.

필자는 이런 주장에 쉽게 동의할 수 없다. MD에 편입하지 않는다는 것은 30년 전 김대중, 노무현 정부 시절 이미 결정된 사안이고, 2017년 사드 배치 시 목격한 중국 및 러시아 등의 거친 행보와 국내의 국론 분열 현상은 불 보듯 뻔히 재현될 것이다. 향후 이러한 정책결정이 혼선을 보일 경우, 개발 중인 L-SAM 전력화 일정에 결정적인 차질을 가져올 수도 있다. 다시 말해 KAMD 전체가 흔들릴 우려가 있다. 비용 문제에서도 사드 도입 시와 L-SAM 개발 시 추후 MRO(정비, 수리, 운용) 비용과 국내경제에 미치는 파급효과 등을 종합적으로 고려한다면, L-SAM 개발이 결코 비싸지 않을 것이다.

그러나 다층 체계 구축 필요성에는 동의한다. 이지스함 발사용 SM-3 또는 SM-6 도입은 가능한 한 조기에 추진해 안보 공백을 해소해야 한다는 입장이다. 특히 북한의 SLBM 위협 고려 시 해상 킬 체인과 KAMD가 결합된 작전 형태를 새롭게 구축해야 한다.

둘째, 북한의 미사일 고각lofted 발사 능력 확보는 전 미사일 기종을 남한 타격에 사용할 수 있게 됐다는 것이고, 이는 KAMD 효용성에 대한 근본적 의문을 던지고 있다. 2016년 6월과 7월에 북한에서는 대단히 중대한 실험이 있었다. 바로 미사일 고각사격 시험이었다. 먼저 무수단 미사일(화성-10호) 고각사격 시험 결과, 83°로 1,413km까지 올라갔다. 무수단을 정상적인 32° 경사로 쏘면 괌 타격이 가능하다(무수단은 50여 기 실전 배치 추정, 핵탄두 탑재 가능, 이동식 발사대에서 사용).

북한의 고각사격 실험 성공은 기술적으로 대단히 큰 진전을 한 것으로 평가된다. 우선 통제하기 어려운 비정상적 고각으로 우주까

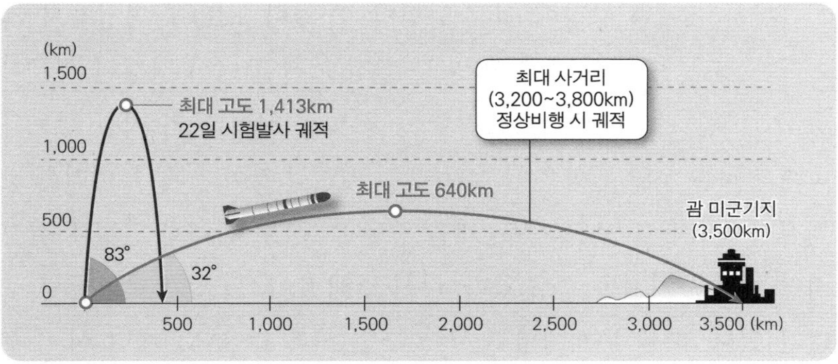

북한 무수단 시험발사 궤적과 최대 사거리 궤적

지 갔다가 예상 해역에 정확히 낙하했고, 강한 출력을 가진 신형 무수단 엔진을 개발하여 사용했다는 점 그리고 대기권 재진입 기술에서 상당한 진전을 이뤘다는 평가다. 즉 대기권 재진입 시 탄두 부분에 발생하는 6,000~7,000℃에 이르는 고온의 마찰력을 기술적으로 극복하고, 무수단이 최대 낙하 속도 마하 15 안팎을 유지하면서 목표 지점에 정확히 떨어졌다는 평가다.• 2016년 7월에 있었던 노동미사일 고각발사 시험도 성공함으로써 정상적으로 1,300km로 날아가던 미사일을 사거리 500km로 발사해 남쪽 항구(부산, 김해공항)를 정확히 타격 가능한 것으로 평가됐다. 참고로 부산, 김해는 미 증원전력 전개 지점이다.

그리고 5년여가 흐른 지금, 북한의 고각사격 결과를 보면서 김

• 고각발사에 대해서는 경남대 극동문제연구소(2016), 「'무수단' 혹은 '화성-10' 미사일 발사 관전포인트」, 북핵 미사일 리포트 No. 2016-01 참조.

정은의 핵 및 미사일에 대한 집착에 무서움을 느낀다. 전문가들은 북한이 고각사격 시 마하 10 이상으로 하강하는 무수단과 노동미사일을 잡을 수 있는 것은 SM-3 요격미사일뿐인 것으로 평가하고 있다. 따라서 기존 미사일 요격체계를 종말단계에서 상승단계로 옮겨야 한다는 주장들이 설득력을 얻고 있다. ICBM 등 탄도미사일은 발사 후 솟구쳐 올라가는 상승단계, 추진제 연소를 마치고 대기권 밖을 비행하는 중간단계, 대기권에 재진입해 목표물을 향해 떨어지는 종말단계 등 3단계로 비행하는데, 이 중 상승단계 요격이 가장 효과적인 대응책이라는 것이다.

지난 2020년 9월 국방과학연구소ADD는 북한 탄도미사일이 발사 직후 상승단계에서 KFX(한국형 전투기) 등에서 발사한 고속미사일(요격탄)로 요격하는 무기를 개발 중이고, 2020년대 말쯤이면 완성 가능할 것이라고 발표했다. 또 미국과 공동 개발도 추진 중이라는 사실도 덧붙였다. 한발 더 나아가 중 · 장기적으로 전투기 또는 무인기 탑재 레이저 무기를 개발해 레이저로 적의 탄도미사일을 요격하는 시대를 열 것이라는 계획도 밝혔다. 최근 미국도 종말(하강)단계 미사일 요격에 초점을 맞춘 기존 미사일 방어전략은 한계에 도달했다고 인정하고 있고, 기존 공중 미사일의 성능을 대폭 강화한 차세대 미사일 요격기NGI 개발과 NGI 20기를 2028년까지 실전 배치할 계획이라고 밝혔다.

과학기술에 답이 있다. 정부나 군사 당국은 이런 새로운 개념 전환이 성공할 수 있도록 예산, 인력 등 모든 지원을 최우선적으로 해야 할 것이다. 대통령과 국방장관은 적어도 1년에 1~2번은 국방과학연구소ADD를 찾아가 독려할 필요가 있다고 생각한다. ADD가 과거의 영광을 찾는 것은 국가안보의 큰 희망이 될 것이다.

셋째, 북한은 1천여 발 이상인 다종 사거리의 탄도미사일을 보유하고 있는 데다 준미사일 성격의 대구경 방사포 등도 상당수 보유하고 있어 사실상 북한이 먼저 기습적 공격을 개시한다면, 초전의 대량 피해와 함께 전쟁의 주도권을 북한에 내주게 될 것이라는 비관적 전망과 우려를 하는 주장들이 많다. 이런 의견에 필자도 일정 부분 동의한다. 하지만 전쟁은 단순한 숫자 싸움이 아니라고 생각한다. 전쟁 의지와 동맹, 군의 능력, 경제력, 각종 대응 시스템, 작전 지속성 등 복합적인 요소가 결합하여 승패가 결정 날 것이다. KAMD뿐 아니라 한쪽에서는 킬 체인 전력이 임무를 수행할 것이고, 세계 6위의 육·해·공군 전력도 북쪽으로 기동할 것이다. 특히 북한의 하늘은 3일 정도가 지나면 한국 공군이 완전히 장악하게 될 것이다. 너무 비관적으로 생각할 필요는 없다. KAMD가 가진 한계를 그대로 방치하는 것은 맞지 않고, 장기적인 시각을 가지고 새로운 KAMD 구축을 위한 진지한 탐색과 과감한 선택이 필요하다는 입장이다.

우선 한미 간 북한 핵 및 미사일 대응에 대한 맞춤식 동맹의 새 틀을 구축할 필요가 있다. 최근 미국이 보이는 북한 핵 및 미사일에 대한 위협 인식이 명확히 변화하고 있음에 주목해야 한다. 2021년 2월 25일, 존 하이튼John E. Hyten 미 합참 차장은 미 싱크탱크 전략국제문제연구소가 주관한 미사일 방어능력 주제 토의에서 "우리의 국가

미사일 방어능력은 현재 중국과 러시아, 이란이 아니라 분명히 북한에 초점이 맞춰져 있다"라는 매우 중요한 코멘트를 했다. 이런 미국의 움직임과 긴밀한 연동이 필요하다. 한국 입장에서는 미사일 조기 경보망, 한 · 미 · 일 공동 미사일 대응모델 구축, 미국의 사드 및 패트리엇 포대의 극동지역 전진 배치, 첨단무기 한반도 상주 문제 등을 적극적으로 검토해 북에 대한 강한 억제 시그널이 이런 기회에 시스템적으로 구축될 수 있도록 해야 할 것이다.

한편 한국 입장에서는 한반도 방위에 대한 중 · 장기적 그림을 다시 한번 그리고, 전략적이고 전환적인 스텝을 밟아갈 필요가 있다고 생각한다. 한국형 미사일방어체계KAMD의 경우 이미 계획된 L-SAM 개발과 이지스함에 SM-3(예) 배치 등 고고도 요격체계 및 북한 SLBM에 대비한 '해상 킬 체인' 조기 구축 등은 중단 없이 진행해야 한다는 입장이다. 그 대신 기술발전 추세와 속도를 고려해 중 · 장기적 관점에서 KAMD의 완전성 발휘를 위한 아래와 같은 과감한 방향 전환을 모색해야 한다고 생각한다.

① 종말단계에서 상승단계 요격체계로 전환
② 기존 지대지 요격체계(M-SAM, L-SAM 등)를 전투기 요격 중심으로 전환
③ 무인기와 레이저를 사용한 신 공격무기 및 체계 조기 개발

KAMD와 함께 동시 발전이 필요한 또 다른 축은 '한국형 아이언 돔 개발' 추진이다. 북한의 장사정포 위협으로부터 수도권과 핵심 중요시설을 방호하는 것은 대단히 중요한 임무다. 좀 더 구체적으로

표현하면, 한국형 C-RAMCounter Rocket, Artillery and Mortar, 즉 로켓, 곡사포, 박격포 대응체계 개발 사업을 조기에 완료한다면 대량으로 날아오는 북한의 초기 방사포 기습, 고속 로켓탄과 포탄에 대응 가능할 것이라 생각한다.

KAMD에 관한 많은 논쟁이 있다. 여기서는 필자가 중요하다고 판단하는 세 가지 측면에 한정해 책의 내용을 구성하고 기술했다. KAMD를 이해하고, 미래로 나갈 방향을 읽는 데 도움이 되었기를 기대해본다.

독자의 생각과 지식은 국민의 힘으로 작동된다.
국방도 국민이 주인인 시대다. 위기는 새로운 기회를 만든다.
국민은 정부 및 군사 당국이 미래 국방에 대한 철저한 확신과 비전을 가지고 강력한 리더십을 발휘하고 있는지 감시하고 독려할 의무가 있다.

대량응징보복KMPR 체계 구축과 핵심 논쟁들

대량응징보복, 즉 KMPR은 한마디로 '북한이 핵을 사용했을 경우 이에 보복해 평양을 지도상에서 사라지게 한다'라는 계획이다. KMPR은 북한이 5차 핵실험(2016. 9. 9)을 한 직후 공개됐다. 북한이 핵미사일 무기를 사용하면 평양을 몇몇 구역으로 나눠 후방에서 대량의 미사일을 융단폭격해 전쟁 지휘부가 숨은 장소와 주요 시설을 없앤다는 것이 핵심 개념이다.

이 작전개념 및 계획을 군사적으로 면밀히 분석하면 여러 모순점이 있다.

첫째, 한국형 대량응징보복 개념은 '대량응징'이라는 목적과 '전쟁 지휘부'라는 공격 목표가 상충된다. 지휘부 응징이 궁극적 목표라면 '대량'보다는 '정확성'이나 '정밀성'에 방점이 찍혀야 한다.

둘째, 목표 선정이 모호하다. 유사시 지도부의 위치 파악 등 작전 실행이 쉽게 이루어질까? 평양과 김정은을 직접적인 타깃으로 선정한 것은 이해되지만, 전쟁 지휘부가 숨은 장소를 없앤다는 계획인데, 김정은을 너무 쉽게 생각한 일방적 측면이 있다. 70여 년 전쟁을 준비한 북한은 근본적으로 영활한 집단임을 고려할 때, 김정은은 전쟁 개시 전에 가장 은밀한 곳에 꽁꽁 숨어 있을 것이다.

셋째, 국제법 및 전쟁법 등에 저촉될 소지가 있다. 대량 민간인 살상을 사전 예상하고 작전을 수행한다는 것은 전쟁의 정당성과 국제적 지지를 훼손시키고 국내·외적 여론을 자극할 수 있다.

넷째, 현행 한미연합 지휘체제하에서 미 4성 장군 사령관은 조기 확전을 초래할 수 있는 대량응징보복 옵션을 절대 채택할 수 없을 것이다.

결국, 2016년 등장한 KMPR, 현재는 '압도적 대응'이라 불리는 이 작전은 북한 핵 실험에 대응한 군의 의지 표현일 뿐 진짜 실행을 전제로 한 계획인지에 대한 논란이 존재할 수밖에 없다.

지금 궁금한 것은 '2020년대 KMPR은 얼마나 더 구체화되고, 시행 가능해졌는가?'다.

미국의 유명한 한스 모겐소Hans Morgenthau 교수는 자신의 명저 『현대 국제 정치론』에서 "다투고 있는 두 나라 중 한 나라가 핵무장에 성공할 경우, 다른 나라는 전략적 옵션이 두 가지로 줄어든다. 첫째는 전쟁을 하다가 죽는 것, 둘째는 미리 항복하는 것이다"• 라고 말했다.

정말 그럴까?

모겐소 교수의 명언은 미국과 구소련의 핵 경쟁 레이스가 한창이던 1960년대 상황을 이야기하고 있다. 그때는 핵 이외에 지금 같은 4, 5세대 최신 무기들이 없었던 시기다. 21세기 한반도의 상황과 여건은 다른 스토리라고 생각한다.

우선 지형적인 면에서 서울과 평양은 철도로 불과 260km, 서울에서 대구나 광주보다 가깝다. 평양의 인구는 308만 명(2020년 기준)이고, 기타 인구 50만 명을 기준으로 볼 때 함흥, 청진 등 3개 도시를 북한의 대도시로 꼽을 수 있고, 한국에서는 11개 지역이 인구 100만 명 이상, 23개 도시가 50만 명(2020년 기준) 이상이다.

전쟁이 일어나면 한반도 전체는 남 · 북한이 가진 단거리 지상 미사일(북한의 스커드 계열, 남한의 현무 계열) 사거리 내에 모두 위치하게 된다. 한반도 전체가 전 · 후방이 없는 동시 전장 지대가 될 것이다.

• Hans J. Morgenthau (1967), *Politics Among Nations*, New York: Alfred A. Knopf.

필자가 생각할 때는(일부는 동의하지 않겠지만…) 한반도 전장의 특성을 고려할 때 북한 핵무기가 남한 도시 몇 개를 파괴하는 것이나 남한의 압도적 재래식 중 · 단거리 미사일이 북한 도시 2~3개를 파괴하는 것이나 '공멸'한다는 의미에서는 같을 수 있다는 것이다. 다행스럽게도 남한의 재래식 군사력은 북한을 압도하고 있다. 한국은 세계 6위의 군사 강국이다. 전쟁 초기 작계 5015 시행 시 참가하는 남한의 고위력 미사일군은 그래서 시사하는 바 크다(아래 가담 전력 참고).

작계 5015, 한미연합군의 선제공격 시 가담하는 한국군 전력

한국군은 2천여 발이 넘는 현무 시리즈 탄도미사일과 ATACMS, 현무-3 순항미사일, 공군 AGM-142 해브냅과 타우러스를 사용해 700~800개의 북한군 핵심 거점을 동시 타격한다는 계획과 '공세적 대화력전'으로 개전 하루 이내에 북한 장사정포 전력의 70%를 파괴한다는 계획이다.

북한에 미리 항복할 필요가 없다고 생각한다. 또 고전적 핵 이론에 우리 스스로를 지나치게 얽맬 필요도 없다. 우세한 한국의 재래식 군사력을 최대한 활용해 김정은을 압박하고, 적어도 핵무기를 사용하면 '너도 죽고 나도 죽는다'라는 공멸의 두려움을 강하게 심어야 한다는 것이다. 그런 면에서 대량응징보복KMPR은 남한이 채택할 수 있는 최고의 전쟁(억제) 카드라고 생각한다.

필자가 생각하는 KMPR은?

북한이 핵무기를 한 발이라도 사용하면 자동 시행되는, 국가의 명운을 건 '한판 승부의 응징보복'이어야 한다. 당연히 압도적 군사력이 총동원되고, 국민의 의지가 담겨야 할 것이다. 작전의 목적과 대상은 두 가지로 단순화시키는 것이 좋을 듯하다.

① 북한을 '공멸'시키거나
② 김정은을 지구상에서 영원히 사라지게(참수) 하는 것

적어도 이런 절실한 의지를 담은 계획이야말로 김정은이 실질적으로 두려워할 것이고, 핵 사용을 사전에 막을 수 있다고 생각한다. 핵 없는 한국이 택할 신 KMPR을 좀 더 구체적으로 기술하면 다음과 같다.

첫째, KMPR의 시행 시기는 김정은이 핵무기를 한 발이라도 사용하는 순간이다. 빠르고 정확한 2격the second strike으로 공포의 균형과 압도적 대응을 이끌어낸다.

둘째, 한국군 단독 작전계획으로 가야 한다(전작권 환수 상태라면 더 좋겠지만…). 비록 전시 작전통제권은 연합사령관에게 있지만, 유사시 국군통수권을 가진 대통령이 국민의 생존과 안위를 위해 결단을 내릴 수 있다고 생각한다.

셋째, 현재의 KMPR이 평양만을 계획했다면, 새로운 KMPR은 북한의 서부와 동부 2개 도시(평양과 함흥)를 지도상에서 완전히 사라지게 하고, 대규모 기동으로 양개 축선의 허브를 점령함으로써 북한의 정치, 경제, 군사 네트워크의 중심을 조기 장악하는 것이다.

계획 시행을 위한 세계 6위 군사 강국의 재래식 전력은 부족함

이 없을 것이다. 2개 도시는 모두 단거리 미사일 사거리 내에 위치하고, 육 · 공군의 지대지, 공대지 미사일과 화력을 집중한다면 조기에 도시기능을 마비시킬 수 있을 것이다. 이때 막강한 우리 육군이 북한의 지상공격을 효과적으로 저지하면서, KMPR을 백업하게 될 것이다. 2021년 기준 육군의 총병력은 53만여 명 중 거의 39만 5천 명(75%)에 달한다. 미군과 러시아군을 제외하고 한국군은 양적 · 질적으로 서방권 최대 규모의 포병 및 장거리 타격무기로 무장돼 있고, 3세대 전차가 주축이 된 기갑 전력은 세계적 수준이다. 따라서 아파치 공격헬기, 전차로 무장된 기동군단은 북한 동 · 서부 평양, 함흥 두 도시를 점령하는 데 어려움이 없을 것이다. 이 계획의 성공 가능성을 높일수록 김정은에게 주는 공포와 두려움의 크기는 배가 될 것이다.

이것은 전쟁 개시 또는 핵무기 사용 의도를 사전에 꺾고, 공세적 억제 효과를 틀림없이 달성할 수 있을 것이라 확신한다. 한국적 신 KMPR은 꼭 필요하고, 실행력을 더 높일 수 있어야 한다.

넷째, 신 KMPR의 또 다른 핵심축은 '김정은 제거 작전'이다. 도시점령에 압도적 군사력을 집중하는 것과 달리 더욱 정교하고 치밀한 고도의 작전계획을 필요로 한다.

독재국가의 1인자를 제거한다는 것은 불안정한 판세를 바꿀 수 있는 최고의 카드라는 데 모두 동의할 것이다. 그러나 그만큼 더 큰 위험이 따른다. 만약 실패한다면…(상상에 맡김), 핵을 가진 북한의 1인자 '김정은 제거 작전'은 더 큰 위험을 감수하더라도 총력을 기울일 만한 충분한 가치가 있다. 기존 KMPR에서는 김정은과 전쟁 지휘부를 쉽게 탐지 가능한 것으로 예상하고, 최종 타격과 제거에 중점을 두고 있다. 또 북한 눈치 보기 때문인지 군사 당국자들이 일명 '참수 작전' 계획 자체를 부인하거나 침묵하는 경향을 보이고 있다.

따라서 새로운 '김정은 헌팅 작전'(가칭)이 필요하다. 이 작전은 전쟁 시 갑자기 번뜩 생각이 나서 시행할 수 있는 결코 가벼운 작전이 아닐 것이다. 작전의 가장 큰 목적이 북한 핵무기 선제 사용을 억제하는 것이기에 필요하면 과감하게 공개할 수 있어야 한다. 작전을 공개했을 때 북한이 예상보다 거세게 반발한다면, 그 자체가 강한 억제 효과가 작동된다고 평가하면 될 것이다. 필자가 생각하는 KMPR의 또 다른 핵심축은 '김정은 헌팅 작전'에 대한 기본 설계도다. 우선 계획 전담부서가 필요하다. 평시부터 끊임없는 정보수집과 다양한 공격모델 연구, 관련 전문기관 및 개인과의 교류, 특화된 데이터베이스 축적이 필요할 것이다. 작전 유형과 절차는 킬 체인과 유사한 탐지, 식별, 추적, 타격 등 전형적인 절차를 밟게 될 것이고, 다양한 전력수단과 부대들이 할당되고 통합되어야 할 것이다.

2020년대 중반이 되면 425 사업이 완료되고 북한 전역을 1시간 미만 단위로 주기적인 전장 감시가 가능해진다. 보이지 않는 살인 무기 F-35A(60대)를 보유하게 된 공군은 북한 상공에 체류하면서 기체에 장착된 AN/ASQ-239 ESM 감시 장비를 통해 360° 리얼타임 정찰과 함께 공대공 미사일과 합동직격탄JDAM, 소구경 정밀유도탄SDB으로 김정은을 발견함과 동시에 실시간 타격이 가능해졌다.

육군 지대지 미사일은 어떤가? 북한 전역의 지하시설을 5분 내

타격 가능하다.

'현무-2' 탄도미사일은 목표만 식별되면 3분 만에 평양까지 날아갈 수 있다. 사거리 500km, 탄두 중량 1톤으로 강화 콘크리트 1.8m를 관통할 수 있는 능력을 가지고 있다. 최근 이슈가 된 북한판 이스칸데르 'KN-23'과 유사한 불규칙 탄도비행을 하기 때문에 북한 방공 능력으로는 어디서 날아왔는지조차 식별하기 곤란할 것이다.

'현무-4' 탄도미사일은 일명 괴물 미사일로 2020년 실사격을 마치고 곧 군에 전력화될 계획이다. 현무-4는 향후 '김정은 헌팅 작전'의 주역이 될 것으로 기대한다. 사거리 800km로 북한 전역을 타격할 수 있고, 탄두 중량 2톤으로 기존 현무-2의 2배 수준이다. 종말단계 돌입 속도가 마하 10이라는 엄청난 속도로 날아가 강화 콘크리트 24m 이상, 일반 지면은 180m를 뚫고 들어갈 수 있는 사실상 전술핵급 위력을 가지고 있다.

한국군은 세계 6위의 군사 강국이다.

2020년대 중반이 되면 정찰감시, 타격 수단의 비약적 발전으로 '김정은 헌팅 작전'의 실행 가능성은 점점 더 높아질 것이다. 김정은은 미군뿐 아니라 한국군으로부터 본격적으로 두려움과 스트레스를 받는 것이 현실이 될 수 있다. 과거 특전사 전문요원들이 북쪽으로 침투해 김정은 '특각'을 찾아내고 TNT를 설치 · 폭파하던 방식은 옛날얘기가 된 지 오래다. 지금은 특전사 요원의 등(배낭)에 수뇌부 암살 및 레이더기지를 은밀하게 침투해 폭파할 수 있는 자폭형 무인기(킬러 드론)가 운용되는 시대다. 앞으로 더욱 진화된 성능의 킬러 드론들이 북쪽 하늘을 고추잠자리처럼 무수히 날아다닐 것으로 보인다.

지금은 기술과 상상이 지배하는 시대다. 전쟁도 군대도 같은 영향권 내에 있다.

2020년 1월, 드론 공습으로 이란의 군부 실세 가셈 솔레이마니 사령관이 암살된 것은 우리에게 새로운 영감을 주고 있다. 당시 공격 방식은 매우 단순했다. 영화에서 보듯 솔레이마니 이란 혁명수비대 사령관이 바그다드 공항에 도착, 차량에 탑승해 출발한 뒤 미사일 몇 발이 해당 차량을 타격했고, 솔레이마니 사령관을 포함해 5명이 현장에서 모두 즉사했다. 드론 전문 조종사는 기지에서 게임을 하듯이 미사일 버튼을 눌렀고, 그 미사일이 표적을 정확히 타격한 것이다. 이 작전의 주역은 미국제 공격용 드론 'MQ-9 리퍼Reper'다. 김정은이 두려워하는 신예 무기다.

미국은 무인 공격기 최신 기종인 'MQ-9A 리퍼'를 더욱 새롭게 전력화할 예정인 것으로 알려지고 있다. 예상 모델은 MQ-9A 블록Block 5 버전일 가능성이 크다고 한다. 기존 리퍼보다 엔진 출력이 강해 더 많은 무기를 탑재할 수 있고, 최대 40시간 동안 비행이 가능하

미군 최신형 무인공격기 MQ-9A
출처: 제너럴 아토믹스.

다고 한다. 기수 하단에 탑재된 AN/APY-8 레이더는 주 · 야간, 기상과 상관없이 100km 밖에서 10cm 크기 표적을 실시간 탐지 · 추적할 수 있다. 한반도에서 미군과의 새로운 개념의 연합 작전, '김정은 헌팅 작전'이 구체적으로 실행되기를 기대해본다.

21세기 전쟁의 승리는 대전략의 눈으로 새로운 기술 전쟁 시대를 내다보면서 동시에 '적의 아프고 약한 부분을 집중 공격하라'라는 고전의 진리가 적절한 조화를 이룰 때 찾아올 것이다. 김정은을 지속적으로 압박하고, 두렵고 지치게 만들고, 전장을 이동하게 하고, 그래서 실수하도록 만들어야 한다.

한국형 3축 체계 구축사업은 현대 과학기술의 종합판이다. 현대전쟁은 상상력의 싸움이다. 멋진 공상 만화를 그리다 보면 새로운 승리의 방법을 불현듯 찾아낼 수 있을 것이다. 이 책이 그 영감을 주기를 기대해본다.

과거 냉전 시대 틀을 벗고, 새로운 시선으로 승리하는 미래 전쟁을 그려나가자!

05

북핵 대응, 한·미·일 군사협력 강화

점입가경漸入佳境인가? 갈수록 태산泰山인가?

2021년, 한반도 상황 그리고 북핵 문제… 갈수록 상황이 좋아질 것인가? 아니면 더 나빠질 것인가?

2021년 3월에 발표된 바이든 행정부의 '잠정 국가안보전략 지침INSG: Interim National Security Strategic Guidance'에는 새 정부의 외교, 안보, 국방에 관한 명확한 방향성을 제시하고 있다. 미국 외교 안보의 바이블 같은 INSG에 포함된 대북정책 관련 내용에 대해 많은 전문가의 공통된 의견을 정리하면 세 가지로 요약할 수 있다.

① 대북 외교방식은 트럼프식 톱다운Top-Down이 아닌 보텀업Bottom-Up 방식이 될 것이다. 외교관들에게 힘을 실어준다고 강조하고 있다.

② 한일 관계를 복원하고 북한의 핵 및 미사일 문제에 대해 한·미·일 삼

각 공조를 통한 대응 필요성을 강조하고 있다.

"미국은 북한의 증강하는 핵과 미사일 프로그램이 제기하는 위협을 줄이기 위해 한국 및 일본과 어깨를 맞대고 서서 우리의 외교관들에게 힘을 실을 것."

③ 대중국 봉쇄 및 견제에 최우선을 둘 것이며, 동맹외교의 방점은 대중국 압박에 있고, 북한은 대중 정책의 전략적 카드 정도로 사용할 것이라는 것이 중론이다.

이러한 기조는 2021년 5월 워싱턴에서 개최된 한미정상회담에서도 확인된 바 있다. 즉 북한은 핵 및 미사일 위협의 제거라는 점에서 중요하지만, 당장 미국이 북한과의 관계 개선을 통해 얻을 수 있는 것이 그리 많지 않다는 것이 미국의 기본인식이 될 것이다. 물론 이런 분석이 예측대로 흘러가는 것은 아니겠지만, 대부분 공감하는 데는 문제가 없을 듯하다. 특히 북한 핵 및 미사일 문제를 지난 30년간 미국 주도-한국 지원이라는 특별한 틀 속에서 운용해온 한국 입장에서는 분명히 새로운 변화이고, 이에 대한 적절한 대응과 태세 전환을 요구받고 있다고 생각한다. 필자는 북한 핵 및 미사일 문제를 중심으로 미래 한국-미국-일본의 군사적 협력 방향과 중점을 집중적으로 이야기하려 한다.

미래 북핵 문제에 대한 논의를 제대로 하기 위해서는 과거와 달라진 북한 핵 문제에 대해 명확한 상황(현실) 재인식에서부터 출발해야 한다. 필자가 이 책에서 지속적으로 주장해온 몇 가지 주요 내용을 다시 한번 복기해본다.

첫째, 2017년 이후 북핵 문제는 완전히 새로운 국면에 접어들었다. 북한은 이제 핵 개발국이 아닌 핵무장국이 됐다는 사실이다.

둘째, 당장 북한 비핵화가 이루어지는 기적은 없을 것이다. 북한은 필핵화의 길로 들어섰고, 완전한 비핵화를 위해서는 새로운 장기적 접근 전략이 필요할 것이다. 이 부분에 대해 논란의 여지가 있겠지만, 북핵 능력은 더 고도화될 것이고, 가까운 미래에 4차, 5차 북핵 위기가 발생할 것이라는 믿음에 변함이 없다.

뉴욕대학 브루스 부에노 데 메스키타 교수의 명저 『독재자의 핸드북*The Dictator's Handbook*』(2011)에서 발췌한 아래 글은 이런 주장에 신뢰성을 더한다.

> "독재자는 자신을 지지하는 최소규모의 지배 연합을 형성하고 그들의 지지를 유지할 수 있도록 끊임없는 보상을 제공해야 한다. 이 같은 보상에는 금전적인 부분뿐 아니라 독재자의 통치가 지속될 것이라는 믿음이 포함된다. 지배 연합의 그 같은 확신이 무너질 경우, 독재자의 지지자들은 기존의 통치자를 대신할 경쟁자를 찾으려 할 것이다. (중략) 핵이 있기에 김정은은 현재의 지배 연합을 유지할 수 있고, 핵이 있기에 군부를 비롯한 핵심지지 세력들은 김정은의 통치가 지속될 것이라는 확신을 지니고 있다. 이럴진대 핵을 포기한다는 것은 천부당 만부당한 일이다."

셋째, 북한 핵무기는 이미 한국 단독의 위협이 아니라 아시아·태평양지역 국가 전체의 공동위협이 됐다. 실제로 북한의 ICBM은 미 본토를 타격할 수 있는 능력을 갖췄고, 일본은 북한의 노동미사일(1,300km) 정도로도 직접 사정권 내에 노출된 지 오래다. 북핵 문제를 한 · 미 · 일 공동의 문제로 인식해야 하고, 특히 일본과는 북핵 대응을 위한 공동의 대처 방향을 모색해야 할 것이다.

미래 한미동맹은 전략적 동반자 관계로 발전돼야 한다

북한 핵과 미사일 문제는 한국(인)에게 최대의 관심사다. 우리 후손들이 북한 핵을 머리에 이고 힘겹게 살게 할 수 없기 때문이다. 과거 70년 한미동맹 역사의 첫째 목표가 한반도의 전쟁 재발 방지였다면, 미래 30년 한미동맹은 북핵 문제 해결에 둬야 한다. 세계 6위의 군사 강국, 세계 10위권의 경제 강국이 된 한국 입장에서 장기적 · 전략적 · 주도적으로 동맹의 미래를 만들어가는 것은 당연한 국가의 통치 행위이고 국민의 뜻이라 생각한다. 그렇게 못한다면 오히려 그것이 잘못된 것이다. 거센 변화의 새 물결이 한반도를 덮치려 하는 불확실하고 불투명한 위기의 시대, 지금이야말로 미래로 가는 새 길을 찾을 기회의 시간일 수 있다.

미국과 중국이 인도-태평양 지역 패권 그리고 글로벌 패권을 놓고 충돌지점을 향해 마주 달리는 판세가 형성되고 있다. 이제 미국의 '대중 압박'은 선택이 아닌 운명이 됐다는 것이 공통된 의견이다. 미국과 중국은 내 편 만들기를 위한 적극적인 행보를 보이는 모양새다.

이런 안보환경의 변화는 필연적으로 군사 분야의 변화로 연결될 것이다. 지금부터 ① 한미동맹의 신뢰와 불신의 벽 ② 미중 패권전쟁이 북한 비핵화와 주한미군에 미칠 영향 ③ 한미동맹을 미래 전략적 동반자 관계로 발전시킬 방향 등을 살펴봄으로써 우리가 선택해야 할 미래의 길을 제안해보고자 한다. 혹시 발견될 수 있는 논리의 부족과 엉뚱함이 있다면 비전문가의 거친 시선이라고 이해해주기를 기대해 본다.

한미동맹의 현재, 신뢰와 불신의 벽?

"같이 갑시다(We go together)!"는 한미동맹 관계를 나타내는 상징 구호다. 양국 대통령도 만나면 이 말을 서로 주고받는다. 최초 유래는 1951년 2월로 거슬러 올라간다. 당시 유엔군 맥아더 사령관과 1사단장 백선엽 장군이 수원비행장에서 악수를 나누며 백 장군이 한 말이다. 이때의 "같이 갑시다!"에는 한국전쟁에 참전해준 유엔과 미국에 대한 '무한 감사'와 '당부(부탁)'를 담고 있었을 것이다. 그러나 70여 년이 흐른 지금, "같이 갑시다!"에는 '무한 신뢰' 외에 '불신'이라는 의미가 내재되어 있다고 생각한다. 상호 의심을 없애고 동맹으로서의 신뢰를 더욱 공고히 하자는 다짐으로 재해석돼야 한다.

▷ 한국 입장에서 바라본 미국

'한미상호방위조약(1953년 체결)'에 근거한 한미동맹과 한미연합 지휘체제는 한반도에서 70여 년간 전쟁 재발을 막았고, 지금도 한반도 평화와 안정의 핵심축이다. 정말 피를 나눈 형제 나라다. 그러나 지금 미국에 대한 의문과 의심의 눈초리를 보내는 한국인도 적지 않다. 북한 비핵화 추진과정에서 한계가 노출된 것이다. 결국 미국은 북한 핵무장을 용인한 모양새가 돼버렸고, 향후 자국의 이익에 따라 언제든지 이 땅을 떠날 수도 있다는 보이지 않는 불신의 골이 생겨났다. 특히 과거 닉슨의 지상군 철수론, 카터의 주한미군 완전 철수론에 이어 트럼프 시절 한미 방위비 분담금 합의 불발은 그런 의심을 더욱 부채질한다. 일부에서는 미국이 한반도에 대한 영향력을 지속적으로 발휘하기 위해 실현되기 어려운 조건을 내세우며, 전작권 전환을 의도적으로 미룬다는 주장도 있다.

▷ 미국 입장에서 바라본 한국

한국은 20세기 전쟁의 유산으로 미국이 탄생시킨 국가 중에서 유일하게 민주주의와 시장경제를 완벽하게 성공시킨 나라로 미국의 자부심이다. 한반도는 또 미국에 전략적으로 매우 중요한 지역으로, 아시아 · 태평양지역 재균형전략 추진을 위한 중심축이다. 그러나 한국의 최근 빈번해진 친북한, 친중국 행보들에 자꾸 의심이 간다. 2015년 박근혜 전 대통령이 톈안먼 성루에 올라 중국의 '군사 굴기'를 지켜본 것은 매우 상징적인 사건이었다. 2017년 문재인 정부 외교장관의 '3불 입장(3NO) 발언'•과 미국-인도-호주-일본이 중심이 되는 인도-태평양 전략 구상에 미온적인 한국의 행태는 향후 중국의 영향력이 남한에 미칠 것이라고 의심할 수밖에 없는 대목이다.

• 2017년 10월 31일, 사드 문제에 대한 한 · 중 협의 결과를 발표하면서 "① 사드 추가배치는 검토하지 않는다. ② 미국의 미사일방어체계(MD)에 참여하지 않는다. ③ 한 · 미 · 일 3국 간의 군사협력이 3국 간의 군사동맹으로 발전하지 않을 것이다."라는 3불 발언을 했다.

2021년 3월 18일, 한미 외교 · 국방장관이 만나는 2+2회담에서 중국에 대한 견제와 동맹의 적극적 협조를 당부한 미국을 뒤에 두고, 바로 2주 뒤 중국과 한국의 외교장관이 만나 한 · 중 2+2회담을 6년 만에 재개하는 데 합의한다. 또 한국 외교장관은 3월 18일자 연합뉴스와의 인터뷰에서 "미국은 우리나라의 유일한 동맹국이고, 중국은 최대 교역국이다. 미국과 중국 사이에서 양자 중 하나를 택한다는 것은 있을 수 없는 일이며, 그런 접근법은 불가능하다"라고 말했다. 이것은 미국의 중국 포위망에 참여하지 않겠다는 폭탄선언으로 해석될 위험이 있었다. 지금의 한미동맹이 신뢰와 불신 사이를 왔다 갔다 하고 있다고 표현되는 이유다.

2021년 5월에 열린 한미정상회담에서 현 정부의 전략적 모호성(?)은 상당 부분 해소된 모양새다. 백신 · 반도체 · 기후 변화 등 글로벌 이슈에 대한 공동 협력, 대북 문제에 대한 상호이해 제고, 한미 동맹의 중요성 재확인 등 많은 부분 긍정적인 합의와 의견 통일이 있었던 정상회의로 평가되고 있다. 그러나 한반도 안보 및 북핵 문제에 대해서는 특별히 새로운 해법이나 대안 제시 없이 외교적 수사에 머물렀다는 것이 국내외 전문가들의 의견이다.

미중 패권전쟁이 향후 북한 비핵화와 주한미군에 미칠 영향은?

미국 바이든 행정부의 '국가안보전략 중간 지침', 2021년 3월에 있었던 한미 외교 · 국방 2+2회담, 그리고 2020년 7월에 있었던 인도-태평양 육군 향후 설계에 관한 정책보고서 등을 보면, 앞으로 미국이 한국에 요구할 사항, 북한 비핵화 전략 방향 그리고 한국 주둔 미군의 재배치 전략 변경 가능성 등을 미리 진단해볼 수 있다.

이런 내용들은 미래 한반도 안보환경이 크게 변화할 수 있으며, 선제적 준비와 대응이 필요함을 전망해주고 있다고 생각한다. 특별한 주목이 필요하다.

우선 북한 비핵화 문제다.

첫째 가능성은 외교관 중심의 지리멸렬한 협상 국면으로 접어들 것으로 예상된다. 북한의 핵무장 능력은 실질적으로 고도화되고, 점점 다양한 핵 공격 옵션(ICBM, SLBM)을 가지게 된 북한이 미국과 큰 거래의 접점을 찾기는 사실상 쉽지 않을 것이다. 결국, 미국은 북한과 중국의 위험 사이에서 전략적 선택을 할 것이고, 북핵 비핵화는 현상 유지 전략을 채택할 가능성이 높다. 한국으로서는 지난 30년간 실패한 북핵 정책을 또다시 지켜봐야 할 처지에 놓이게 될 수도 있다.

둘째, 북한은 지금의 대북 경제제재를 그대로 방치하는 것을 절대 원하지 않을 것이며, '엄포', '위력 도발' 그것도 여의치 않으면 중국의 묵인하에 대형 도발과 협박을 이어갈 수 있을 것이다. 이런 위험이 반복될 경우 미국은 갑작스럽게 단계별 비핵화의 길을 선택할 수 있다. 이 상황은 필자가 계속 주장해온 최악의 시나리오가 만들어지는 순간이다. 안타까운 것은 '국가안보전략 중간 지침' 속에 이런 가능성이 이미 포함돼 있다는 것이다.

"We will empower our diplomats to work to reduce the threat posed by North Korea's growing nuclear and missile programs, standing shoulder-to-shoulder with the Republic of Korea and Japan."

전 백악관 대량살상무기 정책조정관이 "북한의 핵 위협을 줄이겠다고(to reduce) 말한 것은 북한 핵과 미사일 프로그램의 완전한 제거가 현실적인 단기 목표가 아니라는 점을 인지한 것이라며, 미국은 완전한 비핵화로 가는 첫 단계로 (핵 프로그램을 제거하는 대신) 제한(limits)하는 데 집중할 것"이라고 내다봤다. 이 의미는 결과적으로 단계적 비핵화 접근법을 말한다.

미중 패권전쟁에 올인해야 하는 미국 입장에서 새로운 군사전략을 모색하는 것은 당연한 수순일 것이다. 여기서는 2020년 7월에 공개된 「육군의 변신: 인도-태평양 사령부의 초경쟁hyper-competition과 미 육군 전역 설계」라는 보고서를 근거로 향후 주한미군의 역할변화 가능성을 전망해보고자 한다.

우선 미 육군은 인도-태평양 전역을 중국과의 초경쟁을 펼치는 시작점이자 가장 중요한 전역으로 보고 있다. 중국은 유사시 미군을 패퇴시키는 것을 염두에 두고 군 현대화를 가속화하고 있다. 미국의 적극적인 군사력 경쟁자는 중국과 러시아, 북한이지만 앞으로 10년 내 중국이 필연적 도전자로 남을 것으로 미래 위협을 분석하고 있다.

현재 미 합동군의 역내 전진 배치 상태와 역량은 냉전 시대와 한국전쟁의 산물로, 일본과 한국에 집중 배치돼 있는 것은 무책임하다고 밝히고 역내 재배치는 적의 선제공격으로부터의 회복력, 대중국 중심의 전력투사 기민성 등을 고려할 필요가 있다고 평가했다. 특히 한반도를 중심으로 한 북한의 위협과 주한미군 문제에 대해 앞으로 한국군의 전시작통권 환수와 군 현대화 추세를 고려할 때, 유사시 대규모 지상전에 대비한 요구는 10년간 점차 줄어들 것이고, 지상 기동 전력보다는 방어와 지속성, 정보, 지휘 통제가 한반도 실전 상황에서 더 중요한 요소라고 전망했다. 따라서 대중국 전략에 대한 공동위협을 공유하면서 전력통합이 가능한 나라는 호주와 일본, 타이완 3개국으로 적시하고, 한국은 중국과의 초경쟁이라는 관점에서 전력통합이 제한될 것으로 평가하고 있다.

이 보고서는 결국 미국의 자원이 한정된다는 점과 앞으로 중국에 초점을 둔 전략전환은 필연적이기 때문에 주한미군은 어떤 식으로든 향후 10년 이내에 새로운 변화를 맞을 것을 예고하고 있다.

한미동맹의 미래, 전략적 동반자 관계로 가는 길은?

한미동맹의 미래에 대해서는 수사적으로 또 실제적으로 한미 정부간에 중요한 이슈로 관리되고, 이와 관련한 수많은 논문과 칼럼, 주장들이 넘쳐난다. 필자는 점점 더 위험해지는 북한 핵 및 미사일 위협하에서 한미 두 나라가 전략적 동반자 관계로 가는 큰 그림에 대해 제안해보고자 한다.

첫째, 한미동맹의 틀은 견고하게 유지돼야 한다. 단, 20세기 일방적으로 도움 받던 무한 감사와 지원의 단계를 넘어 상호 신뢰와 전략적 이익을 공유할 수 있는 새로운 군사 파트너십과 군사협력 관계로 발전할 필요가 있다.

둘째, 한미연합 지휘체제는 대칭적 관계로 발전돼야 한다. 굳건한 동맹의 믿음 아래 완전한 전작권 전환의 조기 환수가 이루어져야 한다는 제안이다. 세계 6위의 군사 강국, 세계 10위권의 경제 대국이 된 한국으로서는 당연한 것이고, 그럴 능력을 갖추고 있다. 필자가 앞에서 지속적으로 주장한 것처럼 한국군의 독자적인 지휘체제 구축은 김정은에게 진짜 공격받을 수도 있겠다는 두려움을 갖게 할 것이며, 이것은 핵능력 확충에 대한 간접적 억제 효과와 한국 무시하기, 의도적 무력 도발, 긴장 조성이라는 반복된 패턴을 제어할 기회를 제공할 것이다. 전작권 전환은 남북관계의 기존 미국 주도-한국 지원이라는 정형화된 30년 틀을 한국 주도의 정상적 형태로 변화시킬 것이며, 미국이 한국에 투입한 자원을 대중국 압박용으로 전환할 수 있는 여력을 주게 될 것이다.

셋째, 한미 양국은 북한 핵 및 미사일 위협에 대한 한반도 맞춤형 확장억제(력) 전략과 확실한 보장책을 마련할 수 있어야 한다.

북한 핵무기는 사실상 한국(인)의 생존과 직결된 문제이고, 핵에는 핵으로 균형을 맞추는 것이 기본적인 메커니즘이다. 이 사안은 한국에는 절대적이고, 특히 확장억제에 대한 수사적 표현이 아니라 북핵 공격 시 미국이 확실하게 대량응징보복에 나설 것임을 확신시켜 줄 구체적 대책이 필요하다. 이 문제를 해결하기 위해 두 나라는 지속적인 노력을 전개해오고 있다. 2011년 확장억제정책위원회EDPC,

2015년 억제전략위원회DSC, 2017년에는 한미 확장억제전략협의체 EDPCG로 점차 확대 발전하고 있다. 그러나 역으로 생각하면 이런 협의체가 계속 진화하는 이유는 아직 확실한 확장억제 방안을 만들지 못했다는 것으로 해석될 수도 있다.

▷ 일본은 확장억제 문제를 어떻게 해결하고 있는가?

일본 역시 북한 핵무기의 직접적인 위협 대상국이다. 미국으로부터 확장억제력을 반드시 제공받아야 하고, 미일 동맹체제에서 그 해답을 얻어야 하는 입장이다. 여기서 1997년 9월 23일 체결된 '미일 방위협력을 위한 신 지침(신 가이드라인)'에 주목할 필요가 있다. 1978년 체결된 '미일 방위협력 지침(구 가이드라인)'이 외부로부터 일본이 직접적인 무력공격을 받았을 경우를 상정하여 주일미군과 일본 자위대의 공동 작전을 최초로 담고 있다면, 20년 뒤에 체결된 신 가이드라인(1997)은 소련 붕괴와 냉전 종식으로 바뀐 안보환경과 한반도에서의 분쟁 발생 가능성을 구체적으로 상정하고 작성된 계획이다. 일본 주변 지역 유사시 미일 협력에 대해 3개 분야 40개 항목에 걸친 세부 내용을 담고 있다. 특히 미국은 일본에 핵 억지력을 제공하고, 일본은 주일미군의 전진 배치와 증원에 대해 적극적으로 지원한다는 내용이 포함돼 있다. 예컨대, 신 가이드라인(4조 2항)의 일본에 대한 무력공격 란에 "자위대와 미군은 탄도미사일 공격에 대처하기 위해 긴밀히 협력하고 (역할을) 조정한다. 미군은 일본에 대해 필요한 정보를 제공하는 한편, 필요 시 공격력을 보유한 타격부대의 투입도 고려한다"라고 구체적으로 기술되어 있다. 우리의 확장억제 보장과는 질적으로 다른 표현으로, 정보 제공과 타격부대 투입도 명시하고 있음을 알 수 있다. 1952년 미일안보조약 체결로 출범한 미일동맹은 지속적이고 과감한 일본의 일방적 지원을 통해 결속력을 강화했고, 단순한 쌍무적 군사동맹 관계에서 비전통 영역까지 협력 확대를 모색하는 글로벌 파트너십으로 발전했다. 이는 양국의 전략적 이해관계가 맞아떨어진 결과일 것이다.

▷ 북한 핵 및 미사일 위협하에서 한미 상호 전략적 이익을 공유할 수 있는 군사 분야 변화 방향은?

한국 입장에서 확실한 확장억제력을 보장받기 위해서는 북핵 위협을 감당할 수 있는 수준에 도달할 때까지는 전작권 전환을 추진하되, 일정 분야는 빠른 전환을 잠시 보류하는 식으로 전환방식의 융통성을 고려해볼 수 있다.

① 한국군의 독자적 지휘체제를 구축하되, 공군과 해군의 연합 공동 작전계획은 현행과 같이 유지하는 방안

② 한국형 3축 체계 불안정성을 극복하기 위해 킬 체인, KAMD 같은 작전체계는 완전성에 중점을 두고 일정 기간 미국과의 연합 및 공동 작전이 가능하도록 현재의 작전 운용 시스템을 계속 유지 발전

③ 미국 · 일본 · 한국이 함께하는 맞춤식 북한 핵 대응 3국 공동 프로그램을 작동시켜 별도 협의체와 조기경보 및 정보공유 시스템 그리고 연합훈련 등을 실질적으로 계획 발전시키는 방안

④ 한국의 평택과 오산, 대구 일대 미군 기지에 대한 미국의 사용 권한을 확실하게 보장하고, 한반도 전진 배치 또는 필요 시 작전 활동을 적극 지원할 수 있는 신뢰성 있는 약속과 조치들이 반드시 필요

이와 같은 일련의 조치들은 한미동맹의 큰 틀에서 고민이 가능하다. 미래 한미동맹의 피할 수 없는 도전은 미국이 3시 방향에서, 중국이 9시 방향에서 우리를 당기려 할 때 우리가 해야 할 선택의 순간이 될 것이다. 분명한 것은 미국은 우리의 동맹이고, 중국은 동맹에 미치지 못하는 동반자 관계임을 명확하게 인식해야 할 것이다. 적어도 1시나 1시 반 방향을 벗어나지 않는 범주에서 활동할 필요성이 있다.

한국의 입장이 세상의 변화와 함께 바뀌는 것처럼 미국도 철저하게 국가 이익과 인도-태평양 지역 대전략이라는 거시적 틀 속에서 움직일 수밖에 없다. 따라서 미래 어느 날, 지금까지 군사적으로 한국을 중시했던 경향이 일본, 대만 그리고 호주로 급선회할 수 있다는 교훈을 반드시 기억해야 할 것이다.

북한 핵 · 미사일 위협 대비, 특화된 한일 군사협력 필요

일본은 중국과 북한을 매우 심각한 적으로 규정하고 있고, 그중에서 북한의 위협을 가장 중대하고grave 임박한imminent 군사 위협으로 적시하고 있다(일본 방위백서 2020). 특히 북한의 핵무기 능력은 탄도미사일에 탑재 가능한 핵탄두 소형화 수준까지 이른 것으로 평가하고 있다. 일본은 또 방위의 3대 축으로 자위대 자체 방위, 미일동맹 그리고 파트너십 국가와의 안보협력을 들고 있다.

2021년 한일 국방예산 및 군사력 비교
출처: 미국 군사력 평가기관(GFP) 기준.

파트너십 국가, 한국과 일본의 관계는 어떤가? 사실 최악이라고 봐도 무방하다. 역사 문제와 과거사 문제, 독도 문제, 수출규제 문제뿐 아니라 2019년 한일군사보호협정GSOMIA 종료 및 조건부 유예 결정까지 전 분야가 꽁꽁 묶여 있다. 가깝고도 먼 나라라는 말이 실감 난다.

지금부터 다루려는 주제는 북한 핵 및 미사일 위협이라는 한일 양국의 공통주제에 범주를 한정하고자 한다. "왜 이런 논의가 필요한가?"라고 묻는다면, 참으로 무책임한 질문이라고 말하고 싶다. 북한 핵 및 미사일 위협이 진짜 예사롭지 않기 때문이다. 국민의 생존과 직결된 문제를 과거의 시선, 정치적 시선, 이념의 시선, 사익의 시선으로 바라보는 것은 적절하지 않고 위험한 행보가 될 것이다. 미래 관점으로, 색다른 시선으로 북한 핵 및 미사일 위협에 대응하기 위해 모든 수단을 강구한다는 측면에서 한일 공동 군사협력의 필요성을 중점적으로 다루고자 한다.

1993년 북한의 NPT 탈퇴 선언으로 시작된 1차 북핵 위기 이후 30여 년 동안 진행된 북한의 핵 개발 과정은 일본의 보통국가로의 여정과 일치한다. 보통국가라 함은 제2차 세계대전 패전 이후 만들어진 평화헌법에 군대보유 금지와 국가 교전권을 허용하지 않고 있으나, 헌법을 고쳐 정식 군대를 만들겠다는 의미와 통한다. 1998년 북한 대포동 1호 미사일의 2단 추진체가 일본 영공을 통과하는 장면을 보면서 일본은 미국 전구 미사일방어체계MD에 합류하게 된다. 2016~2017년 북핵과 미사일이 완성 단계에 접어들면서 일본은 공식적으로 북한을 가장 중대하고 임박한 위협으로 보기 시작했다.

일본이 북한 핵 및 미사일을 두려워하는 세 가지 이유

첫째, 북한 핵 공격의 실질적 1차 목표 대상이 일본이 될 수 있다는 두려움이다. 북한은 함부로 거대 미국을 먼저 공격하지 않을 것이고, 또 동족인 한국을 향해서 먼저 핵무기를 사용하지 않을 가능성이 높다. 한반도 무력충돌 시 미국의 증원 병력 대부분이 일본의 후방지원과 기지를 사용하도록 돼 있어 일본의 전쟁 개입과 지원 의지를 조기 무력화하기 위해서는 당연히 일본이 1차 목표가 될 거라는 것이다.

둘째, 일본의 군사적 대응능력이 탄도미사일 방어에 중점을 둔 소극적 억지 능력 위주여서 적 발사 기지를 공격하는 등 적극적으로 대응할 공격 채널과 수단이 마땅치 않다. 즉, 수세적일 수밖에 없다는 것이다. 우선 탄도탄 방어에서 북한의 노동미사일(1,300km) 200여 발이 북한에서 일본까지 날아오는 데 7~10분 정도를 고려할 때, 일본이 최대로 보유한 요격미사일 80발 정도를 동시 대응한다 해도 수적으로 불균형이다. 또 짧은 탄도탄 요격 가능 시간을 고려해보면 상시 요격태세를 유지해야 하는 부담도 안고 있다. 비록 일본이 세계 두 번째로 많은 F-35 계열 스텔스기를 보유하고 있다고 해도 한반도 영공에서 북한 발사 기지를 먼저 때린다는 것은 한국의 반대 등을 고려할 때 현실적으로 거의 불가능하다.

셋째, 히로시마와 나가사키 원폭 피해를 겪은 일본(국민)은 핵무기 1발에도 쉽게 전쟁 의지를 잃고 무릎을 꿇을 위험을 가지고 있다.

결국, 일본은 북핵과 미사일 위협 대응에서 독자적으로 자국 방위에 필요한 억지 태세를 구축하기는 어렵다고 판단할 수밖에 없다. 따라서 확장억제(징벌적 억제)는 미국에 의존하고, 거부적 억지(탄도탄 방어 등)는 미국, 한국과의 긴밀한 협력이 절대적으로 중요하다. 한국은 이런 일본의 딜레마를 정확히 이해하고, 북핵 능력 고도화에 따른 미국의 중국 압박 정책과 동북아 안보 지형의 변화 그리고 미국의 한·미·일 공동 군사협력 강화 요구 등 미래의 변화 요인을 선제적으로 관리하면서 새로운 북핵 대응전략을 구상해야 할 것이다.

한일 군사협력 확대가 꼭 필요한 세 가지 이유

첫째, 한일 양국은 공동의 적인 북한으로부터 똑같이 국가의 생존이 걸린 큰 위험에 직면하고 있다. 1천여 발이나 되는 북한 탄도미사일 사정권 내에 위치하고 있을 뿐 아니라 핵무기의 소형화 · 경량화, 전술핵무기 개발, 고각사격 기술, 고체연료 개발, 이동식 발사대 이용 등 점점 고도화되는 북한의 기술 개발과 기술 신뢰성 제고를 통해 더 정확하고 치명적인 위험에 노출되고 있다. 다음 전쟁은 한반도와 일본 본토를 대상으로 한 대규모 미사일 전쟁이 될 가능성이 크다.

둘째, 미국의 인도-태평양 중시 전략, 대중국 압박전략은 군사력 운용의 변화와 함께 미군 재배치로 연결될 것이다. 향후 일본은 미국 대전략의 중심축에 위치할 수밖에 없다. 일본에 주둔하는 주일미군은 현재 5만 명 수준이다. 주일 미 육군이 2,500명으로 소규모인 데 반해 제7함대의 항공모함 전력, 제5공군 F-35A 전력, 제3해병원정군의 1개 사단 및 원정상륙 세력 등으로 편성돼 있다. 주한미군이 2만 8천여 명 수준으로 육상 전력 중심이라면, 주일미군은 막강한 해상 및 항공전력 중심으로 구성돼 있다. 일본은 또 미국의 미사일방어체계MD에 편입돼 있다.

최근 미국의 한일 군사협력 강화를 위한 노력과 요구들은 어쩌면 대중국 압박전략과 인도-태평양 중심 전략수행을 위한 사전 포석일 수 있다. 주한미군 재배치, 북한 위협에 대한 한일 공동대응을 통한 미국의 한반도 부담 경감 등을 미리 예고하고 있는지도 모른다. 이래저래 미래 일본과의 군사협력은 미국 때문이 아니라 한일 당사국들의 상호 필요성 증대에 따라 새로운 그림을 필요로 하고 있다는 생각이다.

셋째, 북한의 바닷속 위협이 심상치 않다. 대형 잠수함 건조, SLBM 실험의 성공 등으로 해상 미사일 공격 카드가 현실적인 위협으로 등장했다. 해상 킬 체인 구축과 해상 미사일 방어를 위한 추가 대비 소요가 요구되는 상황이다.

한일 군사협력 확대 방향과 분야

한일 간의 교류와 협력이 쉽지 않은 것은 사실이다. 일본의 과거 침략의 역사, 과거사 정리, 독도를 둘러싼 영토분쟁 등 쉽게 해결할 수 없는 누적된 문제들이 상호 간에 깊이 뒤엉켜 있다. 군사 분야는 특히 복잡하다.

두 나라의 군사협력은 한일 두 나라 간의 역사성과 국민의 민감한 정서를 고려해 단계적 접근 전략이 필요하다고 생각한다. 예를 들어 군사 당국끼리 내일 당장 한일 군사교류협정을 맺는다 해도 우리 국민은 당장 한반도 하늘에서 일본 전투기가 날아다니는 것을 1도 상상하지 않을 것이며, 절대 용인하지도 않을 것이다. 국민적 합의를 이끌어내기 위해서는 최적의 시간과 상황을 기다려야 하고, 고도의 전략적 접근과 고민을 해야 할 것이다. 다음 제시되는 두 가지 분야는 일본과 우선적인 군사협력을 고려해볼 수 있을 것으로 생각한다.

첫째, 한일 군사협력 확대 분야는 지소미아의 실질적 정상화와 함께 한 · 미 · 일 실시간 핵 및 미사일 대응 정보공유체계를 재가동하는 것이 가장 시급하다고 생각한다. 이 분야는 이미 교류와 협력의 경험이 있기 때문에 한일 양국의 의지와 미국의 지원만 있다면 성공적으로 공동 조기경보와 실시간 정보공유 등 실질적인 체계 구축으로 발전할 수 있을 것이다. 일본은 인공위성과 이지스함을 기반으로 한 우수한 정보 감시체계를 갖추고 있다. 또 미국의 MD와 연동돼 있다.

▷ 일본이 보유한 우수한 정보 수집능력

미국 MD에 편입, 미군으로부터 조기경보 정보와 BMD용 이동식 레이더TPY 등을 이용해 수집한 정보를 공유하면서 긴밀한 미일 협력체계를 유지하고 있다. 일본은 2019년 기준으로 정보수집 위성 7대를 보유하고 있고, 최종적으로 광학위성 4기, 레이더위성 4기, 중계위성 2기 등 10기 확보가 목표다. 일본판 X밴드 레이더는 미쓰비시가 제작한 J/FPS-3 7대와 신형 J/FPS-5 4대가 SM-3와 움직이며 육상과 해상에서 탄도미사일을 탐지한다. 신형 X밴드 레이더의 경우 탐지 거리가 4천 km로 추정되고, 2천 km 떨어진 곳에서도 탄두 형상이 식별 가능한 것으로 알려지고 있다.

둘째, 또 다른 중요 협력 분야는 북한의 새로운 바닷속 위협으로 등장한 대형 잠수함 전력과 SLBM 능력 고도화에 따른 공동대응이다. 바다에서의 한일 군사협력은 국민 설득 및 합의가 한층 쉬울 것으로 기대된다. 일본이 보유한 우수한 잠수함 사냥 능력과 잠수함 작전 능력은 실질적으로 양국의 공통목표 달성에 도움이 될 것이고, 이는 상당한 시너지 효과를 가져올 수 있을 것이다. 양국 잠수함 전력의 상호 군사협력이 성공한다면, 김정은에게는 엄청난 부담이 될 것이고, 한일 양국은 새로운 군사협력 시대를 맞이하게 될 것이다.

▷ 일본이 보유한 세계 최고 수준의 대잠 초계능력

냉전 시대부터 소련 잠수함의 태평양 진출을 저지하기 위한 목적으로 미국의 지원 아래 강력하게 성장한 전력이다. 2019년 기준 세계 최강의 '잠수함 사냥꾼'으로 불리는 P-3C 초계기 56대, 최신예 해상 초계기 P-1 19대 등 총 74대를 보유하고 있다. 특히 P-3C는 수상함정을 공격할 수 있는 최대 8발의 어뢰와 폭뢰를 무장할 수 있고, 날개의 파이론에는 100km 사정거리의 91식 공대함 유도탄이나 미국제 하푼 미사일을 최대 4발까지 탑재할 수 있다. 병행하여 해상 감시 임무도 수행하고 있다.

▷ 일본은 세계적 수준의 디젤 잠수함 22척 보유계획 추진(중)

매년 1척당 건조비용 500억 엔(4,200억 원)을 투자하면서 새 잠수함을 건조하고, 구형은 퇴역시키는 선순환 시스템을 유지하고 있다. 새로운 건조기술과 최신무기 및 장비를 지속적으로 탑재한다는 의미다. 2019년 기준 3,000~4,000톤급 19척을 보유하고 있고, 2023년까지 22척으로 늘릴 계획이다. 일본 잠수함은 수중 정숙성과 공격력 등 여러 면에서 디젤 엔진을 탑재한 통상 잠수함으로 세계 1위의 성능을 가진 것으로 평가된다. 일본은 핵추진 잠수함 도입 같은 불필요한 논란을 피하면서 질적으로 향상된 최고의 디젤 잠수함 건조에 중점을 두고 있다.

일본은 1998년 북한의 대포동 1호 미사일 2단 추진체가 일본 영공을 통과해 본토에서 500km 떨어진 태평양 쪽 일본 영해에 떨어진 사건을 계기로 본격적인 핵 및 미사일 대응 군사력 건설에 집중했다. 그 결과 지금은 상당 수준의 대응체계와 수준에 도달해 있는 것으로 평가되고 있다. 아래 제시되는 몇몇 분야는 한국과 비교해 상대적으로 우수한 능력을 갖춘 것으로 평가되며, 이는 향후 군사협력 확대 방향을 모색하는 데 도움이 될 것이라 기대된다.•

▷ 이지스함 8척 체제 완성과 2023년 목표 4개의 해상 기동군단 완성

2021년까지 이지스함 8척 체제를 완성할 계획이고, SM-3 계열 미사일을 탑재함으로써 고고도 미사일방어체계 구축과 전장 감시 능력을 배가시켰다. 향후 항모형 호위함 1척, 이지스함 2척, 구축함 5척을 1개의 기동군단으로 하는 4개의 기동군단 체제를 2023년까지 완성시키겠다는 것이 목표다(『방위백서 2020』에서 지상배치형 탄도미사일 요격체계인 '이지스 어쇼어' 대신 이지스함 2척 추가 건조계획 발표). 한국은 현재 이지스함이 3척이고, 2028년까지 3척을 추가 건조해 6척 체제를 추진 중이다.

▷ 미국 다음으로 많은 F-35 계열 스텔스기 보유

1990년대 F-22 도입을 포기한 일본은 F-35A 공군 기종 105대, 해병대용 F-35B 42대 등 미국 다음으로 많은 147대를 확보한

• 아래 기술된 내용은 『부활하는 제국군대의 화신 일본 자위대』(오동룡, 2019, 곰시)에 나오는 데이터를 기준으로 필자가 재정리한 내용으로, 실시간 데이터와 다를 수 있다.

것으로 평가되고 있다. 미쓰비시 공장에서 부품 조립 방식으로 면허생산 중이다.

▷ SM-3 블록 2A 요격 미사일 공동 생산(중)
일본 미쓰비시중공업이 미국 방산 기업과 손잡고 SM-2, SM-3를 개발하고, 최근 첨단 SM-3 블록 2A를 개발 완료한 것으로 알려지고 있다. 2021년 배치 예정이다. 최신형 해상 발사 탄도미사일로 대륙간탄도미사일 요격이 가능하고 최대 요격고도 1천km, 최대 사거리 2,500km로 기존 SM-3보다 월등한 기능을 보유한 것으로 평가된다. 고고도 미사일 요격체계의 핵심 무기로 자리 잡을 예정이다.

"영원한 적도 영원한 동지도 없다."

냉전 시대가 종식되면서 유행한 말이다. 제2차 세계대전 이후 70여 년간 세상은 급변했다. 코로나19 팬데믹 종료와 함께 다시 한 번 새롭게 글로벌 질서가 재편될 조짐을 보이고 있다. 진주만을 공격한 일본(1941), 히로시마와 나가사키에 원자폭탄을 터뜨린 미국(1945)은 가장 강력한 미일 군사동맹을 맺고, 공동의 적인 대중국 포위 작전에 나서고 있다. 한때 세계에서 가장 못살던 중국은 미국의 도움으로 WTO에 가입(2001)한 후 불과 20년 만에 경제 · 군사적 슈퍼파워로 미국과 패권을 겨루고 있다. 북한은 30년 만에 핵 개발국에서 핵무장국이 됐고, 하노이 노딜 이후 새로운 핵 능력 고도화의 길을 택했다. 한 · 미 · 일 3국이 직접적인 위협 대상국이다.

변화, 새로운 질서, 명확한 위협 앞에서 어떻게 해야 하나?

공동의 적 북한 핵 및 미사일이라는 현실적 위협 앞에서 한국과 일본이 과거에 집착할 이유와 여력은 없다고 생각한다. 이이제이以夷制夷●, 이것이 현실이고, 본질이며, 가야 할 방향이다.

한국 · 일본, 동시 핵무기 공유에 대해

오월동주吳越同舟!

"오나라와 월나라 사람이 같은 배를 탔다"라는 뜻으로, 서로 미워하는 관계에 있는 사람들이 대의를 위해 같이 뭉친다는 의미다.

한국과 일본은 같은 고민과 두려움을 가지고 있다. 북한의 핵 및 미사일 위협에 그대로 노출돼 있고, 개별적인 한미 · 미일 군사동맹의 이름으로 미국의 핵우산 정책에 의해 보호받고 있다. 그런데 미국의 핵우산이 언제까지 완전할 수는 없다. 이미 북한이 미 본토를 타격할 수 있는 ICBM을 갖고 있기 때문이다. 북한이 서울이나 도쿄를 선제타격한 후 막무가내로 LA를 타격하겠다고 위협한다면, 미국이 본토 피격의 위험을 감수하면서 서울과 도쿄를 끝까지 보호해줄 수 있을까? 이 때문에 한국과 일본이 개별적으로 핵무기를 보유해야 한다는 논쟁으로 이어지고 있다.

● 오랑캐로 오랑캐를 무찌른다는 뜻으로, 한 세력을 이용해 다른 세력을 제어함을 이르는 말.

핵무장을 한다면 어떤 방법이 있나?

2019년 7월, 미 국방대학의 「21세기 핵 억제력: 2018 핵 태세 검토 보고서」 발표에서 아시아 지역 내 미국의 핵심 동맹인 한국, 일본과 비전략nonstrategic 핵무기, 즉 전술핵무기 공유 필요성을 제기한 바 있다.

① 북한이 사실상 핵보유국이 됐고, 이를 멈출 뚜렷한 대안이 없다는 점

② 한국이 핵무기 보유로 북한 위협을 막고, 일본이 핵무기 보유로 중국의 위협을 막음으로써 이미 핵무장한 북방 3각 축(북 · 중 · 러)과 균형을 맞출 수 있다는 점

③ 중국에 동아시아지역의 핵 도미노 현상에 대한 강력한 경고를 보낼 수 있고, 북한 비핵화 노력에 적극 동참할 수 있도록 독려할 수 있다는 점

④ 한국이 한 · 미 · 일 3각 안보체제에서 빠져 북방 쪽으로 이동해 들어가는 상황을 그대로 둔다는 것이 미국의 장기적 이익을 저해할 것이라는 점

미국의 싱크탱크인 미 국방대학의 이런 '핵무기 공유에 대한 연구'는 미국의 대중국 압박 및 포위 전략의 하나로 해석된다. 필자의 개인 생각이지만, 머잖아 현실화될 가능성이 있을 것으로 전망된다.

독자적 핵무장, 전술핵무기 배치, 나토식 핵 공유에 대해

이 화두에 대해 전문가들의 찬반 의견과 주장이 다양하다. 그런데 이런 주장들은 대부분 중대한 오류를 함의하고 있다. 같은 상황에 처한 일본을 배제한 채 한국 단독 문제로 접근하는 경향이 강하다는 것이다. 이것은 매우 잘못됐다고 생각한다. 1998년 북한이 발사한 대포동 1호 미사일이 일본 본토 상공을 지나면서 일본은 자체 핵무장 필

요성을 심각하게 느끼고 있다는 사실을 인식해야 한다. 만약 한국을 제외하고 일본만 핵무장하거나, 일본 본토에 미국의 전술핵무기를 배치한다고 생각할 수 있겠는가? 일본의 입장도 마찬가지일 것이다.

하나 더 우리가 유념할 것은 일본 정부와 국민은 핵무장 잠재력과 안보 문제에 대해 매우 관대하다는 것이다. 일본 정부는 언제든지 핵무장이나 미국 전술핵 배치를 한국보다 빠르게 결정하고 시행할 조건을 갖추고 있다. 조 바이든 미국 대통령이 부통령 시절이던 2016년 6월 23일 PBS와의 인터뷰에서 시진핑 국가주석에게 "일본이 내일이라도 핵을 보유하면 어떻게 할 것이냐? 그들은 하루 만에 핵을 만들 능력이 있다"라고 말한 적이 있다.

동아시아 군사전문가 이언 이스턴Ian Easton은 2015년 3월 미국의 핵 비확산정책교육센터NPEC의 의뢰로 작성한 「일본의 전력 무기 계획과 전략」이라는 보고서에서 3개의 핵 개발 시나리오를 제시했다. 그중에서 가장 소극적인 핵 개발 시나리오를 보면 "일본은 5개월 안에 1,700LB(771kg) 중량에 11kt(히로시마 원자폭탄과 비슷한 위력)의 핵폭탄을 만들 수 있다"라고 분석하고 있다. 이스턴은 또 일본은 20개월 안에 F-2와 F-35에 장착할 35개의 핵무기를 만들 수 있다는 견해를 밝히기도 했다.

필자는 미국의 정책 방향과 한국의 입장, 한일 간 깊은 갈등의 골, 중국과의 미묘한 외교 문제 등을 종합적으로 고려해 자체 핵 보유 및 공유문제에 대한 정책 검토 시 다음 세 가지 명확한 기조를 유지해야 한다고 생각한다.

① '핵확산금지조약NPT' 체제를 무력화시키지 않는다.
② 북한의 핵무기 위협에 대응하기 위해 한 · 미 · 일과 공동 협력 및 보조를 취한다.
③ 비전략 핵무기 공유 정책을 취한다 해도 핵무기 사용권과 관리권은 모두 미국이 완벽하게 통제할 수 있어야 한다.

이런 기조를 유지한다면, 한국과 일본의 비전략 핵무기 보유는 충분히 채택 가능한 전략적 옵션이 될 수 있을 것이다. 한국이나 일본의 궁극 목표는 핵 억제력을 확보하는 것이지 애초 핵 공격력을 확보할 필요는 없기 때문이다.

미국의 전술핵무기 배치는 어떤가?

일본은 언제든지 미국의 전술핵무기를 배치할 가능성이 높다. 이미 미국 MD에 편입돼 있고, 강력한 미일 동맹체제와 중국, 북한의 위협을 동시 대비해야 한다는 대의명분은 전술핵 배치를 일사천리로 진행시킬 수 있을 것이다. 그러나 한국은 일본과 상황이 다르다.

1991년 노태우 대통령이 남한 내 미국의 전술핵을 모두 철수하고 핵 부재를 선언한 지 30년. 북한에 핵 개발 명분을 준 전술핵을 다시 배치한다는 것은 북한 핵무기를 다시 용인하는 꼴이 되고, 북한 비핵화를 추진할 법적 · 도덕적 근거를 완전히 훼손할 우려가 있다. 또 중국과 북한의 거센 반발도 휴전선을 맞대고 있는 우리로서는 큰 부담이다. 국민적 합의를 이끌어내는 것은 더 어려운 문제가 될 것이다. 가장 우려스러운 것은 한국이 머뭇거리는 사이 일본에 먼저 전술핵무기가 배치되고 한국이 제외되는 모호한 상황이다. 이런 경우 북한 핵 위협뿐만 아니라 한국 정부, 더 나아가 한미동맹의 위기로까지 이어질 위험성이 매우 크다.

우리의 전략 환경하에서 나토식 핵 공유 방식이 최적이라는 생각이다.

'나토(NATO, 북대서양조약기구)식 핵 공유'란 미국의 전술핵무기를 유사시 나토 회원국이 운용하도록 한 전략이다. 1949년 나토 출범 시 미국은 소련의 핵 공격에 대비해 핵우산 제공을 약속했다. 그러나 소련이 ICBM을 개발해서 미국 본토가 직접 핵 공격 위협을 받게 되자 핵우산 무용론에 대한 우려가 커졌고, 1966년 핵 계획그룹NPG이 만들어지면서 각 회원국은 자신들의 항공자산을 이용해 미군으로부터 전술핵무기를 인수, 투하하는 계획을 발전시키게 됐다. 미국의 싱크탱크인 미국과학자연맹FAS의 자료를 보면, 미군은 2016년 말 기준 B61 전술핵 폭탄 500기를 보유하고 있으며, B61은 F-15와 F-16, B-52, B-2 등 다양한 항공기에서 투하할 수 있다. 미국은 B61 핵폭탄 150(?)기를 벨기에와 독일, 이탈리아, 네덜란드, 터키 등 5개 나라의 군 기지 6곳에 배치하고 있으며, 나머지는 본국에 보관 중이다.

'나토식 핵 공유 방식'의 경우, 실제 핵무기를 한반도에 두지 않아도 되고, 우리 공군이 보유한 일부 항공기에 핵무기를 탑재 가능토록 개조해 투하 훈련만 하면 된다. 또 한일 양국이 동시 추진한다면, 양국 국민의 이해와 미국의 설득도 훨씬 용이할 것이다. 중국의 일방적 반발을 완화시킬 수 있는 효과도 있을 것이다. 무엇보다 북한에 대한 한일 공동의 핵 대 핵 대응은 실질적인 전력 균형과 함께 김정은의 행동과 선택의 자유를 제한할 수 있을 것이다.

2017년 북한은 핵 개발국에서 사실상De Facto의 핵보유국이 됐다. 우리의 대응이 완전히 달라져야 하는 이유다. 북한 핵 및 미사일의 실질적 위협에 특화된 한 · 미 · 일 3각 공조 및 군사적 협력체계를 구축하는 것은 당면과제다.

한국과 일본의 새로운 군사협력 시대 개막은 김정은을 가장 두렵게 만들 것이다.

글을 마무리하며

한겨울에 글을 쓰기 시작했는데 어느덧 봄을 지나 여름을 향하고 있다. 코로나19에 갇혀 있던 수개월의 시간, 오랜만에 밤낮이 바뀌며 집중했던 기간이었다. 힘들었지만 덕분에 내가 사는 인왕산 작은 동네 새벽 가로등 불빛이 얼마나 아름다운지도, 새벽녘 산자락에서 내려오는 바람 소리가 얼마나 부드러운지도 알 수 있었던 감사한 시간이었다. 이 불빛과 바람이 전환시대 대한민국의 오늘과 내일을 만들고 있다는 생각이 들었다.

지난해 초, 후배 장교들과 젊은이에게 주는 교양서적 『333 Bullets fly to the future(총알이 미래를 향하고 있다)』를 처음으로 펴내면서 다음에는 '북한 핵 문제' 관련 책을 꼭 써봐야겠다고 마음속으로 생각했다. 1년 반 전의 약속을 지킬 수 있어서 참 다행이다.

나는 북핵을 다룬 책(북핵본색)을 왜 악착같이 쓰려 했을까?

책에서 계속 주장했지만, "북핵은 미래 국가 운명을 좌우할 게임 체인저가 됐다". 하지만 국가적 운명이 걸린 북핵 문제에 대해 온 나라가 너무 무심하다. 북한이 미사일 두 발은 쏴야 하루 이틀 전문가 몇 명이 나와서 반짝 대담회를 한다. 그것으로 끝이다. 세미나나 토론회도 마찬가지다. 대부분 본인의 말잔치로 끝나고, 토론 자료는 몇몇 사람에게만 공유된다. 군대용어로 전과확대가 전혀 없다.

이제부터라도 시끄러운 북핵 경고음과 다툼들이 사회 곳곳에서 들려야 한다. 더 많은 비판과 걱정의 목소리가 정치권과 언론, 학계 등 한국 사회 전반에서 들려야 한다. 우리 모두 같이 고민하고 국민적 합의를 이루어낼 때 북핵의 위기에서 벗어나 진정으로 우리 국민이 살 길을 찾을 수 있을 것이라 생각한다.

책 내용 속에 '김정은이 두려워하지 않는 한국군대'라고 표현한 부분이 마음에 걸린다. 얼마나 많은 장병과 지휘관들이 지금 이 순간에도 강한 군대를 만들기 위해 노력하고 있는가? 그러나 21세기 한국군대의 변화된 모습을 보고 싶어서 쓴소리를 마다하지 않았다. 분명한 것은 어떤 정치적 의도나 일방의 진영 논리를 경계하고 배제하면서 순수한 충정의 마음을 담아 이 글을 써 내려갔다는 것을 이해해 줄 것이라 생각한다.

글을 마치면서 맨 처음 책을 쓰려고 짬짬이 써둔 메모지를 들쳐봤다. 일곱 가지 메모 중 5개는 책 속에 대략 담았는데, 마지막 2개는 다 쓰지 못했다.

먼저, 5개 메모를 공유하는 것이 좋을 듯해서 옮겨본다.

▷ 메모 1: 처음 제목은 '북핵, 판도라의 상자를 열다!'

판도라의 상자를 열고, 통렬히 고백하고, 비판한다. 냉전의 유산으로 만들어진 분단과 북핵의 틀을 깨고 위대한 대한민국을 만들기 위함이다. 북핵은 군사적 문제로부터 시작됐다. 결국 그 실타래와 결말도 군사적 문제에서 풀 수밖에 없다.

▷ 메모 2: 집필하는 기본자세는? 삐딱하게!

생각 뒤집기, 삐딱한 시선이 필요하다. 이제껏 정답이라고 생각했던 것들이 진짜 정답인지 질문할 수 있어야 한다. 사실은 말잔치일 수 있고, 허튼소리일 수 있다.

▷ 메모 3: 왜 이 책을 쓰려 하는가? 특별하고 새로운 것!

북핵과 미사일 관련해 많은 전문서적이 있다. 학문적 접근과 외교안보 측면의 접근, 무기체계 중심이 대부분이다. 북핵 관련 정책과 전략을 제시한 책은 거의 없다. 누군가 길을 열어야 하지 않을까. 특별하고 새로운 것을 제시해보자.

▷ 메모 4: 전달할 핵심 메시지는? "비핵화는 없다."

① 핵은 위험하다. 핵보유국을 선언한 북한, 결코 비핵화는 없을 것이다.

② 한미의 북핵 대응 30년은 실패했다. 북한에 압박과 두려움을 줄 수 없는 가운데 진행되는 협상은 결코 성공할 수 없다.

③ 김정은이 진짜 두려워하는 한국군대를 만들어야 한다.

④ 김정은은 알고 우리는 모르는 것이 무엇일까?

- 5년짜리 정부, 이를 다루는 법: 긴장 조성, 선거/표에 약함, 성과 조급증
- 한국군은 한미연합 지휘체제하에서는 절대 선제공격하지 못한다.
- 주한미군은 언젠가 반드시 철수할 것이다.

⑤ 비핵화는 어느 순간 기적처럼 이루어지지 않을 것이다. 한반도 운명의 게임체인저가 된 북핵과 미사일. 우리 민족이 안고 갈 미래의 핵심 담론이자 화두다.

▷ 메모 5: 누가 읽으면 좋을까? 젊은 세대들!

열린 판도라에 새로운 답을 채울 사람은 역시 젊은 세대다. 그리고 미래 한국군대다. 젊은이들의 새로운 생각과 접근법에 대한 영감이 뿜어져나오기를 기대한다. 우리 미래 세대들을 진정으로 믿고 싶다.

끝내 책 속에 담지 못한 메시지 2개를 이 책의 마지막 글로 쓰려 한다. 주요 화두는 국민께 드리는 글이다. 지면 관계상 메모의 거친 요약본을 그대로 적어본다.

▷ 메모 6: 북핵 대응의 가장 큰 문제? 정책의 연속성도 중요한 선택도 하지 않는 정부에 전권을 위임하는 것은 위험할 수 있다.

5년 단임제 대통령 중심 정치체제는 단기적 성과물과 표심을 의식한 안보 행보에 주력하게 만들었다. 1990년대 이후 6번의 정권교

체와 5년 단위 보수 · 진보 정당의 서로 다른 안보 색깔은 30년간 어떤 전략도 일관되게 추진하지 못했고, 성공하지도 못했다. 누가 북핵 대응 정책을 감독할 것인가?

5년 단위로 모든 것이 뒤바뀌는 한국의 정부조직 특성을 고려할 때, 자칫 주요 정책들이 사장되거나 일관된 실천력을 상실할 우려가 크다. 국민을 대표하는 국회에서 '북핵 중 · 장기 대응 특위(가칭)' 같은 상설기구를 설치할 필요가 있다. 관련법 제정과 정부 정책의 지속성, 강제력, 생명력을 불어넣는 데 가장 효과적일 것이다. 북한은 이미 핵무장 관련 주요 정책들을 법제화했다는 것은 시사하는 바 크다. 단기적 성과에 집착하는 한국 안보와 북핵 문제 접근에 대한 경고와 국민의 감독이 필요하다.

▷ 메모 7: 핵 공격 시 안전교육, 대피, 복구 등 모든 대책 부재? 늦었지만 시작해야 한다.

① 핵 관련 소프트파워 육성과 교육, 투자가 필요하다.

- 원자력 핵 안전위원회의 위상과 역할에 대한 재설정 및 활동 영역 확장
- 미국, 러시아, 일본 등 핵 관련 분야 데이터와 자료 획득 및 연구
- 전문연구기관 설립, 전문가 양성 및 국제사회와의 연구 네트워크 구축
- 한국군대는 핵 관련 교육도 없고, 국민 대상 홍보 및 위기를 알리는 책임 부서라는 인식도 없다. 가장 서둘러 혁신해야 할 과제다.

② 국민적 공감과 관심을 제고할 방법을 고민해야 한다. 핵 관련 민간 비즈니스 영역에 대한 정부 차원의 발굴과 지원 필요(e-info, e-biz 등)

- 1950~1960년대 미소 핵전쟁에 대비한 사업 분야 확인, 현재 시각으로 재조명
- 핵 공격 대비, 대피 관련 정부 지원 사업 분야에 대한 발굴 투자 필요

예 핵전쟁 홍보 영상 제작, 방사선 요오드 의료연구, 티타늄으로 보호된 방호벽, 그래핀 섬유로 만든 방탄복 등

북핵 문제에 대한 의식의 대전환이 필요하다.

미래 북핵 문제는 단기가 아닌 장기적 안목과 긴 호흡의 대응이 필요하다. 미국이 모든 것을 해결해줄 거라는 희망과 의존의 안보는 위험하다. 한국(인)이 주체가 되어 극복해야 한다. 미래 북핵 문제의 유일한 해법은 국민과 함께 가야 한다. 그래야 성공할 수 있다.

북핵이 사라질 그날까지… 길고 험난한 새로운 여정을 다시 출발해야 한다는 것을 알리면서 이 책의 대단원을 마무리한다.

참고문헌

경남대 극동문제연구소 편(2016), 『북핵 오늘과 내일』, 늘품플러스.

김갑식 외(2020), 『2021년도 안보정세 전망』, 국방대학교 안보문제연구소.

김경민(2013), 『북핵 일본핵을 말한다』, 가나북스.

김동욱 · 박용한(2019), 『북핵 포커게임: 한반도 판을 흔들다』, 늘품플러스.

김용옥(2019), 『우린 너무 몰랐다: 해방, 제주4.3과 여순민중항쟁』, 통나무.

김재웅 외(2019), 『사회주의는 북한사람들을 어떻게 변화시켰나?』, 선인.

김종찬(2005), 『한반도 핵게임』, 새로운사람들.

김형걸(2021), 『핵이라는 이름의 청구서』, 북랩.

대한민국 국방부(2020), 『2020 국방백서』, 대한민국 국방부.

리영희(1991), 『자유인』, 범우사.

______(2017), 『전환시대의 논리 2판』, 창작과비평사.

민족화해협력범국민협의회 정책위원회(2016), 『김정은 체제 5년, 북한을 진단한다』, 늘품플러스.

박휘락(2013), 『북핵 위협과 대응』, 한국학술정보.

______(2014), 『북핵 위협시대 국방의 조건』, 한국학술정보.

______(2014), 『북핵을 모르면 우리가 죽는다』, 백년동안.

브루스 부에노 데 메스키타(2010), 『프리딕셔니어 미래를 계산하다』(김병화 역), 웅진지식하우스.

안병진(2018), 『예정된 위기』, 모던아카이브.
오동룡(2019), 『부활하는 제국군대의 화신 일본 자위대』, 곰시.
왕선택(2019), 『핵 담판』, 책책.
이승진(2019), 『미사일 바이블』, 플래닛미디어.
이영희 · 임재경(1988), 『반핵: 핵위기의 구조와 한반도』, 창작과비평사.
이용준(2018), 『북핵 30년의 허상과 진실』, 한울아카데미.
______(2019), 『대한민국의 위험한 선택』, 기파랑.
이윤규(2020), 『전쟁: 파괴와 혁신 사이에서』, 이다북스.
이종석 · 최은주 편저(2019), 『제제속의 북한경제, 밀어서 잠금해제』, 세종연구소.
이찬우(2019), 『북한 경제와 협동하자』, 시대의창.
이창위(2019), 『북핵 앞에 선 우리의 선택』, 궁리출판.
이헌경(2017), 『북한 핵문제 딜레마와 북한과 미국의 대응전략』, 매봉.
임동원(2015), 『피스 메이커: 남북관계와 북핵문제 25년』, 창비.
임을출(2019), 『북한에서 사업하기』, 열린책들.
장광현(2021), 『다시 유엔사를 논하다』, 굿프렌드정우.
정진호(2017), 『일본열도 핵전쟁』, 도서출판 성산.
정항래(2020), 『333 Bullets fly to the Future: 산업혁명/한국군/Z세대』, 신정.
정홍용(2018), 『우리의 국방 무엇을 어떻게 해야 하나』, 플래닛미디어.
최윤식(2020), 『빅체인지 코로나 이후 미래 시나리오』, 김영사.
______(2020), 『앞으로 3년, 대담한 투자』, 지식노마드.
최현수 · 최진환 · 이경행(2017), 『한반도에 사드를 끌어들인 북한 미사일』, 경당.
태영호(2018), 『3층 서기실의 암호』, 기파랑.
피터 퍼타도, 마이클 우드 편(2009), 『죽기 전에 꼭 알아야 할 세계 역사 1001 Days』(김희진 · 박누리 역), 마로니에북스.
한홍열 외(2020), 『세계질서의 변화를 읽는 7개의 시선』, 메디치미디어.

경기연구소(2020), 「남북통합 신성장엔진 한반도 메가리전」, 북부연구센터.

경남대 극동문제연구소(2016), 「'무수단' 혹은 '화성-10' 미사일 발사 관전포인트」, 북핵 미사일 리포트 No. 2016-01, 경남대 극동문제연구소.

______(2019), 「동아시아 정세변화와 한반도 미래 등」, 경남대 극동문제연구소 47주년 국제학술회의 자료 등.

______(2020), 「한반도 정세 2020년 평가 및 2021년 전망」, 경남대학교 출판부.

김상범(2020), 「북한의 무력행위에 대한 대남 사과 · 유감 표명 사례 연구」, IFES정책보고서 2020-02, 경남대학교 극동문제연구소.

내셔널 지오그래픽 다큐(2021), 「북한: 독재자의 마음속에서(Inside the Mind of a Dictator)」, 내셔널 지오그래픽.

동아일보사(1989), 「원자료로 본 북한(1945-1988)」, 『신동아』 1989년 1월호 별책부록, 동아일보사.

ADBC 편집부(2019), 「한국 공군은 어떻게 싸울 것인가?」, 『밀리터리 리뷰 이지 1902』, 에이디비씨(ADBC).

에반스 리비어(2021. 3), 「가장 힘든 한해: 북한은 현재의 고난에서 살아남을 것인가?」, 『한국국가전략』 제6권 1호, 제9회 KRINS-Brookings 공동 국제회의 주제발표.

임을출(2020), 「김정은 정권의 국가전략노선 변화와 향후 전망」, IFES정책보고서 2020-01, 경남대학교 극동문제연구소.

자오통(2021. 1. 20), 「수면 위로 드러난 북한의 핵 보유 전략과 글로벌 안보에 끼치는 영향」, 칭화대-카네기센터 연구원 칼럼.

조선일보사(1985), 「사료 해방 40년사」, 『월간조선』 1985년 신년호 별책부록, 조선일보사.

최천운(2020), 「김정은 시대 부동산 시장의 평가와 전망」, IFES정책보고서 2020-03, 경남대학교 극동문제연구소.

한국국가전략연구소(2021), 「한미동맹의 진취적 접근전략」, 세미나 자료 등.

한국국방연구원(2020), 「코로나19와 국방개혁 2.0」, 국방학술 세미나 자료.

한국국방외교협회(2019), 「2019년 글로벌 군사안보 환경평가와 2020년 전망」, 협회지.

한국군사문제연구원(2020. 10. 14), 「미국 전문가의 북한 신형 전략미사일 평가」, KIMA 뉴스레터 852호.

김연철(2020), 「포스트 코로나 시대, 남북교류협력 전망」, IFES강의록.
이영훈(2020), 「코로나 19와 남북경협 수요변화와 전망」, IFES강의록.
임을출(2020), 「김정은 정권의 경제부분 정면돌파전 평가」, IFES강의록.
최은주(2020), 「김정은 시대 경제제도 변화와 남북교류협력 방향」, IFES강의록.
최지영(2020), 「대북제재 강화가 북한경제에 미치는 영향」, KINU Insight (No.4).

미국 군사력 평가기관 GFP 발표 자료 등.
네이버 지식백과, 나무위키, 위키피디아 등.
신동아, 월간조선, 월간중앙 등 다수.
SERICEO.
BBC 아시아 뉴스.
8차 노동당대회 사업총화 보고문.
노동신문 등.
조선일보, 국방일보, 경향신문, 중앙일보, 연합뉴스 등 다수 매체.